Eckart Würzner:

Vergleichende Fallstudie über potentielle Einflüsse atmosphärischer Umweltnoxen auf die Mortalität in Agglomerationen

HEIDELBERGER GEOGRAPHISCHE ARBEITEN

Herausgeber: Dietrich Barsch, Hans Gebhardt und Peter Meusburger

Redaktion: Gerold Olbrich und Stephan Scherer

Heft 107

Im Selbstverlag des Geographischen Instituts der Universität Heidelberg

1997

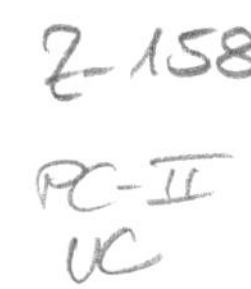

Vergleichende Fallstudie über potentielle Einflüsse atmosphärischer Umweltnoxen auf die Mortalität in Agglomerationen

von

Eckart Würzner

Mit 32 Karten, 17 Abbildungen und 52 Tabellen

(mit englischem summary)

ISBN 3-88570-107-3

Im Selbstverlag des Geographischen Instituts der Universität Heidelberg

1997

Die vorliegende Arbeit wurde von der Naturwissenschaftlich-Mathematischen Gesamtfakultät der Ruprecht-Karls-Universität Heidelberg als Dissertation angenommen.

Tag der mündlichen Prüfung: 3. Mai 1993

Referent:	Professor Dr. Heinz Karrasch
Korreferent:	Professor Dr. Werner Fricke

Redaktionsschluß der Arbeit: September 1992

ISBN 3-88570-107-3

Meiner lieben Familie

VORWORT

Die vorliegende Untersuchung wurde durch die Aufnahme in die Landesgraduiertenförderung des Landes Baden - Württemberg ermöglicht. Stellvertretend für die vielen Personen öffentlicher Institutionen, die mir bei der Mortalitätsdatenerhebung behilflich waren, danke ich Madamé Dr. Hatton vom Institut National de la Santé et de la Recherché Medical sowie stellvertretend für die öffentlichen Institutionen, die mir bei der Datenerhebung der umweltrelevanten Parameter behilflich waren, Monsieur Daniel Pannefieu vom Ministeré de l'Environnement, Direction de la prévention des pollutions.

Mein ganz besondere Dank gilt meinem Lehrer, Herrn Prof. Dr. H. Karrasch, der trotz vieler Verpflichtungen immer wieder Gelegenheit fand, den Fortgang der Arbeit durch konstruktive Anregungen und Diskussionen zu fördern. Ebenso danke ich Herrn Prof. Dr. W. Fricke für die Übernahme des Koreferates.

Herzlich bedanken möchte ich mich an dieser Stelle bei dem Geographischen Institut der Universität Heidelberg, das durch die großzügige Bereitstellung von Rechenkontingenten am Universitätsrechenzentrum Heidelberg diese umfangreiche Datenauswertung überhaupt erst ermöglichte.

Bedanken möchte ich mich auch bei der Kurt - Hiehle - Stiftung der Universität Heidelberg, ohne die der notwendige Auslandsaufenthalt in Frankreich nicht durchführbar gewesen wäre. Desweiteren möchte ich mich bei den Herren G. Olbrich und S. Scherer für die redaktionelle Arbeit bedanken, sowie bei Herrn S. Vater, der die meisten Karten auf den PC übertragen hat.

Darüber hinaus gilt mein besonderer Dank auch meinem Bruder Herrn Dr. med Reinhard Würzner - Universität Cambridge -, der mir bei der Durchsicht der Arbeit noch interessante Anregungen geben konnte, sowie meiner Familie für ihre verständnisvolle und tatkräftige Unterstützung.

INHALTSVERZEICHNIS

ABBILDUNGSVERZEICHNIS

TABELLENVERZEICHNIS

KARTENVERZEICHNIS

1. EINLEITUNG UND PROBLEMSTELLUNG

Einer der Schwerpunkte im Umweltschutzbereich ist der Schutz des Menschen vor atmosphärischen Umweltnoxen. Bereits Mitte der 50er Jahre (ESCHNER/TREIBER-KLÖTZER (1975) S. 764) begann die moderne Forschung über die Wirkung atmosphärischer Umweltnoxen auf den Menschen. Durch die Industrialisierung und die damit verbundene Erhöhung der Schadstoffgehalte in der Atmosphäre vergrößerte sich die Belastung des Menschen durch derartige Umweltnoxen. Mit der Zunahme von Luftschadstoffen in der Atmosphäre traten vor allem vermehrt gesundheitliche Beeinträchtigungen des Respirationstraktes beim Menschen auf. In Gebieten mit hohen Luftschadstoffkonzentrationen kam es während ungünstiger metereologischer Phasen - Inversionswetterlagen - sogar zu einem Anstieg von Todesfällen. So forderte die Smog-Katastrophe von 1930 - im belgischen Maastal - während der die SO_2-Konzentration auf "25 mg/m^3" (LANGMANN (1975) S. 392) anstieg, an die 60 Todesopfer und über 100 an Atmungsorganen schwer Erkrankte. 1948 führte eine Inversionswetterlage in Donara bei "5910 Personen (42,7% der Bevölkerung)" (HEINEMANN (1964) S. 161) zu Reizerscheinungen der oberen Luftwege, 20 Personen starben. Die wohl größte bekannte Smog-Katastrophe ereignete sich im Dezember 1952 in London, bei der "ca. 4000 Todesfälle" (HEINEMANN (1964) S. 161) mehr eintraten als im langjährigen Durchschnitt zur gleichen Jahreszeit. Die Schwebstaubkonzentration lag während dieser Zeit bei 4,5 mg/m^3 (5fach erhöht), und die SO_2-Konzentration bei "2,4 mg/m^3" (LANGMANN (1975) S. 392).

Aber auch in der Bundesrepublik Deutschland kam es zu Übersterblichkeiten in Gebieten mit erhöhten Luftschadstoffkonzentrationen. So wurden im Dezember 1962 im Ruhrgebiet bei SO_2-Konzentrationen von 3,3 mg/m^3 bis 5 mg/m^3 und Schwebstaubkonzentrationen von "2,4 mg/m^3 156 Todesfälle" (LANGMANN (1975) S. 392) mehr gegenüber den vorhergegangenen Jahren gezählt. [1]

JAHN und PALAMIDIS (1983) stellten während der Smog-Periode in Berlin im Winter 1981/82 an Tagen mit starker Luftverschmutzung (SO_2-Konzentration über 300 $\mu g/m^3$) einen deutlichen Anstieg der Sterbefälle fest. Des weiteren wird der Einfluß von Luftschadstoffen als Auslöser des sogenannten Pseudo-Krupps - insbesondere während Smog-Perioden - der nicht, wie das eigentliche Kruppsyndrom durch "Parainfluenza-, Influenza-, Echo-Viren und Bakterien" (WEMMER (1984) S. 835) ausgelöst wird, heftig diskutiert. [2]

Daß kurzfristig hohe Konzentrationen an luftverunreinigenden Stoffen in der Atmosphäre auch zu einer Erhöhung der Mortalität und auch der Morbidität beim Menschen führen, wurde durch die o.g. Smog-Katastrophen allgemein belegt. Inwieweit jedoch Einwirkungen luftverunreinigender Substanzen von wechselnd hohen Konzentrationen über viele Jahre und Jahrzehnte gesund-

---

1 Vergleich Ausführungen von STEIGER/BROCKHAUS (1969) Untersuchungen über den Zusammenhang zwischen Luftverunreinigungen und Mortalität im Ruhrgebiet.

2 Vergleich insbesondere die Ausführungen von STÜCK/WARTNER (1985).

heitlich negative Auswirkungen wie chronisch unspezifische pulmonale Erkrankungen, karzinogene und mutagene Schäden hervorrufen, wird lebhaft diskutiert. Dabei lieferte die Arbeitsmedizin, die die berufsbedingte Langzeit-Schadstoffexposition behandelt, die frühesten Erkenntnisse auf diesem Gebiet. Die am weitesten und gesichertsten Erkenntnisse in diesem Bereich liegen über Gesundheitsschäden durch Asbest vor. Die "Asbestlungenfibrose oder Asbestose, der Asbestlungenkrebs sowie das Mesotheliom" (WOITOWITZ/RÖDELSPERGER (1980) S. 178), die eindeutig auf eine Langzeitexposition mit Asbeststaub zurückzuführen sind, werden heute als entschädigungspflichtige Berufskrankheiten anerkannt. Auch bei anderen lufthygienisch relevanten Substanzen wie Benzol, Nitrosaminen, polyzyklischen aromatischen Kohlenwasserstoffen (PAH), Blei, Kohlenmonoxid, Schwefeldioxid ist deren zum Teil kanzerogenes Potential in Tierversuchen nachgewiesen worden. POTT und Mitarbeiter (1980) wiesen an der Mäusehaut nach, daß PAHs den größten Anteil am kanzerogenen Gesamtpotential von Extrakten aus Schwebstoffen der Luft haben.
Der Gesetzgeber hat als Vorsorgemaßnahmen am 15.03.1974 das BUNDES-IMMISSIONS-SCHUTZGESETZT - maßgeblich zum Schutz des Menschen vor schädlichen Umwelteinwirkungen durch Luftverunreinigungen - verabschiedet, das durch die TA-Luft (Technische Anleitung zur Reinhaltung der Luft) konkretisiert wurde. In der TA-Luft vom 27.02.1986 (GMBL (1986) S. 95) sind Kurzzeit- (IW2-Werte) wie auch Langzeit-Immissionsgrenzwerte (IW1-Werte) für Schwebstaub, Blei, Cadmium, Chlor, Chlorwasserstoff, Kohlenmonoxid, Schwefeldioxid und Stickstoffdioxid angegeben. Des weiteren wurden 1974 von der VDI - Kommission zur Reinhaltung der Luft Maximale- Immissions- Konzentrationswerte (MIK-Werte) in der VDI-Richtlinie 2310 erstmals festgelegt. Die angegebenen Werte, was durch die Neufestlegung belegt wird, sind jedoch nicht eindeutig medizinisch gesichert. Selbst der Obmann der VDI-Kommission zur Reinhaltung der Luft wies auf das Problem hin, "im nachhinein schon festgelegte MIK-Werte begründen zu müssen" (NIEDING (1984) S. 115). Des weiteren geht die Kommission von einem primär gesunden Personenkreis aus, der nur acht Stunden und nur etwa "220 Tage" (BOTZENHART (1986) S. 99) im Jahr der Luftschadstoffexposition ausgesetzt ist.

Grundsätzlich bleibt festzuhalten, daß momentan nur für sehr wenige Luftschadstoffe konkretere Erkenntnisse vorliegen und zudem nur sehr begrenzt Aussagen über das mutagene, teratogene und kanzerogene Potential dieser Luftschadstoffe und deren Auswirkungen auf den Menschen bestehen. Die bestehenden Grenz- und Richtwerte sind diesbezüglich auch nur als Näherungswerte anzusehen. Dies liegt daran, daß das Auftreten von Erkrankungen des Respirationstraktes eine multifaktorielle Genese darstellt, das heißt von einer Vielzahl von Faktoren - wie in Abb. 1 dargestellt - abhängig ist.

So können sozioökonomische Faktoren, Einflüsse des Berufslebens, der Rauchgewohnheiten, des Mikroklimas, der Innenluft der Wohnräume neben den Luftschadstoffbelastungen der Außenluft bei der Entstehung von Erkrankungen des Respirationstraktes eine Rolle spielen. Außerdem besitzt der Mensch eine unterschiedliche Affinität, je nach Alter, Geschlecht und genetischer Vorbelastung für ein kanzerogenes Potential (vgl. Abb. 1).

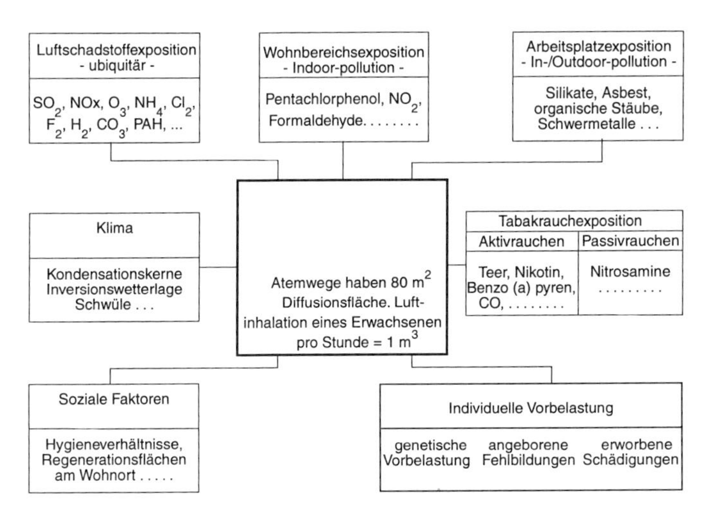

Abb 1: Multifaktorielles Einflußfaktorenmodell - in Zusammenhang mit Atemwegsmorbiditäten/ -mortalitäten -

Von den ubiquitär in der Luft vorhandenen Luftschadstoffen haben die Luftschadstoffe SO_2, NO_2, CO und Staub einen mengenmäßigen Anteil von über 90%. Die restlichen ca. 10% verteilen sich auf eine große Anzahl organischer Gase, die von ihrer Gesundheitsrelevanz - wie beispielsweise Benzo(a)pyren räumlich aber bedeutsam sein können. Die Auswirkungen auf die Gesundheit der Bevölkerung sind dabei auch von der jeweiligen Klimasituation abhängig. Gerade bei Inversionswetterlagen kann es zu kurzfristigen starken Luftschadstoffkonzentrationserhöhungen kommen. KINNEY/OZKAYNAK (1991) stellten erst kürzlich wieder Zusammenhänge zwischen der Tagesmortalität an Lungenkrebs und u. a. der Temperatur fest.
Zu dieser ubiquitären Luftschadstoffbelastung kommen die in Innenräumen zum Teil vorhandenen Ausgasungen aus Baumaterialien, Klebstoffen und Bodenbelägen, besonders Pentachlorphenol und Formaldehyd hinzu. Zudem können in Wohnungen mit Kohle- und Gasöfen die Stickoxidkonzentrationen nach PRESCHER (1982) stark erhöht sein.
Hinzu kommen die teilweise recht hohen Arbeitsplatzluftschadstoffkonzentrationen, besonders durch Silikate, Asbest, Schwermetalle und vor allem Stäube, die einen Schwerpunkt der Berufsexposition darstellen. Die Belastung ist dabei nicht nur auf die Schwerindustrie beschränkt, sondern umfaßt gerade bei den organischen Stäuben, wie z. B. Heu und Stroh auch Bereiche der Landwirtschaft (z. B. "Farmer- (Drescher) Lunge") (vgl. VALENTIN (1985) mit einer Zusammenstellung der Berufsexpositionen, S. 172).

Ganz entscheidend ist zudem der aktive Kontaminationspfad über das Tabakrauchen. So liegt die Exposition des Rauchers gegenüber dem Nichtraucher beim Teer und Nikotin um den Faktor 100 und bei CO und Benzo-(a)pyren um den Faktor 10 bis 50 höher (REMMER (1987) S. 1056). Für den Passivraucher (Gastwirte, Nichtraucher deren Partner aktive Raucher sind) ist insbesondere die Nitrosaminkontamination sehr bedeutsam. Nach SCHMIDT ((1987) S. 29) ist der Nitrosamingehalt im Nebenstrom 50 mal höher als im Hauptstrom (durch den Zigarettenfilter). Eine Kontamination von 1ppm in der Luft gilt bereits als poteniell kanzerogen. Daneben spielen auch soziale

Faktoren - die häufig Summenparameter darstellen - bei der Auswirkung von Luftschadstoffen auf den Menschen eine Rolle. So zeigte SCHMIDT (1974) bereits einen Zusammenhang zwischen Bronchialkarzinom und sozialen Faktoren auf.

Die Empfindlichkeit bzw. Anfälligkeit gegenüber Luftschadstoffen ist je nach Individuum wiederum unterschiedlich. So kann es durch erblich bedingte Vorschädigungen z. B. zu einer Erhöhung des Krebsrisikos für Tumore des Immunabwehrsystems (Wiskott-Aldrich-Syndrom) kommen.

Des weiteren können angeborene Fehlbildungen und erworbene Schädigungen des Individuums diese Empfindlichkeit und Anfälligkeit gegenüber Luftschadstoffen erhöhen. HÜTTEMANN (1987) S. 18) führt die einzelnen angeborenen Fehlbildungen, wie z. B. "Pulmonary- Sling- Syndrom", eine angeborene Gefäßanomalie, aber auch erworbene Schädigungen wie die destruierende Bronchitis-Bronchiolitis, z. B. nach einer Maserninfektion, sehr ausführlich auf. Entscheidend ist zudem, daß die weit über "1000 Fremdstoffe" (SCHLIPKÖTER (1981) S. 9) in der Außenluft, die auf den Menschen einwirken, überhaupt nicht alle in ihrer Höhe und Konzentration und insbesondere in ihrer Langzeitauswirkung erfaßt werden können.

Zur Aufklärung möglicher Zusammenhänge zwischen Luftschadstoffkonzentrationen und Atemwegserkrankungen bieten tierexperimentelle Forschungsansätze die Möglichkeit, zytotoxische (zellschädigende) Wirkungen nachzuweisen. In Tierexperimenten wurde darüber hinaus die mutagene (Erbgut verändernde), teratogene (Mißbildung verursachende), kanzerogene (krebserzeugende) Wirkung von Einzelstoffen untersucht, wobei die Diskussion über die Vertretbarkeit solcher Studien hier nicht näher erörtert werden soll, aber erwähnt werden muß.
Im Hinblick auf die Übertragbarkeit auf den Menschen und seine real existierende Umweltsituation sehen sich dabei diese Ansätze allerdings weitgehend ungeklärten Fragen gegenüber.
Mit Hilfe humanexperimenteller Studien können genetische Vorbelastungen, angeborene Fehlbildungen sowie erworbene Schädigungen individuell erfaßt werden. Eine Übertragbarkeit auf die real existierende Umweltsituation und deren Auswirkungen ist mit Hilfe dieser Studien jedoch auch nur bedingt möglich.

An dieser Stelle setzen epidemiologische Studien an. In prospektiven Morbiditäts-, Mortalitätsstudien können Wirkungszusammenhänge für die jeweilige Kohorte unter ständiger Überprüfung der Umweltsituation erfaßt werden. Die prospektiven Morbiditäts- und insbesondere Mortalitätsstudien sind enorm aufwendig und liefern erst nach langen Zeitspannen (insbesondere in der Krebsforschung (durch die langen Inzidenzzeiten)) Erkenntnisse, die zudem nur auf die jeweilige Kohorte bezogen sind und nicht ohne weiteres auf die Gesamtbevölkerung übertragen werden können.

Retrospektive Morbiditätsstudien beinhalten bei Kohortenstudien wiederum die Schwierigkeit der Übertragbarkeit und können für gebietsbezogene Analysen zudem nur dort durchgeführt werden, wo Krebsregister schon über

einen längeren Zeitraum betrieben werden. Da nur für das Saarland und bedingt für Hamburg solche Krebsregister zur Verfügung stehen, wurde dieser gebietsbezogene Ansatz hier nicht weiter verfolgt, obwohl dieser Untersuchungsansatz zur Klärung der Zusammenhänge zwischen Luftschadstoffkonzentration und Atemwegserkrankung durchaus gebietsbezogene Erkenntnisse liefern kann. Die Schwierigkeit der Übertragbarkeit auf das übrige Bundesgebiet ergibt sich aber auch hier. Retrospektive Mortalitätsstudien, die personenbezogen als Kohortenstudien durchgeführt werden, liefern wiederum nur begrenzt übertragbare Aussagen und bieten zudem die Schwierigkeit der Analyse der Umwelthistorie. Sie wurden dementsprechend fast ausschließlich bei Berufsexpositionsstudien durchgeführt, wo ein Belastungsstoff, wie z. B. Asbest in der Konzentrationshöhe bekannt und zurückverfolgbar war.
Gebietsbezogene retrospektive Mortalitätsstudien weisen die Schwierigkeit der Erfassung der Umwelthistorie und der individuellen Vorbelastung auf. Durch die international vereinheitlichten Mortalitätsdatenbanken besteht allerdings die Möglichkeit zur Beobachtung detaillierter regionaler Disparitäten in länderübergreifenden Gebietseinheiten. Wenn es gelingt, die Umwelthistorie dieser Gebietskollektive umfassend zu erfassen, lassen sich Hypothesen für diese räumlichen Verteilungsstrukturen durchaus ableiten, allerdings nicht in Form eines Kausalitätennachweises.
Vor diesem Hintergrund soll mit dieser Studie der Ansatz der empirisch begründeten Ableitung von Hypothesen über Einflüsse von Luftschadstoffen auf regionsspezifische Mortalitätsraten untersucht werden. Ziel dieser Studie ist es, zu klären: *Ist es möglich, anhand des vorhandenen Datenmaterials schwerpunktmäßig in der Bundesrepublik Deutschland Einflüsse von Luftschadstoffen auf die menschliche Gesundheit zu quantifizieren.*

Hierzu sind folgende Arbeitshypothesen zu überprüfen:

1. Es ist möglich, die alters- und geschlechtsspezifischen unterschiedlichen Strukturen in den Regionen zu standardisieren und damit einen direkten regionalen Vergleich zu ermöglichen.
2. In Form einer Gebietskontrollstudie ist es möglich, existierende Unterschiede zwischen Regionen und im zeitlichen Verlauf zu registrieren und diejenigen darunter herauszufinden, die durch Zufallsschwankungen allein nicht erklärbar sind.
3. Durch eine Analyse der gleichsinnigen Kovariation der Umweltsituation in diesen Regionen ist es möglich, Ansatzpunkte für einen ursächlichen Zusammenhang zwischen Luftschadstoffexposition und der Mortalität abzuleiten.
4. Durch Indikatoranalysen ist es möglich, die Kovariation der Einflußfaktoren in unterschiedlich strukturierten Gebieten zu erfassen und zu bewerten.
5. Durch die EDV-mäßige Aufarbeitung ist ein Ansatz möglich, der räumlich eng begrenzte Gesundheitsstrukturen und Umweltbelastungen (Extremgebiete) erkennen läßt.
6. Durch die EDV-mäßige Aufarbeitung eines großen Datenkollektivs ist es möglich, Zufallsschwankungen durch Signifikanztests zu eliminieren und somit zu gesicherteren Erkenntnissen über den Zusammenhang zwischen Luftschadstoffen und Atemwegserkrankungen zu gelangen.

Insbesondere, um dem disaggregierten Ansatz zur Erkennung von Extremgebieten Rechnung zu tragen, wurde die kleinste machbare räumliche Einheit als Analyseebene ausgewählt. Um eine genügende Absicherung der Mortalitätsfallzahlen zu erhalten, war dies die Kreisebene. Insgesamt wurden 125 Kreise (fünf Bundesländer in der Bundesrepublik Deutschland) und acht Departements (Ile de France) in Frankreich in die Analyse mit einbezogen.
Diese Gebiete sind wegen ihrer Unterschiede bei gleichzeitigem räumlichen Zusammenhang ausgewählt worden. Die extremen Gebietsunterschiede sind aus Tabelle 1 ersichtlich.

Tab 1: Beispielhafter Vergleich von Extremgebieten - bezogen auf das Jahr 1980 - Quelle: Eigene Berechnungen (Statistische Landesämter, Umweltbundesamt)

Struktur	Einwohner / km^2	Kraftfahrzeuge / km^2	SO2-Emissionen t / km^2 / Jahr
Maximalgebiet	3.536	1.374	> 246 (Herne)
Minimalgebiet	55	32	< 0,28 (Bitburg-Prüm)

Durch eine gebietseinheitliche Indexbildung aus verfügbaren Datenquellen soll versucht werden, die Einflußindikatoren aus dem Bereich Berufsexposition, Tabakrauchexposition, ubiquitäre Luftschadstoffexposition (Emissionen - Immissionen), Wohnumfeldexposition zu quantifizieren und eine Hypothesenprüfung durchzuführen. Durch die Kreisebene als kleinstmögliche räumliche Einheit ist eine Berücksichtigung der individuellen genetischen Vorbelastung, angeborenen Fehlbildung oder erworbenen Schädigung allerdings nicht möglich. In diesem Zusammenhang ist auf die o. g. Hypothese zu verweisen, daß diese individuellen Zufallsschwankungen durch die EDV-mäßige Aufarbeitung von über 2,5 Mio Todesfällen, die in dieser Studie berücksichtigt werden sollen, mit Durchführung von Signifikanztests auszuschließen sind.
Der LÄNDERAUSSCHUSS FÜR IMMISSIONSSCHUTZ des Bundesgesundheitsamtes und des Umweltbundesamtes hat auf Anforderung der Umweltministerkonferenz bereits am 03./04. November 1983 gerade auch den "epidemiologischen Nachweis" als wichtigen Forschungszweig zur Aufklärung des Zusammenhanges zwischen Luftschadstoffen und deren Auswirkungen auf den Menschen in seinem Bericht vom 15.10.1984 herausgestellt. [3]

---

[3] Vergleich LÄNDERAUSSCHUß FÜR IMMISSIONSSCHUTZ (1984), Bericht vom 15.10.1984, insbesondere Kapitel 2.2.4 mit explizit genannten Forschungsansätzen aus dem Bereich der Epidemiologie.

II. UNTERSUCHUNGSMETHODEN UND BISHERIGER KENNTNISSTAND

Zur Untersuchung der Zusammenhänge zwischen Luftschadstoffen und Gesundheitsbeeinträchtigungen (Morbiditäten/Mortalitäten) des Menschen bestehen mehrere mögliche Forschungsansätze. Wegen der komplexen Wirkungsmechanismen ist ein Kausalitätsnachweis bei allen Forschungsansätzen mit erheblichen Schwierigkeiten konfrontiert. Grundsätzlich bieten sich, wie in Abb. 2 dargestellt, experimentelle und epidemiologische Studien zur Analyse der Zusammenhänge zwischen Luftverunreinigungen und deren Auswirkungen auf die menschliche Gesundheit an.

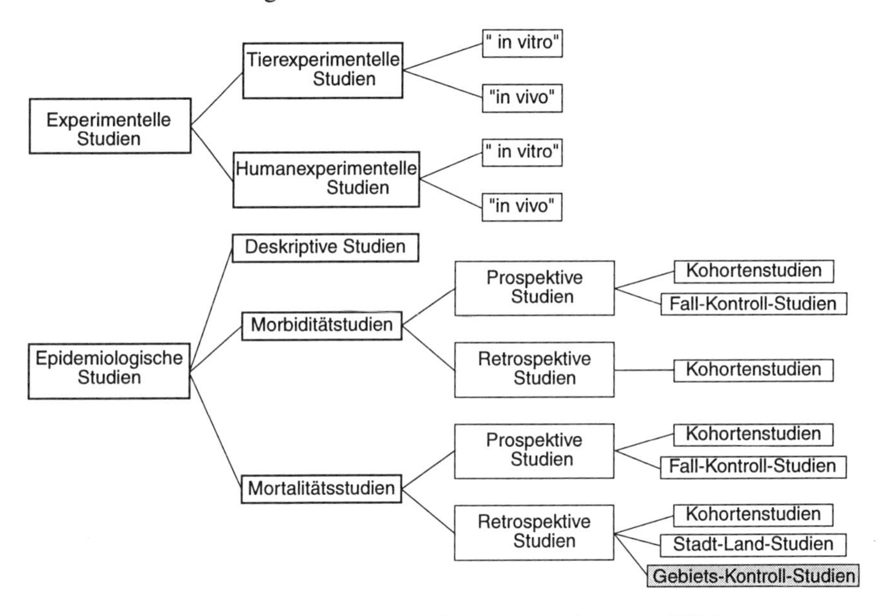

Abb 2: Untersuchungsansatzmodelle - zur Analyse von Wirkungen von Luftschadstoffen auf die menschliche Gesundheit -. Quelle: Eigene Bearbeitung

Welche Ergebnisse die einzelnen Forschungsansätze liefern können, aber auch wo ihre Grenzen liegen, soll im folgenden näher dargelegt werden. Die Forschungsansätze und Auseinandersetzung mit den wichtigsten Untersuchungsergebnissen werden hier nur unter dem dieser Studie zugrundeliegenden Ansatz - der Untersuchung möglicher Zusammenhänge zwischen Luftschadstoffen und der Gesundheitsbeeinträchtigung des Menschen - erörtert.

1. Experimentelle Studien

In experimentellen Studien, die sich in die beiden Hauptstudienrichtungen tierexperimentelle und humanexperimentelle Studien gliedern, werden Versuche "in vitro" (im Reagenzglas) oder aber direkt "in vivo" (am Menschen/Tier) durchgeführt.

1.1 Tierexperimentelle Studien

Mit Forschungsansätzen, die mit "in vitro"-Tests arbeiten, lassen sich insbesondere zytotoxische (zellschädigende) Wirkungen potentiell mutagener (Erbgut verändernde) oder kanzerogener (krebserzeugende) Stoffe nachweisen. Der "AMES-Test" (nach BRUCE AMES) ist der wohl bekannteste "in vitro"-Test. Nach Zugabe der Testsubstanz zu einer Bakteriennährlösung (Salmonellen) können aus der Wachstumsveränderung Rückschlüsse auf die beispielsweise mutagene Wirkung der Substanz geschlossen werden.
In Forschungsansätzen, die mit "in vivo"-Tests arbeiten, wurden insbesondere mutagene, kanzerogene und teratogene (Mißbildung verursachende) Wirkungen von Einzelstoffen analysiert.
So wiesen POTT und Mitarbeiter (1980) als erste, aber auch GRIMMINGER (1982) ebenfalls an Mäusen das kanzerogene Potential von PAH nach. Im Subkutantest ließen sich bereits nach einmaliger Injektion geringer Dosen Benz(a)pyren wenig später subkutane Tumore feststellen (SCHLIPKÖTER (1981) S. 11). Wie Stoffe aufgenommen, verteilt, gespeichert, im Stoffwechsel verändert und wie sie wirken und ausgeschieden werden, kann allgemein sehr gut in Tierversuchen nachgewiesen werden. Luftschadstoffe, die im Tierversuch einen tödlichen Verlauf bewirken, können jedoch beim Menschen beispielsweise durch "Ester-Verbindungen, die in der Leber Schadstoffe entgiften" (ESCHNER/TREIBER-KLÖTZER (1975) S. 767) - der tierische Organismus ist häufig nicht zur Ester-Spaltung fähig -, wirkungslos sein. Andererseits können durch enzymatische Vorgänge beim Menschen im Tierversuch wirkungslose Spurenstoffe in schädigende Derivate überführt werden.

Festzuhalten bleibt, daß "in vivo"-Tests und insbesondere "in vitro"-Tests durch ihre nur bedingte Übertragbarkeit auf den Menschen eine beträchtliche Unsicherheit zur Beurteilung der potentiellen Gefährdung des Menschen durch Luftschadstoffe zurücklassen.
Abgesehen davon ist die Durchführung von mutagenen, teratogenen und kanzerogenen Wirkungsversuchen an lebenden Individuen grundsätzlich zu problematisieren.

1.2 Humanexperimentelle Studien

Forschungsansätze, die "in vitro"-Tests beinhalten, können insbesondere Erkenntnisse über die genetische Vorbelastung, nicht aber über Einflüsse von Luftschadstoffen über längere Zeiträume und in höheren Dosen liefern.

Die humanexperimentellen Studien unterscheiden sich maßgeblich durch die Auswahl der Probanden. So wurden experimentelle Untersuchungen an gesunden wie auch an bereits vorbelasteten Personen (Asthmatikern, Kinder mit allergischer Diathese oder Personen, die bereits eine chronische obstruktive Lungenerkrankung aufwiesen) durchgeführt. Hierdurch können sowohl angeborene Fehlbildungen, als auch erworbene Schädigungen und deren Auswirkungen erfaßt werden. Die experimentellen Studien zeichnen sich vor allem dadurch aus, daß mit ihnen durch kurzzeitige Belastungen Rückschlüsse, insbesondere auf Morbiditäten gezogen werden können, wobei das Dosis-Wirkungsverhältnis in niedrigen Konzentrationsmengen grob eingeschätzt werden kann. An gesunden Personen können insbesondere die Konzentrationshöhen, ab der eine Veränderung beobachtet werden kann, exakt festgelegt werden. Bezüglich einzelner Schadstoffe wurden bis jetzt z.B. folgende Erkenntnisse gewonnen. Kohlenmonoxid bewirkt Lese-, Hör-, Gewichts-, Geh- und Schreibstörungen bereits bei einem COHb-Gehalt von 25-50%.

KOENIG et al (1982) wies bei Jugendlichen nach, die mit 1,0 ppm SO_2 belastet wurden, daß Schwefeldioxid eine statistisch signifikante Reduzierung der FEV 1,0 bewirkte. [4]
STACY/ FRIEDMANN (1981) stellten eine signifikante Abnahme der FEV1,0 bereits bei SO2-Konzentrationen von 0,75 ppm fest.

Bei Stickstoffdioxid wurden in Konzentrationsbereichen von 1 - 1,5 ppm von NIEDING et al (1971) und HACKNEY et al (1978) noch keine signifikanten Veränderungen der Lungenfunktion registriert. NIEDING et al (1971/1977) stellten jedoch in mehreren Untersuchungen fest, daß Stickstoffdioxid-Konzentrationen im Bereich bis 5ppm bereits eine signifikante Zunahme des Atemwegswiderstandes bewirkten. Die Stickstoffdioxid-Konzentrationen wie auch Schwefeldioxid-Konzentrationen im Bereich bis zu 5ppm, die bereits eine signifikante Veränderung hervorriefen, lagen dabei alle noch im MAK-Bereich [5].
Es bleibt festzuhalten, daß durch experimentelle Untersuchungen schon für einige Schadstoffe Näherungswerte ermittelt wurden, ab der eine Veränderung beispielsweise der FEV1,0 des Menschen eintreten kann.

---

[4] $FEV_{1,0}$ = Sekundenkapazität (1-sec forced expiratory volume)

[5] Maximale Arbeitsplatz- Konzentrationen (MAK) die von der "Senatskommission zur Prüfung gesundheitsschädlicher Arbeitsstoffe" der Deutschen Forschungsgemeinschaft jährlich fest gelegt werden und die nach dem gegenwärtigen Stand der Kenntnis eine Gesundheits gefährdung oder unangemessene Belästigung der Beschäftigten nicht erwarten läßt.

Experimentelle Untersuchungen am Menschen sind jedoch aus ethisch-moralischen Gründen nur in einem minimalen und sehr begrenztem Maße vertretbar, wodurch es sich verbietet, mutagene, teratogene und kanzerogene Substanzen am Menschen zu testen. Des weiteren sind die Ergebnisse auch nur bedingt übertragbar, da die Untersuchungen zum Teil auf einer nur sehr geringen Probandenzahl beruhen. Wie im Tierversuch können zudem im experimentellen Labortest kaum Synergismen und multifaktorielle Einflußfaktoren, die das Auslösen gewisser Krankheiten mit bedingen oder begünstigen, berücksichtigt werden.
EINE ÜBERTRAGBARKEIT AUF DIE REAL EXISTIERENDE UMWELTSITUATION IST NUR SEHR EINGESCHRÄNKT GEGEBEN.

2. Epidemiologische Studien

Da diese beiden eben genannten Forschungsansätze sich weitgehend ungeklärten Fragen in bezug auf die Übertragbarkeit der Ergebnisse auf den Menschen und seiner real existierenden Umweltsituation gegenübersehen, ist eine Anwendung für den Ansatz, der dieser Studie zugrundeliegt, nicht zweckdienlich.

Anders verhält es sich mit den epidemiologischen Untersuchungen.

2.1 Deskriptive Studien

Bei den deskriptiven Studien wird versucht, Gesundheitsstrukturen in unterschiedlichen Gebieten unter Zuhilfenahme von Morbiditäts- und Mortalitätsdaten (überwiegend nach dem ICD-Codex) aufzuzeigen. Bisher sind derartige Studien für die Vereinigten Staaten von Amerika von MASON et al (1975), für Finnland von TEPPO (1975), für Japan von SEGI (1977), für die Niederlande von HAYES et al (1980) und für England, Irland und Wales von HOWE (1970) bereits im Jahr 1963 (Neuauflage 1970) durchgeführt worden. Für die Bundesrepublik Deutschland wurde vom Deutschen Krebsforschungszentrum bereits 1984 ein Krebsatlas, der in der 2. Fassung (FRENTZEL-BEYME et al (1984)) in der regionalen Auflösung verfeinert wurde, erstellt.

Da die errechneten Mortalitätsraten des Krebsatlases für die Bundesrepublik Deutschland international vergleichbar sein sollten, wurde "Segis-Weltbevölkerung" (vergleiche Ausführungen in Kapitel III, 3.2.) zu Berechnungen der Mortalitätsraten herangezogen. Die Werte sind dadurch nicht auf die Bevölkerungsstruktur der Bundesrepublik Deutschland bezogen. Regional kleinräumigere Krebsatlanten sind in der Bundesrepublik Deutschland für Niedersachsen (BUSER et al. (1983)) und für Hamburg (WEISSHER (1983)) erschienen. Des weiteren wurden in der TÜV-Studie Rheinland (1983), bei der das Bundesgebiet grob in Nord, Mitte und Süd

sowie in Ballungsräume gegliedert wurde, die Hauptkrebsarten in ihrer räumlichen Verteilung untersucht. Aufgrund dieser groben Gliederung und der geringen Anzahl von berücksichtigten Einflußparametern (land- und forstwirtschaftliche Fläche, Bevölkerungsdichte (TÜV-RHEINLAND (1983) Band 4) waren die getroffenen Aussagen nur in bezug auf eine räumliche Differenzierung des Gesundheitszustandes der Bevölkerung aussagekräftig.
Insgesamt ist festzuhalten, daß die deskriptiven Studien erste Erkenntnisse über die räumliche Verteilung des Gesundheitszustandes der Bevölkerung geliefert haben. Weitergehende Aussagen lassen sich anhand dieser Studien jedoch nicht treffen, da keine, respektive nur ansatzweise exogene Umwelteinflüsse in die Analyse mit einbezogen wurden.

2.2 Morbiditätsstudien

Bei den Morbiditätsstudien gibt es den Forschungsansatz der prospektiven und retrospektiven Quer- und Längsschnittuntersuchungen, die im folgenden näher analysiert werden sollen. In Morbiditäts- wie auch in Mortalitätsstudien gibt es dabei - bei prospektiven wie auch bei retrospektiven Studien - den Forschungsansatz über die individuelle Belastung einer Gruppe (= Kohortenstudien) oder über eine räumliche Einheit (= Fall-Kontrollstudien/Stadt-Land-Studien).

2.2.1 Prospektive Morbiditätsstudien

Zur Untersuchung der unterschiedlichen Morbiditätsstruktur werden überwiegend prospektive Kohortenstudien angewandt. Bei diesen Kohortenstudien wird das weitere Lebensschicksal einer bestimmten Anzahl gesunder oder bereits erkrankter Personen (Bevölkerungsgruppe) unter Berücksichtigung der vorliegenden individuellen Störfaktoren verfolgt. Diese prospektiven Studien bieten den Vorteil, daß insbesondere in Gebieten mit hohen Morbiditäten die tatsächlichen Störfaktoren erfaßt und ihre Auswirkungen analysiert werden können. Zahlreiche prospektive Morbiditätsstudien ergaben aber völlig gegensätzliche Aussagen bezüglich des Zusammenhanges zwischen Luftschadstoffen und bestimmten Krankheitssymptomen. So stellten BEEKLAKE et al. (1978) an 9 bis 10jährigen Kindern in Canada und COMSTOCK et al. (1973) an Telefonarbeitern in einigen Großstädten der USA keine signifikanten Beziehungen zwischen respiratorischen Symptomen und Luftverschmutzungsindikatoren fest. In der PEF-Studie [6] des Instituts für Sozial- und Arbeitsmedizin der Universität Heidelberg (KLINGER (1986)), in der ca. 50% der Kinder der Geburtsjahrgänge 1968/69 in Form eines Fragebogens erfaßt wurden, stellte

---

[6] PEF = Projekt Europäisches Forschungszentrum für Maßnahmen zur Luftreinhaltung

man fest, daß die Kinder in den belasteteren Gebieten (Mannheim) "mit zunehmender Wohndauer" (GESUNDHEITSAMT MANNHEIM (1984) S. 6) vermehrt an Bronchitis erkrankten. Im Abschlußbericht wurde jedoch festgestellt, daß ein Einfluß von Luftschadstoffen nicht belegt werden konnte (KLINGER (1986) S. 87). Dagegen stehen Untersuchungen von KALPAZANOV et al. (1978), die über den Zeitraum von zwei Jahren Zusammenhänge zwischen SO_2, NO_2, Schwebstaub, PAH und akuten respiratorischen Erkrankungen untersuchten. Aber auch Studien von LEVY et al. (1977) und LOVE et al. (1981), die Kinder und Erwachsene in ihre Studien mit einbezogen sowie Studien von MOSTARDI et al. (1981), LUNN et al. (1970) und MELIA et al. (1981), die ihre Untersuchungen an Schulkindern durchführten, belegten Zusammenhänge zwischen respiratorischen Erkrankungen und Luftschadstoffen. Auch in der französischen Nationalstudie der Jahre 1974 bis 1976 (MINISTERE DE L'ENVIRONNEMENT (1982)) wurde ein signifikanter Zusammenhang zwischen SO2-Konzentrationen und der Prävalenz von Symptomen des unteren Respirationstraktes festgestellt. Ein signifikanter Zusammenhang zwischen bronchitischer Symptomatik und Luftverschmutzung wurde für einzelne Regionen der DDR in einer Studie von HERMANN (1979), für eine Region von Japan in einer Studie von IMAI et al. (1980), bei der er 64.801 Männer und Frauen über 40 Jahren untersuchte, für England, Wales und Schottland in einer Studie von LAMBERT/ REID (1970), für Jugoslawien (Sarajevo) von CERKEZ et al. (1977) sowie in einer Longitudinalstudie von FERRIS et al. (1971) nachgewiesen. In der Bundesrepublik Deutschland untersuchte DOLGER et al. (1980) im Jahr 1979 fast 5.400 Männer und Frauen im Alter um 65 Jahre sowie Kinder im Alter von 10 Jahren. DOLGER et al. wiesen einen höheren Erkrankungsstand an chronischer Bronchitis bei höheren Konzentrationen von SO_2, NO_2 und Schwebstaub in der Luft nach.

Diese zum Teil gegensätzlichen Untersuchungsergebnisse sind durch die häufig völlig unterschiedlichen Kohorten oder die verschiedenen einbezogenen Einflußparametern zu erklären. So wurden in der überwiegenden Anzahl dieser Studien nur Schwefeldioxid und Staub als Luftschadstoffe mit berücksichtigt (z. B. LEVY et al. (1977), MELIA et al. (1981)). Des weiteren wurden die Studien zum Teil als Querschnittstudien (vgl. MELIA et al. (1981)) durchgeführt, wodurch Latenzzeiten und Vorbelastungen nicht mit berücksichtigt werden konnten. Auch die Anzahl und die Größe der Kohorte ist aus personellen, technischen und finanziellen Gründen meist nicht sehr groß. In der Studie von IMAI et al. (1980) wurden zwar 64.801 Personen berücksichtigt, diese jedoch meist nur in Form eines Fragebogens analysiert. Prospektive Morbiditätsstudien geben diesbezüglich detallierte Auskünfte über die jeweilige Kohorte, sind aufgrund ihrer großen Aufwendigkeit jedoch nur für kleinere Kohorten angewendet worden. Ihre Aussagekraft ist dadurch kaum allgemeingültig. Zudem wären Langzeitbeobachtungen (z. T. über Jahrzehnte) notwendig, um insbesondere bei Krebserkrankungen die Latenzzeiten mit zu erfassen.

2.2.2 Retrospektive Morbiditätsstudien

Retrospektive Morbiditätsstudien wurden in sehr viel geringerer Anzahl angewandt. In diesen Kohortenstudien wurde versucht, die frühere Belastung am Arbeitsplatz, in der Wohnung (Rauchgewohnheiten) sowie sonstige Einflußparameter der betroffenen Personen rückwirkend zu erheben. Diese Form der Studien wird diesbezüglich häufig zur Rekonstruktion berufsbedingter Erkrankungen herangezogen. ANDERSON et al. (1976) untersuchten beispielsweise 326 Personen im Zeitraum von 1974 bis 1975 auf parenchymale und pleurale Veränderungen, die 20 Jahre zuvor in einer Amosit-Asbestfabrik gearbeitet hatten, auf mögliche Zusammenhänge. In einer weiteren Studie wies ANDERSON et al. (1978) nach, daß nach 10jähriger Expositionszeit mit Asbeststaub eine Pleuraverdickung und parenchymale Fibrose auftritt. Sofern diese retrospektiven Morbiditätsstudien in Form von Fragebogenstudien durchgeführt wurden, konnten die Belastungen durch Luftschadstoffe häufig nicht mit erfaßt werden. Sie ließen zudem meist nur individuelle Rückschlüsse zu, da die Ergebnisse durch die geringe Kohortengröße nur unter Vorbehalt oder meist gar nicht verallgemeinert werden können.

Anders ist dies jedoch bei retrospektiven Morbiditätsstudien, die eine große Anzahl von Erkrankten gleichzeitig erfassen und aufgrund ihrer regionalen Verteilung und unter Berücksichtigung aller Expositionsdaten Rückschlüsse auf den Zusammenhang zwischen Luftschadstoffen und Luftverunreinigung zulassen. Hierbei ist man jedoch auf Morbiditätsregister angewiesen, die aber leider nur für Hamburg (seit dem 01.01.1929 (OESER (1979) S. 3) - ab Januar 1978 sind keine Daten mehr wegen des Bundesdatenschutzgesetzes zu erhalten) und für das Saarland (seit 1966) existieren. Das saarländische Morbiditätsregister ist aufgrund eines saarländischen Landtagsgesetzes weiterhin für wissenschaftliche Arbeiten zugänglich. Eine regional differenziertere Darstellung wurde in der DORNIER-STUDIE (1984), in der Mortalitäts- und Morbiditätsdaten für das Saarland ausgewertet wurden, angestrebt. In Band 3 wurde in dieser Studie auch eine "Pfadmodellanalyse der bösartigen Neubildungen der Atmungsorgane" bei Männern durchgeführt. Luftschadstoffe der Außen- und Innenluft wurden aber auch in dieser Studie nicht berücksichtigt. Zudem wurde durch die Wahl der standardisierten Mortalitäts-/ Morbiditätsquotienten (SMR) gerade in Gebieten mit einer hohen Anzahl von ungleichen Personenbereichen eine ungenaue empirische Verteilung bewirkt.

Allerdings lassen sich nur für das Saarland und nicht für andere Bundesgebiete - und damit auch nicht für den restlichen Untersuchungsraum - Aussagen ableiten. Bei Vorliegen flächendeckender Morbiditätsregister - was sehr wünschenswert wäre - könnten aber gerade im vorsorgenden Gesundheitsschutz wichtige Erkenntnisse gewonnen werden.

2.3 Mortalitätsstudien

Aufgrund des enormen Zeitaufwandes von prospektiven Morbiditätsstudien, insbesondere bei Krebserkrankungen (durch die Inzidenzzeit) und die fehlende Datenbasis für retrospektive Morbiditätsstudien mit gebietsbezogenem Ansatz (Ausnahme Saarland) ist zu prüfen, ob Forschungsansätze aus dem Bereich der Mortalitätsstudien für diese Studie in Frage kommen könnten.
Die Mortalitätsstudien gliedern sich wie die Morbiditätsstudien in prospektive und retrospektive Studien. Der Schwerpunkt liegt hier natürlicherweise bei den retrospektiven Studien, die nicht personenbezogen (Kohorten), sondern gebietsbezogen durchgeführt wurden.

2.3.1 Prospektive Mortalitätsstudien

Bei den Mortalitätsstudien werden bisher keine größeren prospektiven Studien durchgeführt, da es technisch, finanziell und personell fast unmöglich ist, eine größere Kohorte über einen längeren Zeitraum bis zum Lebensende ihrer Mitglieder zu verfolgen. Eine derartige Studie würde außerdem wohl kaum in Relation zu den zu erwartenden Erkenntnissen stehen, da deren Aussagen nur für die jeweilige Kohorte gültig wären.

2.3.2 Retrospektive Mortalitätsstudien

Bei den Mortalitätsstudien werden fast ausschließlich retrospektive Studien angewandt. Insbesondere diese Studien bieten Ansatzpunkte zur Aufklärung der Zusammenhänge zwischen Umweltbelastung und Mortalitäten. Auch die Umweltministerkonferenz stellte in ihrem Bericht (LÄNDERAUSSCHUSS FÜR IMMISSIONSSCHUTZ (1984) S. 13) vom 03.11. 1983 fest, daß, "sofern neben der allgemeinen Luftverunreinigung Rauchgewohnheiten und die berufliche Exposition berücksichtigt werden, auf diese Weise die vermuteten Synergismen aufgedeckt werden können". Es kann aber auch bei den retrospektiven Mortalitätsstudien zu völlig gegensätzlichen Ergebnissen kommen. So stellte HIGGINS (1977) in seiner Studie über den Zusammenhang zwischen Luftverschmutzung und Lungenkarzinom keine Korrelation mit Staub, jedoch mit Sulfaten fest. Die Untersuchung wurde in 50 standardisierten Stadtgebieten der USA durchgeführt. Ebenso stellte LIPFERT (1980) in seiner Mortalitätsstudie der Jahre 1969 bis 1971 in den USA keine Korrelation zwischen Schwefeldioxid-Konzentration und Karzinomhäufigkeit fest.

Auch in der groß angelegten Mortalitätsstudie von MAC DONALD (1976), bei der 183.064 Männer und Frauen in den USA berücksichtigt wurden, ergaben sich keine Abhängigkeiten der Mortalitätsraten von den Luftschadstoffen. Des weiteren wurden in der Nashville-Studie des United

States Public Health Service (ZEIDBERG (1967)) keine Beziehungen zwischen Erkrankungen des Respirationstraktes bei Frauen oder Männern (25 bis 74 Jahre) in der Zeit von 1949 bis 1960 und Luftschadstoffen gefunden. Zu ähnlich negativen Befunden kam ZEMLA (1981), der das Auftreten vom Lungenkarzinom in einer polnischen Industriestadt der Jahre 1965 bis 1975 untersuchte.

Diesen Arbeiten steht jedoch eine beträchtliche Anzahl von Studien gegenüber, die Korrelationen zwischen Mortalitäten und Luftschadstoffen feststellen so etwa DOLL (1978) und LAWTHER/ WALLER (1978) in Großbritannien. Auch in den USA wurden in Untersuchungen u. a. von FORD et al. (1980) für die Jahre 1969 bis 1971, von LAVE/ SESKIN (1973) in einer Mortalitätsstudie der Jahre 1960/61, von ROBERTSON (1980) in einer Querschnittsstudie für das Jahr 1970 und von WEISS (1978) für die Jahre 1968 bis 1972 Zusammenhänge zwischen Luftschadstoffen und Mortalitäten nachgewiesen. SCHIMMEL/ MURAWSKI (1976) setzten die tägliche Mortalität von 900.000 Todesfällen in den Jahren 1963 bis 1972 in den USA in Beziehung zur täglichen Luftverschmutzung. Auch diese Studie ergab eine positive Korrelation zwischen Luftschadstoffen und der Mortalität.

Des weiteren ergab eine Mortalitätsstudie von BORGERS/ PRESCHER (1978) über den Zusammenhang von SO_2 und Schwebstaub-Konzentrationen in der Bundesrepublik Deutschland und Mortalitäten eine positive Korrelation. Auch STEIGER/ BROCKMANN (1969) stellten im Ruhrgebiet während einer Inversionswetterlage im Dezember 1962 eine statistisch gesicherte Erhöhung der Sterblichkeit fest. JAHN und PALAMIDIS (1983) analysierten insbesondere die Zeiten hoher Luftverschmutzung (Winterdaten von 1976 bis 1982) in Berlin und verglichen diese mit den Mortalitäten. Sie stellten dabei fest, daß an Tagen mit starker Luftverschmutzung ($SO_2 > 300\ \mu g/m^3$) die Mortalitäten deutlich höher lagen als an Tagen mit geringer Luftverschmutzung ($SO_2 < 80\ \mu g/m^3$).

Eine Studie über den Zusammenhang zwischen Luftschadstoffen und Mortalitäten wurde für Berlin (West) auch von KARRASCH (1984) durchgeführt. KARRASCH untersuchte auf Stadtbezirksebene von Berlin (West) die wesentlichen Krankheitsgruppen (ICD 160-165, 162, 390-459, 460-519, 490-491, 492, 493 der internationalen Krankheitsklassifikation der WHO), die zum Teil auf Luftschadstoffe zurückzuführen sein könnten, und verglich diese mit der lokalen Emissions- und Immissionssituation. Es ergaben sich in dieser Studie insbesondere bei den Atemwegserkrankungen (vgl. KARRASCH (1985)) deutliche Korrelationen mit der lokalen Luftschadstoffbelastung.

Eine gewisse Sonderstellung nehmen unter den gebietsbezogenen Forschungsansätzen die Stadt-Land-Studien ein. In diesen Studien wird versucht, eine differenzierte Darstellung der lokalen, zeitlichen, alters- und geschlechtsspezifischen Unterschiede zwischen urbanen- und nicht urbanen Gebieten zu erreichen. ROBERTSON (1980) fand eine Korrelation unterschiedlicher Mortalitäten mit sog. Stadtfaktoren in 98 Städten der USA. Eine der ersten Studien auf diesem Gebiet geht auf CARWEN (1954) zurück. Signifikante Unterschiede zwischen Stadt- und Landbewohnern bezüglich des Lungenkarzinoms wurde in zahlreichen Studien wie von DEAN (1966), HAENZEL (1964), HAMMOND (1964) und LEVIN et al. (1960) bestätigt. DEAN, HAENZEL und HAMMOND berücksichtigten in ihren Studien auch bereits Rauchgewohnheiten.

In der Bundesrepublik Deutschland wurde eine Stadt-Landstudie, die bereits Ansätze einer Regressionsstudie aufweist, von HEINS und STIENS (1984) für Nordrhein-Westfalen und Rheinland-Pfalz durchgeführt. Die Analyse auf Kreisebene für die Jahre 1979 bis 1981 bezog jedoch keine Luftschadstoffwerte, sondern nur soziostrukturelle Parameter mit ein.

Die zum Teil gegensätzlichen Ergebnisse sind ähnlich wie bei retrospektiven Morbiditätsstudien durch die unterschiedliche Auswahl der Kohorte, Krebsregister, die unterschiedliche Länge des Untersuchungszeitraumes sowie auch der berücksichtigten Einflußparameter zu erklären. So wurden bei vielen Studien nur eine oder zwei Luftschadstoffe, überwiegend SO2 und Staub berücksichtigt (vgl. WEISS (1978), FORD et al. (1980)).

Des weiteren wurden zum Teil weitere wichtige Einflußfaktoren, wie beispielsweise die Belastung am Arbeitsplatz oder Rauchgewohnheiten nicht in die Analysen mit einbezogen (vgl. Nashville-Studie (ZEIDBERG (1967), ROBERTSON (1980)), oder aber die räumliche Auflösung war zu grob. So sind die Aussagen von CARONOW (1973), der Schätzungen für Gebiete in der Größenordnung von Bundesstaaten in seiner Studie getroffen hat, anzuzweifeln. Des weiteren sind Kohorten in einer Größenordnung von 161 untersuchten Karzinomfällen (ZEMLA (1981)) oder gar nur 81 Personen (FISHELDON/GRAVES (1978)) nur wenig aussagekräftig.

Es bleibt festzuhalten, daß eine große Anzahl von Studien bereits mögliche Zusammenhänge in ihren jeweiligen Kohorten festgestellt haben. Es fehlt jedoch an Studien, die statistisch und arbeitsmedizinisch gesicherte, und damit empirisch begründete Ableitungen von Hypothesen über regionsspezifische Morbiditäts- oder Mortalitätsstrukturen - bedingt durch Luftschadstoffe - überprüfen.

III. UNTERSUCHUNGSANSATZ

1. Zielsetzung und Grundprinzipien der Vorgehensweise

Die Erforschung der Zusammenhänge zwischen Luftverunreinigung und Gesundheitsbeeinträchtigungen des Menschen ist im Sinne eines Kausalitätsnachweises aufgrund der komplexen Wirkungsmechanismen mit erheblichen Schwierigkeiten konfrontiert. Um die eingangs erwähnten Hypothesen empirisch begründet ableiten zu können, sind folgende lufthygienischen Aspekte unbedingt in der Analyse zu berücksichtigen:

1. Luftschadstoffe sind nicht nur in der Außenluft, sondern auch in der Innenluft (Indoor-Pollution) und am Arbeitsplatz in unterschiedlichen Konzentrationen, die zudem örtlich und zeitlich stark schwanken, vorhanden.
2. Die Wirkungen dieser Luftschadstoffe auf den Organismus sind sehr unterschiedlich, wobei die Auswirkungen durch Synergismen positiv oder negativ verändert werden können.
3. Die Auswirkungen von Luftschadstoffen auf den einzelnen Menschen machen sich zum Teil erst nach Jahren oder Jahrzehnten bemerkbar (Latenzzeit).
4. Die Auswirkungen der Luftschadstoffe auf den Menschen können je nach Alter, Geschlecht, ethnischer Herkunft und gesundheitlicher Vorbelastung sehr unterschiedlich sein.
5. Neben den Luftschadstoffen können auch noch andere exogene Einflußparameter gesundheitliche Veränderungen des Menschen bewirken. Wesentlicher exogener Einflußparameter bei Atemwegserkrankungen ist vor allem das Rauchverhalten.

Vergleicht man vor diesem Hintergrund die bisherigen unterschiedlichen Forschungsansätze (vgl. Kapitel II) und deren Ergebnisse, so stellt man fest, daß sie fast ausschließlich Teilbereiche der o. g. lufthygienischen Aspekte oder aber sehr unterschiedliche Kohorten berücksichtigt haben. Dies ist auch der Grund für die sehr differierenden, zum Teil sogar gegensätzlichen Untersuchungsergebnisse.

Da in dieser Studie von der Zielsetzung ausgegangen wird, inwieweit die regionale Luftbelastung zu Beeinträchtigungen der Gesundheit des Menschen - in welcher Form und durch welche Luftschadstoffe - führen, ist zu prüfen, in wieweit die o. g. lufthygienischen Aspekte möglichst umfassend mit berücksichtigt werden können. Tier- und humanexperimentelle Untersuchungen scheiden diesbezüglich für dieses Vorhaben aus, da in derartigen Studien nur unter Laborbedingungen geforscht werden kann. Zytotoxische Wirkungen von Einzelstoffen wie auch erbliche Vorbelastungen, angeborene Fehlbildungen oder erworbene Schädigungen und deren Auswirkungen können jedoch überwiegend mit diesen Forschungsmethoden analysiert werden. Die realen in der Umwelt vorhandenen Noxen können im Labor jedoch nur in Teilbereichen nachgestellt werden. Zudem können solche Studien nur - aus finanziellen, ethischen und personellen Gründen - für eine geringe Tier- oder Personenanzahl und unter Ausschluß der Latenzzeiten durchgeführt werden.

Durch diese Übertragungsprobleme auf die real existierende Umweltsituation bietet sich für diese Studie der epidemiologische Forschungsansatz an. Die rein deskriptiven Untersuchungen, die keine Kausalzusammenhänge analysieren, allerdings bereits räumliche Verteilungsmuster aufzeigen, kommen für diese Studie auch nicht in Frage. Prospektive Morbiditätsstudien und Mortalitätsstudien wären für derartige Untersuchungen sicherlich sinnvoll. Aufgrund des personellen und finanziellen Aufwandes, den eine Kohorte einer notwendig entsprechenden Größe jedoch voraussetzt, kann diese Form der Studie auch nicht zur Anwendung kommen. Zudem wäre eine derartige Studie nur in Form einer Longitudinalstudie (über mehr als10 Jahre) sinnvoll, da nur so die Latenzzeiten bei Krebserkrankungen mit erfaßt werden könnten. Dieser Zeitraum sprengt jedoch den Rahmen jedes Dissertationsvorhabens. Retrospektive Kohortenstudien können wiederum detaillierte Auskünfte über individuelle Zusammenhänge zwischen Luftschadstoffbelastungen und dem Gesundheitszustand der berücksichtigten Personen liefern, aber wiederum die Aussagen nur für eine begrenzte Personenzahl treffen, da nur für einen kleinen Personenkreis eine individuelle Umwelthistorienerfassung möglich ist.

Vor diesem Hintergrund wird in dieser Studie die Zielsetzung der möglichst allgemeingültigen - nicht individuell kleinräumigen - Aussagen über den Einfluß von Luftschadstoffen auf den Gesundheitszustand des Menschen verfolgt. Zur statistischen Absicherung ist hierfür die Erfassung und Berücksichtigung einer großen Anzahl von Personen:

1. in unterschiedlich strukturierten und belasteten Gebieten in bezug auf Luftschadstoffe - statistische Abweichungen werden dadurch deutlicher erkennbar;
2. in Korrelation zu den realen Umwelteinflüssen der betroffenen Personen (Luftschadstoffe der Außenluft, der Innenluft und am Arbeitsplatz und sonstigen exogenen Umwelteinflüssen) - Synergismen und die Wirkung einzelner Einflüsse werden dadurch miterfaßt;
3. über einen langen Zeitraum in Form einer Longitudinalstudie - zur Erfassung von chronischen Einwirkungen, Latenzzeiten sowie zeitlichen Trends;
4. unterschiedlichen Alters, Geschlechtes, ethnischer Herkunft - zur Berücksichtigung der zum Teil sehr unterschiedlichen Auswirkungen von Luftschadstoffen auf den Menschen; unbedingt notwendig.

Ausgehend von diesem Anforderungskatalog soll in dieser Studie ein Ansatz verfolgt werden, der es ermöglicht, durch die Analyse der räumlichen Verteilung sowie der zeitlichen Veränderung der Gesundheits- und Umweltsituation in Form einer "Gebietskontrollstudie" zu einer empirisch begründeten Ableitung der Arbeitshypothesen durch die Analyse regionsspezifischer luftschadstoffbedingter Gesundheitsgefährdungen zu gelangen.

Der Ansatz, der über den einer einfachen Stadt-Landstudie - wie dies ausführlich bei ROBERTSON (1980) in bezug auf die "Urban factors" diskutiert wird - durch die Analyseform der retrospektiven Longitudinalstudie hinausgeht, ist in dieser Form bisher nur ansatzweise in der DORNIER-Studie (1984) geprüft worden. In der DORNIER-Studie - im Auftrag des Umweltbundesamtes für das Saarland durchgeführt - wurde anhand einer Todesursache (Lungenkrebs) ein ähnlicher Ansatz getestet. Schwerpunkte bildeten in dieser Studie aber nicht die Luftschadstoffbelastungen der Bevölkerung. Des weiteren wurden in dieser Studie Morbiditätskataster ausgewertet, die leider nur für das Saarland und Hamburg existieren und Aussagen für andere Gebiete derzeit nicht anwendbar sind.

Es soll daher im Folgenden geprüft werden, ob es möglich ist, mit den bestehenden Mortalitätsdaten - die flächendeckend für die Bundesrepublik Deutschland aber auch weltweit vorliegen - regionale Zusammenhänge zwischen Luftschadstoffkonzentration und Krankheitshäufung in gewissen Krankheitsklassen zu analysieren. Mit nachfolgendem Untersuchungsansatz (vgl. Abb. 3) soll geprüft werden, in wieweit sich ausgehend von dem bestehenden Datenmaterial empirisch begründete Hypothesen auf Wirkungszusammenhänge ableiten lassen.

Die Datengrundlagen für die Todesursachenanalyse liefern die internationalen Todesursachenverzeichnisse, die flächendeckend für das Gebiet der Bundesrepublik Deutschland sowie für das Ausland zur Verfügung stehen. Um internationale Vergleiche zu ermöglichen, wurden von der Weltgesundheitsorganisation (WHO) die Signierungen der Todesursachen einheitlich festgelegt. Die Gruppen wurden seit Bestehen dieser Statistik häufiger neu gegliedert (- stärkere Differenzierung). Zur Zeit ist die 9. Revision der "International Classification of Diseases" gültig. Die Mortalitätsdaten, die einen möglichen Zusammenhang mit der Luftschadstoffkontamination der Verstorbenen haben könnten (bösartige Neubildungen der Atmungsorgane, Krankheiten der Atmungsorgane, Herz-Kreislauferkrankungen mit Detailuntergliederung), sollen - wie in Abb. 3 schematisiert - nach Alter (5-Jahresintervall/ 1. Filter) und Geschlecht detailliert analysiert werden.
Es ist mit dieser Auswertung möglich, alle Verstorbenen der berücksichtigten Mortalitätsgruppen, geschlechts- und altersspezifisch exakt zu analysieren. Durch die umfassende Datengrundlage (> 2,5 Mio ausgewertete Todesfälle) ist auch die statistische Absicherung gegeben. Diese Analyse soll räumlich in 125 Kreisen der Bundesländer Nordrhein-Westfalen, Rheinland-Pfalz, Hessen, Baden-Württemberg und des Saarlandes durchgeführt werden.

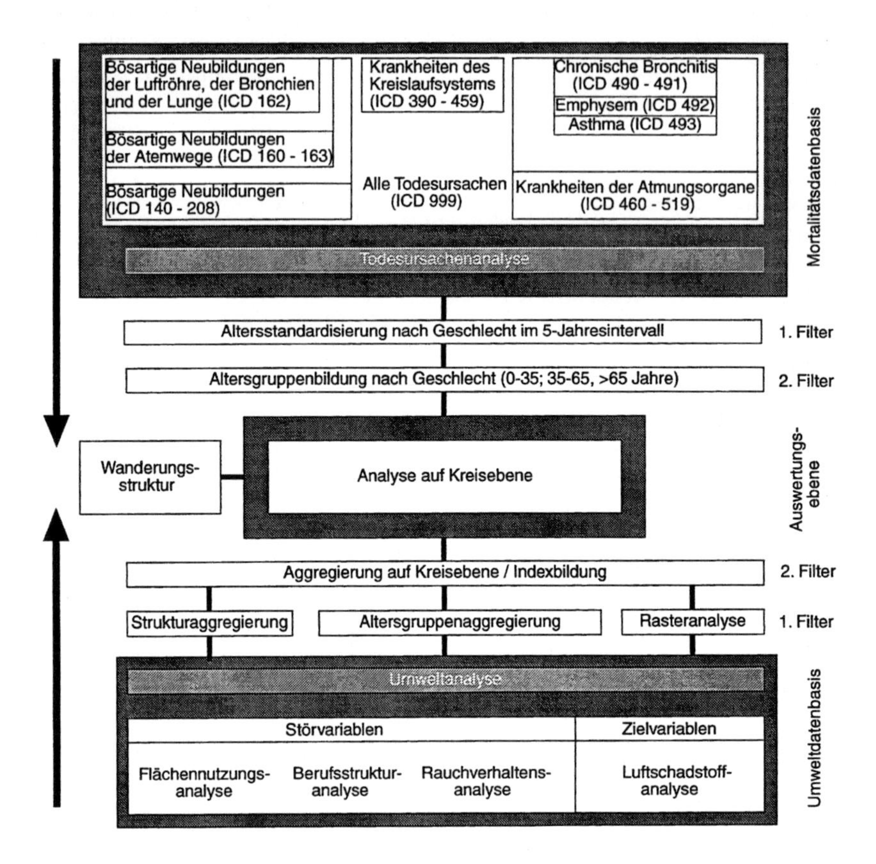

Abb 3: UNTERSUCHUNGSANSATZ - mit den berücksichtigten Faktoren - Quelle: Eigene Bearbeitung

Des weiteren wird in die Analyse, als ausländisches Untersuchungsgebiet, die Region Ile de France (8 Departements) in Frankreich mit einbezogen. Dies entspricht der Forderung nach möglichst feiner räumlicher Auflösung von Analysen. Bei größräumigeren Analysen, z.B. auf Bundesländer- oder Regierungsbezirksebene, besteht die Gefahr, daß durch die nivellierende Durchschnittsbildung des ganzen Gebietes lokale Mortalitäts- oder Morbiditäts-Spitzenwerte nicht erkennbar wären. Andererseits besteht bei zu kleinräumiger Auflösung, z.B. Stadtteilebene, die Gefahr, daß durch zu geringe Fallzahlen die statistische Absicherung nicht mehr gegeben ist. Hinzu kommt, daß aus Datenschutzgründen kleinräumigere Angaben über Mortalitätsdaten nicht mehr im 5-Jahresintervall zu erhalten sind, da möglicherweise insbesondere in dünn besiedelten Gebieten Einzelfälle erkennbar wären. Somit bot sich die Analyse auf der kleinstmöglichen räumlichen Ebene, der Kreisebene/Departementsebene, an.
Des weiteren wurden - wie oben bereits dargelegt - sehr unterschiedlich strukturierte Gebiete als Untersuchungsräume ausgewählt. Vergleiche zwi-

schen den berücksichtigten Belastungsgebieten gem. Bundes-Immissionsschutzgesetz (Rhein-Ruhr-Gebiet, Rhein-Main, Rhein-Neckar, Saargebiet) und weniger stark mit Luftschadstoffen belasteten Gebieten sind diesbezüglich gut möglich. Durch die Berücksichtigung von 125 Kreisen und kreisfreien Städten in der Bundesrepublik Deutschland und acht Departements in Frankreich können zudem empirisch gesicherte Erkenntnisse über unterschiedlich strukturierte Gebiete erwartet werden. Die Gebiete, die hohe Migrationsgewinne respektive -verluste aufweisen, werden nur unter Vorbehalt mit ausgewertet, um Störeinflüsse weitestgehend zu vermeiden.

Im Anschluß an die Mortalitätsanalyse wäre es wünschenswert gewesen, die Ergebnisse mit Morbiditätsdaten zu vergleichen, um nicht zum Tode führende Gesundheitsbeeinträchtigungen mit erfassen zu können. Solche Vergleiche können auch neue inhaltliche sowie konzeptionelle Erkenntnisse darüber erbringen, ob beispielsweise sinkende Mortalitätsraten auch auf sinkende Morbiditätsdaten oder nur auf verbesserte Heilungsmöglichkeiten zurückzuführen sind. Morbiditätsdaten liegen jedoch - wie bereits ausgeführt (II 2.3.2) nur in Form von Krebsregistern für das Saarland (seit 1966) und Hamburg (seit dem 01.01.1929) vor. Zudem müßte die Analyse auf die ICD-Position bösartige Neubildung (ICD 140-208) und bösartige Neubildung der Atmungsorgane (ICD 160-163 und 162) beschränkt werden. Aufgrund dieser mangelnden Datengrundlage konnte keine ergänzende Morbiditätsanalyse für die berücksichtigten Untersuchungsgebiete durchgeführt werden.

Die Mortalitätsergebnisse werden anschließend mit möglichen Umwelteinflüssen (Abbildung 3: Umweltdatenbasis) korreliert. Es wäre sicher ideal, lebenslange Messungen der individuellen Schadstoffexposition durchzuführen, obwohl auch dabei (z. B. Messung aller Schadstoffe nicht möglich) noch große Unsicherheiten bestehen bleiben. Im Rahmen dieser Studie sind solche Ansätze jedoch aus Zeit- und Kapazitätsgründen nicht durchführbar und auch nicht sinnvoll (Probandenzahl wäre auch zu klein). Es soll daher versucht werden, für die Einzelgebiete nicht-personenbezogene Belastungs-Indexe zu erarbeiten. Dabei sollen die Belastungen durch Luftschadstoffe analysiert und quantifiziert werden:

- in der Außenluft (Abb. 3: Zielvariablen) durch die Berücksichtigung der Hauptluftschadstoffe (SO_2, NO_x, CO und Staub).
  Nur diese Stoffe, die mengenmäßig am meisten (> 90% Anteil an Gesamtemissionen) emittiert werden, werden in den Meßprogrammen der Länder auch bereits seit längerer Zeit großräumig erfaßt. Diese Stoffe bilden die Hauptluftschadstoffe, die auch zur Ausweisung von Belastungsgebieten vom Gesetzgeber herangezogen werden (46 BImSchG). Die anderen Luftschadstoffe, die zum Teil noch gar nicht meßbar oder während des Untersuchungszeitraumes noch nicht flächenmäßig erfaßt wurden, können nicht in die Analyse mit einbe-

zogen werden werden. Anhand der berücksichtigten Luftschadstoffe lassen sich aber bereits regionale Belastungsunterschiede durch die Indexbildung quantifizieren.

- in der Innenluft (Abbildung 3: Störvariablen) durch die Berücksichtigung der Tabak-Rauchgewohnheiten. Als Datengrundlage hierfür dient der Mikrozensus von 1978. In ihm wurden auf Regierungsbezirksebene Angaben zum Zigarettenkonsum erhoben, die auf Kreisebene übertragen wurden. Andere "Indoor-Pollution-Faktoren", wie Ausdünstung von Holzschutzmitteln aus Spanplatten (vgl. Ausführung von BOTZENHART (1986)) oder Luftschadstofferhöhungen durch Kohleöfen, offene Kamine und Gasherde wie von PRESCHER (1982) untersucht, der feststellte, daß insbesondere Stickstoffdioxid durch Gasfeuerung in Innenräumen über die Immissionsgrenzwerte hinaus erhöht werden kann, konnten nicht mit bewertet werden. [7]
- am Arbeitsplatz (Abb. 3: Störvariablen) durch die Berücksichtigung der amtlichen Beschäftigungsstruktur. Es sollen hierbei durch die Aufgliederung in Berufszweige (Land- und Forstwirtschaft, Energiewirtschaft, Bergbau, verarbeitendes Gewerbe (ohne Baugewerbe), Handel, Verkehr, Baugewerbe, Versicherungen und Kreditinstitute sowie sonstige Dienstleistungen, sonstige Erwerbstätigkeit) Aussagen getroffen werden, inwieweit die einzelnen Gebiete ein erhöhtes Potential an mit Luftschadstoffen belasteten Arbeitsplätzen (Literaturauswertung) aufweisen.

Des weiteren sollen die Flächennutzungen (Siedlungs-, Wald-, Verkehrsflächen) als weitere exogene Umweltfaktoren in die Analyse mit einbezogen werden. Diese dienen vor allem zur Abgrenzung von dicht besiedelten Gebieten mit ländlichen Gebieten (Urbanisierungsgrad).
In dieser Longitudinalstudie soll ein Zeitraum von acht Jahren (1979 bis 1986) analysiert werden, um insbesondere die möglichen schädlichen Auswirkungen langfristiger chronischer Belastungen und Latenzzeiten, ansatzweise mit berücksichtigen zu können.

Es muß jedoch betont werden, daß mit dieser Studie keine Kausalitätsnachweise ermöglicht werden, sondern vielmehr mögliche bestehende Zusammenhänge zwischen dem Gesundheitszustand der Bevölkerung und Luftschadstoffen auf der Basis bestehender Datenbestände quantifiziert werden sollen. Durch einen derartigen Studienansatz soll geprüft werden, inwieweit es möglich ist, zu einer empirisch begründbaren Hypothesenbildung über den Zusammenhang zwischen den genannten Umweltfaktoren in einem Gebiet mit dem dort vorgefundenen Gesundheitszustand der Bevölkerung / resp. Mortalitätsstand zu gelangen. Der Einfluß der Luftschadstoffe ließe sich dann möglicherweise durch die Anzahl der Untersuchungseinheiten quantifizieren.

[7] Auch in einer Longitudinalstudie an 8.000 Kindern in den USA stellte SPEITZER (1980) fest, daß Kinder in Haushalten mit Gasöfen häufiger respiratorische Erkrankungen aufwiesen.

2. Auswahl der Untersuchungsgebiete

Ausgehend von dem räumlich geographischen Ansatz, mögliche Zusammenhänge zwischen Luftschadstoffen und dem Gesundheitszustand der Bevölkerung in unterschiedlichen Gebieten zu ergründen, waren folgende Kriterien bei der Auswahl der Untersuchungsgebiete entscheidend:

1. Es sollten möglichst unterschiedlich hoch belastete Regionen - bezüglich Luftschadstoffen - berücksichtigt werden. Insbesondere extrem belastete Gebiete sollten in die Analyse mit einfließen, da in diesen Gebieten am ehesten mit Gesundheitsbeeinträchtigungen zu rechnen ist.
2. Die Datengrundlage bezüglich des Gesundheits- und Umweltbereichs sollte ausreichend gegeben sein.
3. Die Auswahl und Größe der berücksichtigten Gebiete sollte statistisch gesicherte Ergebnisse ermöglichen.

Auf der Grundlage dieser Auswahlkriterien wurden folgende Untersuchungsgebiete in der Bundesrepublik Deutschland in die Analyse mit einbezogen:

- 125 Kreise der Bundesländer Nordrhein-Westfalen, Hessen, Rheinland-Pfalz, Baden-Württemberg (nur Rhein-Neckar-Raum) und des Saarlandes

Des weiteren wurde als Untersuchungsgebiet in Frankreich

- die Region Ile de France mit einbezogen, um ein Beispiel aus einem anderen mitteleuropäischen Land zu erhalten und auch eine Übertrag- und Vergleichbarkeit des Ansatzes zu testen.

Die deutschen Untersuchungsgebiete boten sich an, da sie zum einen

- ein <u>zusammenhängendes Gebiet</u> ergaben und sich somit allochtone Luftschadstoffe besser analysieren lassen, zum anderen konnten dadurch
- <u>alle wesentlichen Belastungsgebiete in der Bundesrepublik Deutschland</u> mit erfaßt werden.

Nicht berücksichtigt wurden die bayrischen Belastungsgebiete, da Bayern nur in Teilbereichen an die anderen Untersuchungsgebiete angrenzt und diese Belastungsgebiete zudem nicht die höchsten Luftschadstoffbelastungen (vgl. UMWELTBUNDESAMT (1981) S. 144/LAHMANN (1987) S. 84). Zudem ist die Datengrundlage über diese Belastungsgebiete nicht so groß wie bei den anderen Belastungsgebieten (vgl. FIEBIG et al (1984) S. 22). Darüber hinaus mußte eine gewisse Auswahl aus finanziellen und Kapazitätsgründen erfolgen. Berlin konnte auch nicht in die Analyse mit einbezogen werden - obwohl dort zum Teil noch höhere Immissionskonzentrationen als in Duisburg auftreten (vgl. LAHMANN

(1984) S. 135) - da für das Umland nicht genügend Daten zugänglich waren. Dies gilt entsprechend auch für das gesamte Gebiet der ehemaligen DDR.

Durch die Einbeziehung der 13 Belastungsgebiete (gem. § 44 BImSchG) Ruhrgebiet-West, -Mitte, -Ost, Rheinschiene-Mitte, -Süd, Kassel, Wetzlar, Rhein-Main, Untermain, Mainz-Budenheim, Ludwigshafen-Frankenthal, Neunkirchen, Dillingen-Völklingen, Saarbrücken und deren engeres und weiteres ländliches Umland, für die auch ausreichende Datengrundlagen bestehen, sind empirisch ableitbare Erkenntnisse in bezug auf die extremen Unterschiede u. a. der Luftschadstoffbelastung und der Einwohnerdichte (Tab. 1) zu erwarten.

Um die Mortalitätsanalyse zu ergänzen (Angaben in 5-Jahresintervall untergliedert nach Geschlecht waren für noch kleinere Einheit nicht erhältlich), wurde ein ausländisches Untersuchungsgebiet in die Analyse mit einbezogen. Es bot sich hierfür die Region Ile de France mit 8 Departements in Frankreich an. Das Gebiet beinhaltet jeweils hoch belastete sowie ländliche Gebiete. 8

3. Auswahl und Aufbereitung der verwendeten Datenbasis im Gesundheitsbereich

Welche Kriterien für die Auswahl der Datengrundlagen im Gesundheitsbereich entscheidend waren, soll im folgenden erläutert werden. Die möglichen Aufbereitungsmethoden derartiger Daten sowie die spezielle für diese Studie ausgewählte Aufbereitungsart werden anschließend unter Punkt 3.2 dargelegt.

3.1 Auswahl der Gesundheitsdaten

Die amtliche Todesursachenstatistik ist die einzige flächendeckend zur Verfügung stehende Datenquelle in der Bundesrepublik Deutschland und weltweit, die regionale Vergleichsanalysen im Hinblick auf mögliche Zusammenhänge mit Luftschadstoffen liefern könnte. Morbiditätsregister bestehen, wie bereits erwähnt, nur für das Saarland und Hamburg.
Die Grundlage für diese Todesursachenstatistik liefern die Leichenschauscheine. Die Validität dieser Leichenschauscheine war nicht ganz unumstritten. So bestand sicherlich eine gewisse Problematik darin, daß die Diagnose je nach Art der Ausbildung des Arztes oder des Spezialisierungsgrades der Klinik sehr unterschiedlich ausfallen konnte. Direkte oder indirekte Folgeerkrankungen und nicht das Grundleiden wurden zum Teil im Befund angegeben. Eine Autopsie wurde auch nicht immer durchgeführt.

---

[8] Vergleich Meßergebnisse der Außenluftverunreinigung französischer Großstädte (LEYGONIE/ DELANDRE (1987) S. 92).

Insbesondere außerhalb von Kliniken war dadurch die Validität nicht immer gegeben (OESER (1979) S. 9). Des weiteren führte die Tarndiagnose "Altersschwäche" zweifellos in der Vergangenheit zu Verzerrungen in hohen Altersklassen. Insbesondere durch diagnostische Verbesserungen (BECKER/ABEL (1983) S. 557) kann jedoch ab 1970 die Tarndiagnose "Altersschwäche" als ausgemerzt gelten.

Heute ist es üblich, bei Angabe der Diagnose Altersschwäche - was überhaupt nur noch in wenigen Fällen geschieht- beim behandelnden Arzt nachzufragen. Auch ist die Gefahr der Fehldiagnose durch verbesserte Diagnosebedingungen stark verringert worden. Es versterben heute zudem über 80% der Wohnbevölkerung in der Bundesrepublik Deutschland (OESER (1979) S. 9) in Krankenhäusern, in denen mit höherer Wahrscheinlichkeit gesicherte Befunde analysiert werden. Eine Sondererhebung in Baden-Württemberg erbrachte eine Fehlerquote von 1,2% (NEUMANN (1972) S. 1487). Es bleibt festzuhalten, daß die Validität der amtlichen Todesursachenstatistik für den Untersuchungszeitraum ab 1978 gegeben ist (so auch OESER/ KAEPPE (1980) S. 592), zumal in dieser Untersuchung größere Kollektive gebildet werden.

Die Todesursachenstatistik wurde zudem international vereinheitlicht (WHO). Seit ihrem Bestehen wurde sie mehrmals erweitert und vor allem differenziert. Die zweite Revision galt von 1911 bis 1920, die dritte Revision von 1921 bis 1930, die vierte Revision von 1931 bis 1939, die fünfte Revision von 1940 bis 1949, die sechste Revision von 1950 bis 1957, die siebte Revision von 1958 bis 1967, die achte Revision von 1968 bis 1978, und seither ist die 9. Revision gültig (Vergleich der einzelnen Revisionen mit Angabe der jeweiligen Änderungspositionen im CANCER RESEARCH CAMPAIN (1979) XXVII). Diese Revisionen sind bei weiter zurückgehenden Analysen unbedingt zu beachten. Da der Analysezeitraum dieser Studie sich jedoch über den Zeitraum von 1979 bis 1986 erstreckt, sind keine Verschiebungen durch Umgruppierungen zu berücksichtigen.

Es soll geprüft werden, welche Todesursachen aus dieser Todesursachenstatistik möglicherweise in Zusammenhang mit Luftschadstoffen stehen könnten. Da davon auszugehen ist, daß Luftschadstoffe in erster Linie eine schädigende Wirkung auf die Atmungsorgane bewirken könnten, weil diese die einzigen inneren Organe des Menschen sind, die in jeder Minute des Lebens in intensiver Verbindung mit dem Umweltmedium "Luft" stehen, bildeten diese einen Analyseschwerpunkt. Normalerweise strömen bei einem Säugling pro Tag etwa 1.260 Liter Luft, bei einem Schulkind etwa 8.640 Liter (HARDT (1985) S. 2) und bei einem Erwachsenen etwa 15 - 20.000 Liter Luft durch die Atemwege (FRUHMANN (1985) S. 27). Die effektive Belastung der Atemwege ist dabei im wesentlichen abhängig von dem Eindringungsvermögen der Fremdstoffe. Gut wasserlösliche Gase, wie Schwefeldioxid sowie größere Schwebstoffpartikel belasten mehr den oberen Respirationstrakt, wohingegen schwer wasserlösliche Gase, wie Stickoxide und Ozon sowie alveolengängige Schwebstoffe mehr die intrathorakalen Atemwege belasten (SCHLIPKÖTER/ ANTWEILER (1974) S. 405). Da Luftschadstoffe diesbezüglich an sehr unterschiedlichen Lokalitäten einwirken, wurden alle "Krankheiten der Atmungsorgane" (ICD-Position 460 bis 519/9. Revision) als Gruppe in die Analyse mit einbezogen. Aus dieser Gruppe der Krankheiten der Atmungsorgane wurden die Todesursachen "chronische Bronchitis" (ICD-Position 490 bis 491), "Emphysem" (ICD-Position 492) und "Asthma" (ICD-Position 493) einzeln analysiert, da diese Todesursachen aus der Gruppe der Krankheiten der Atmungsorgane in den meisten Studien mit Luftverunreinigungen in Verbindung gebracht werden. [9]

Derartige Erkrankungen der Atemwege werden unter dem Begriff "chronisch-obstruktive Lungen- und Atemwegserkrankungen" zusammengefaßt. [10]

Des weiteren wurde die Gruppe "Krankheiten der Kreislaufsysteme" (ICD-Position 390 bis 459) in die Untersuchung mit einbezogen, da auch sie in Verbindung mit Luftschadstoffen gebracht werden. HECHTER et al. (1961) stellten für den Zeitraum von 1956 bis 1958 in Los Angeles bereits eine Parallelität der Schwankungen von Mortalitäten an Herzkrankheiten und den Kohlenmonoxidkonzentrationen fest. KNOX (1981) bestätigte diese Ergebnise, stellten aber auch Korrelationen mit anderen Schadstoffen, wie beispielsweise Schwefeldioxid fest.

Ein weiterer Schwerpunkt in der Forschungsarbeit über Zusammenhänge zwischen Luftschadstoffen und dem Gesundheitszustand der Bevölkerung sind die Krebserkrankungen ("bösartige Neubildung" ICD-Position 140 bis 280), im speziellen die "bösartigen Neubildungen der Atemwegsorgane" (ICD-Position 160 bis 163). Das Hauptaugenmerk liegt dabei auf den bösartigen Neubildungen der Luftröhre, der Bronchien und der Lunge (ICD-Position 162). Diese bösartigen Neubildungen wurden von einer großen Anzahl von Autoren, wie DOLL/ PETRO (1976), LAWTHER/ WALLER (1978), FORD et al. (1980) und ROBERTSON (1980) bereits mit Luftschadstoffen in Verbindung gebracht. Sie werden diesbezüglich in der genannten Gruppierung in die Untersuchung mit einbezogen.
Diese Einzelpositionen aber auch Diagnosegruppen, die eine enge ätiologische und anatomische Beziehung zum Respirationstrakt aufweisen, wurden in bezug zur Gesamtmortalität gesetzt.

---

[9] Vergleich LEVY et al. (1977); LOVE et al. (1981); MELIA et al. (1981); MOSTARDI et al. (1981); DOLGER et al. (1980), die Korrelationen zwischen respiratorischen Erkrankungen und Luftverunreinigungen feststellten sowie die Untersuchungen von CERKEZ et al. (1977) die in Jugoslawien (Sarajevo) positive Korrelationen zwischen bestimmten Luftschadstoffen und asthmatischen Anfällen feststellten.

[10] "obstruktiv" bezeichnet man alle Störungen der Lungenfunktion, die durch eine Erhöhung der Strömungswiderstände (gemessen als FEV) in den Luftwegen verursacht wird.

Es sollen somit folgende Todesursachen (ICD-Positionen) auf mögliche Zusammenhänge zur regionalen Luftschadstoffbelastung überprüft werden:

- bösartige Neubildungen	(ICD 140 bis 208)
- bösartige Neubildungen der Atemwegsorgane	(ICD 160 bis 163)
- bösartige Neubildungen der Luftröhre, der Bronchien und der Lunge	(ICD 162)
- Krankheiten der Kreislaufsysteme	(ICD 390 bis 459)
- Krankheiten der Atmungsorgane	(ICD 460 bis 519)
- Chronische Bronchitis	(ICD 490 bis 491)
- Emphysem	(ICD 492)
- Asthma	(ICD 493)
- alle Todesursachen	(ICD 999)

3.2 Aufbereitung des Datenmaterials

Eines der wesentlichen Probleme bei der Vergleichsanalyse von Mortalitätsdaten ist die Altersabhängigkeit der Sterblichkeit. Da die alters- und geschlechtsspezifische Zusammensetzung der Bevölkerung in den einzelnen Gebieten sehr unterschiedlich sein kann, ist im folgenden die Arbeitshypothese zu überprüfen, *ob es möglich ist, "die alters- und geschlechtsspezifischen Strukturen in den Regionen zu standardisieren um damit einen direkten und regionalen Vergleich zu ermöglichen."*

Unter Altersstandardisierung versteht man den Ausgleich der Altersaufbauunterschiede, angegeben als alters-standardisierte Mortalitäts-, oder Morbiditätsrate.

Drei Typen alters-standardisierter Raten sind in der Epidemiologie gebräuchlich:

1. kumulative Mortalitätsrate (CMR)
2. indirekte standardisierte Mortalitätsrate (SMR)
3. direkte standardisierte Mortalitätsrate (AMR)

Die Bezeichnung Altersstandardisierung ist jedoch nicht in allen Fällen (Vergleich CMR/SMR) ganz zutreffend. Die "kumulative Mortalitätsrate (CMR)" gibt unabhängig von der Altersverteilung der Mortalitätsraten das Risikio eines Individiums an, im Laufe seines Lebens (respektiv bis zum Zeitpunkt T) an der betrachteten Krankheit zu sterben (vgl. insbesondere DAY (1976) und ABEL (1985)). Bei der Berechnung des Standards geht man von einer <u>hypothetischen Standardbevölkerung mit gleich großen Altersgruppen</u> aus. Die Methode führt dadurch zu einer Unabhängigkeit von der Altersstruktur der Bevölkerung ohne Bezug auf eine Standardbevölkerung.

Da eine alterabhängige regionale Mortalitätsanalyse mit diesem Ansatz nicht durchführbar ist, wurde dieser Ansatz hier nicht angewandt.

Bei der "indirekten standardisierten Mortalitätsrate" (SMR), wird die in der Standardbevölkerung gegebene Altersverteilung der Mortalität als Modell benutzt. Diese wird überwiegend dann angewandt, wenn die absoluten Sterbeziffern nicht nach Altersgruppen gegliedert vorliegen. Es werden keine Wichtungsfaktoren zur Eliminierung der Altersaufbauunterschiede verwendet, sondern vielmehr aus den altersspezifischen Mortalitätsraten der Standardpopulation die zu erwartende Zahl der Todesfälle in der betrachteten Population berechnet (TÜV-RHEINLAND (1983)/Band I, S. 17).
Die SMR ist eine Verhältniszahl von beobachteten zu erwartenden Fällen. Die SMR kann jedoch auch zu falschen Schlußfolgerungen führen, wie dies am folgenden Beispiel von BECKER (1983) dargelegt werden soll:

Tab. 2: Standardisierte Mortalitätsraten - Vergleich nach BECKER. Quelle: BECKER (1983), S. 24

	Altersgruppen					
Standard-Population	A 1	A 2	A 3	A 4	A 5	
Population	1000	1000	1000	1000	1000	= SMR A
Todesfälle	5	5	5	5	5	= 100
Rate / 100.000	500	500	500	500	500	$= MR_A =$ 500 / 100.000
Population 1						
Population	1000	1000	1000	1000	200	= SMR 1
Todesfälle	5	5	10	5	1	= 123
Rate / 100.000	500	500	1000	500	500	$= MR_1 =$ 600 / 100.000
Population 2						
Population	1000	1000	1000	1000	10000	= SMR 2
Todesfälle	5	5	10	5	50	= 109
Rate / 100.000	500	500	1000	500	500	$= MR_2 =$ 600 / 100.000

Obwohl die altersspezifische Mortalitätsrate bei Population 1 und 2 (vgl. Tab. 2) gleich ist, ist die SMR verschieden. Die stärkere Besetzung einer Altersgruppe gegenüber dem Standard (Altersgruppe 5 bei Population 2) bewirkt eine niedrigere SMR, die schwächere Besetzung (Altersgruppe 5 in Population 1) eine höhere. Die Aussage, Population 1 hat eine höhere Mortalität als Population 2, ist demnach nicht zutreffend. Die SMR wurde für diese Studie dementsprechend auch nicht angewandt, da die Eliminierung der Altersaufbauunterschiede für derartige Gebietsvergleichsstudien unabdingbar ist.[11]

Die dritte Methode stellt die "direkte standardisierte Mortalitätsrate" (AMR) dar. Bei der direkten Standardisierung kommen die in den einzelnen Lebensaltersgruppen real vorhandenen Besonderheiten der Mortalität zur Geltung. Im allgemeinen wird eine Unterteilung der Todesfälle in 5-Jahres- Altersgruppen vorgenommen. Innerhalb jeder Altersgruppe werden dann, mit den jeweiligen Bevölkerungsanteilen dieser Altersgruppen, Raten gebildet. Diese sogenannten "altersspezifischen" Mortalitätsraten sind damit altersunabhängig und vergleichbar. Um zu summarischen, altersunabhängigen Aussagen zu gelangen, werden die altersspezifischen Raten auf eine "Standardbevölkerung" - die für alle zu vergleichenden Gebiete gleich gewählt wird - bezogen. Dabei wird die Zahl der lebenden Personen pro Altersgruppe rechnerisch an die Standardbevölkerung angeglichen. Dies geschieht nach folgender Formel:

$$AMR = \frac{\Sigma (wi * AMR_i)}{\Sigma wi}$$

[12]

Es handelt sich um einen gewichteten Mittelwert über die altersspezifischen Raten (AMR), der mit der Standardbevölkerung (wi) - hier der Bevölkerungsstruktur der Volkszählung von 1987 - gewichtet wird. Da bei gleichem Standard die standardisierten Raten grundsätzlich vergleichbar sind, wurden diesem Ansatz gefolgt.
In der Epidemiologie die in Abb. 4 dargestellten Kunstbevölkerungen - zur Wichtung - entwickelt worden:

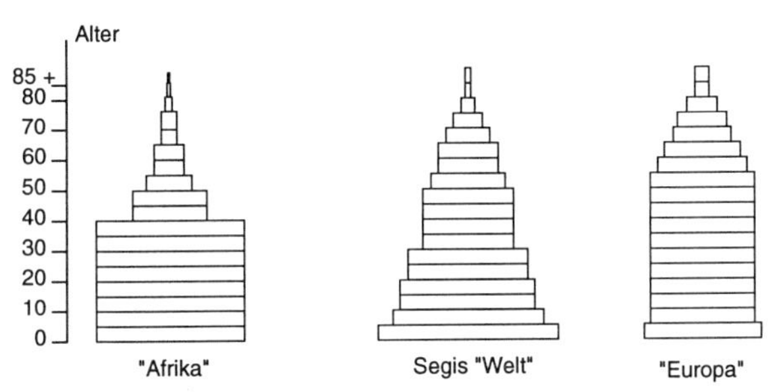

Abb. 4: Gebräuchliche Kunstbevölkerungen in der Epidemiologie - mit dem Untersuchungsgebietsstandort - Quelle: ABEL (1985), S. 29

[11] Vergleich diesbezüglich auch die DORNIER-Studie ((1984) S. 28), bei der es aufgrund der Anwendung der SMR zu einer nach eigenen Angaben "Schiefe der empirischen Verteilung" über die Gemeinde kam.

[12] Vergleich FRENZEL-BEYME et al (1984) S. 5. w_i = Standardbevölkerung

Die Standardpopulation Welt geht auf den Altersaufbau in 46 Ländern der ganzen Welt zurück (DOLL et al. (1966)), die von Europa auf die Bevölkerung in den skandinavischen Ländern. Wie aus der Abb. 4 ersichtlich ist, bestehen sehr große Unterschiede im Altersaufbau der gängigen Kunstbevölkerungen. Da der Altersaufbau der zu verwendenten Kunstbevölkerung sich soweit wie möglich an den bestehenden Gebietsaltersstrukturen des Untersuchungsraumes orientieren sollte, ist die Altersstruktur der Untersuchungsgebiete dieser Studie zu eruieren. Ansonsten würde die Mortalitätsrate zu stark von den tatsächlichen Werten abweichen, was zwar für den regionalen Vergleich nicht wesentlich wäre, aber für die Gebietsaussage nicht wünschenswert ist.

Für das Untersuchungsgebiet der Bundesrepublik Deutschland wurden gesicherte Erkenntnisse über die Bevölkerungs- und Altersverteilung in den Volkszählungen 1970 und 1987 gewonnen.

Die Volkszählungsergebnisse vom 25.05.1987 wurden der Verschiebung der Alterspyramide hin zu höheren Altersklassen am weitesten gerecht. Wie aus Tabelle 3 ersichtlich, ergibt sich im Untersuchungsgebiet der Bundesrepublik Deutschland eine ähnliche geschlechtsspezifische Struktur wie im gesamten Bundesgebiet. Eine leichte Abweichungen vom Bundesgebiet tritt in der Altersgruppe der 55 bis 65jährigen (Anteil liegt im Mittel um 2,5% höher als der Bundesdurchschnitt 1987), und in der Altersgruppe der unter 35-jährigen, auf.

Tab. 3: Internationaler Vergleich der Bevölkerungsstruktur -Anteil der Bevölkerung in % in den drei Hauptaltersklassen- Quelle: unter Verwendung von TÜV-RHEINLAND (1983)

	Altersklassen		
Gebiet	unter 35	35 - 65	über 65
Bundesrepublik Deutschland 1970	51	36	13
Bundesrepublik Deutschland 1987	46	39	15
Untersuchungsgebiet 1987 (BRD)	45	40	15
Untersuchungsgebiet 1987 (Frankreich)	53	36	11
Europa	50	39	11
Welt	59	31	10

Bei den Frauen ist ebenfalls die stärkste Abweichung vom Bundesgebiet bei der Altersgruppe der 55 bis 60jährigen (Anteil lag um 0,127 % höher als im Bundesdurchschnitt), aber auch bei den unter 5jährigen (wobei hier allerdings der Anteil im Untersuchungsgebiet um 0,222 % niedriger liegt als im Bundesgebiet) zu verzeichnen gewesen. Beim Vergleich der Untersuchungsgebietsstruktur mit der Europäischen- und Weltbevölkerung in den drei Hauptaltersklassen sind jedoch starke Diskrepanzen sichtbar.

Da die Altersstrukturen dieser Gebiete - wie in der Tab. 3 erkennbar - von der des Untersuchungsgebietes dieser Studie zu stark abweichen, sollen für diese Studie die Daten der letzten Volkszählung von 1987 herangezogen werden. Sie werden insbesondere dem größeren Anteil älterer Menschen in dem Untersuchungsgebiet der Bundesrepublik Deutschland gerecht und entsprechen dem tatsächlichen Altersaufbau (Abweichung unter 1 %) der Bundesrepublik Deutschland. Kleinräumigere Standards erschienen für diese Studie nicht angebracht, da ansonsten die Gebiete untereinander nicht mehr vergleichbar - dies auch in Bezug auf andere Studien - wären. Für die 8 berücksichtigten französischen Departements wurde dementsprechend der gleiche Wichtungsstandard wie in den 125 Kreisen der Bundesrepublik Deutschland angewandt, um eine Vergleichbarkeit zu ermöglichen.

Tab. 4: Wichtungsfaktoren auf der Basis der Volkszählung von 1987 - im Vergleich mit internationalen und nationalen Wichtungsfaktoren- Quelle: TÜV-RHEINLAND (1983), Anhang 136, sowie eigene Berechnungen

Altersklassen (Jahre)	Standard „world“	Standard „europe“	Standard „african“	Standard „BRD 1970“	Standard „Unters. Gebiet“	Standard „BRD 1987“
< 5	0,120	0,080	0,100	0,0777	0,0482	0,05070
5 - 9	0,100	0,070	0,100	0,0822	0,0475	0,04786
10 - 14	0,090	0,070	0,100	0,0717	0,0480	0,04884
15 - 19	0,090	0,070	0,100	0,0658	0,0712	0,07174
20 - 24	0,080	0,070	0,100	0,0614	0,0862	0,08703
25 - 29	0,080	0,070	0,100	0,0708	0,0804	0,08027
30 - 34	0,060	0,070	0,100	0,0818	0,0716	0,07047
35 - 39	0,060	0,070	0,100	0,0648	0,0689	0,06148
40 - 44	0,060	0,070	0,050	0,0648	0,0602	0,06887
45 - 49	0,060	0,070	0,050	0,0629	0,0798	0,08026
50 - 54	0,050	0,070	0,030	0,0416	0,0683	0,06640
55 - 59	0,040	0,060	0,020	0,0618	0,0623	0,05908
60 - 64	0,040	0,050	0,020	0,0607	0,0567	0,05427
65 - 69	0,030	0,040	0,010	0,0522	0,0438	0,04329
70 - 74	0,020	0,030	0,010	0,0374	0,0376	0,03793
> 74	0,020	0,030	0,010	0,0422	0,0694	0,07151
Summe	1,000	1,000	1,000	1,0000	1,0000	1,00000

Für diese Studie wurden dafür erstmals neue Wichtungsfaktoren auf der Basis der Volkszählungsergebnisse von 1987 im 5-Jahres-Intervall berechnet. Diese neuen Wichtungsfaktoren sind in Tabelle 4 im Vergleich mit den bisherigen Standards gesetzt worden.

Aufgrund der Größe des Untersuchungsraumes und der Anzahl der berücksichtigten Krankheitssymptome ist es in dieser Studie unmöglich, die einzelnen ICD-Positionen in 5-Jahres-Intervallen zu analysieren. Außerdem wird auch die Erfassung der tatsächlichen Todesursache, insbesondere in höheren Altersklassen weniger zuverlässig. Eine Gruppierung der Altersgruppen wurde diesbezüglich in Anlehnung an DOLL und COOK (1967) vorgenommen. In dieser Studie wurden folgende Altersgruppen gebildet:

- 0 - 35-jährige, zur Erfassung von noch relativ kurz belasteten Personen;
- 35 - 65-jährige, zur Erfassung der erwerbstätigen Bevölkerung, die schon länger Belastungen ausgesetzt war (entspricht der sogenannten Rumpfbevölkerung ("Truncated Population"));
- über 65-jährige, zur Erfassung der bereits aus dem Erwerbsleben ausgeschiedenen Bevölkerung.

Die Prozentanteile der drei Altersklassen im internationalen Vergleich sind in Abb. 5 dargestellt.

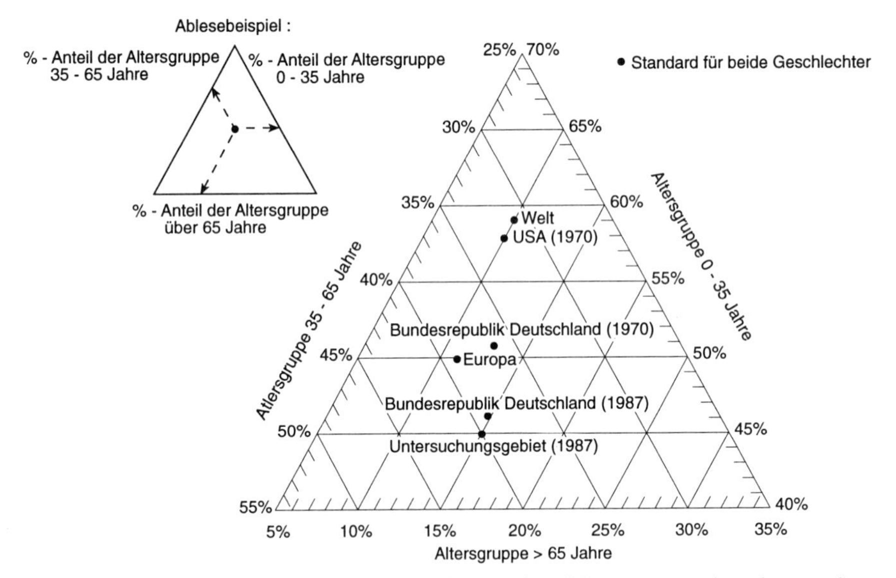

Abb. 5: Bevölkerungsanteile in den Altersklassen -nationale und internationale Standards- Quelle: TÜV-RHEINLAND (1983), Anhang 138 sowie eigene Berechnungen

Die hohe Übereinstimmung der Bevölkerungsstruktur der Untersuchungsgebiete mit der der Bundesrepublik Deutschland (1987) wird auch hier wieder sehr deutlich.

Es wurden in dieser Studie keine unterschiedlichen geschlechtsspezifischen Wichtungsfaktoren berücksichtigt, da ansonsten ein Vergleich zwischen den Geschlechtern nicht möglich wäre.
Insgesamt ist festzuhalten, daß für diese Studie eine direkte Standardisierung vorgenommen wurde, wobei die Analyse in drei Altersgruppen nach dem Wichtungsfaktor der Volkszählung der Bundesrepublik Deutschland von 1987 erfolgte. Die errechneten Raten stellen somit nur eine Annäherung an die tatsächliche Altersverteilung in den einzelnen Kreisen/ Departements dar, sie sind dadurch aber überhaupt erst vergleichbar. Eine Untersuchung regionaler Disparitäten ist dadurch durchführbar.

3.3 Berücksichtigung der Verschiebung von Gesundheitsdaten

Welche demographischen Rahmenbedingungen in den Untersuchungsgebieten vorliegen, soll im nachfolgenden analysiert werden. Gerade für die Durchführung einer Mortalitätsanalyse ist es entscheidend, daß die zur Auswertung vorgesehenen Daten abgesichert sind. Insbesondere im Falle zu starker Wanderungsgewinne/-verluste könnte es ansonsten durch die nicht personenbezogenen Daten zu falschen Schlußfolgerungen kommen.

3.3.1 Bevölkerungsstruktur

Um einen Überblick über die Bevölkerungsverteilung zu ermöglichen, wurden die Einwohner in Relation zur Kreisgebietsgröße respektive Departement- Gebietsgröße gesetzt.
Die mittlere Einwohnerdichte der Jahre 1979 - 1985 beträgt im Untersuchungsgebiet Bundesrepublik Deutschland 745 Einwohner/km^2, im Untersuchungsgebiet Frankreich 6.481 Einwohner/km^2. 35 % der Kreise in dem Untersuchungsraum Bundesrepublik Deutschland und nur 25 % der Departements im Untersuchungsgebiet Frankreich liegen über diesem Mittel.
Die höchsten Einwohnerdichten weist im Untersuchungsgebiet Bundesrepublik Deutschland das Ruhrgebiet (max. 3.536 Einwohner/km^2 in Herne) auf. Allein 20 Kreise weisen in Nordrhein-Westfalen über 2.000 Einwohner/km^2 auf: Düsseldorf, Duisburg, Essen, Oberhausen, Gelsenkirchen, Bochum, Dortmund, Herne, Leverkusen, Köln und Bonn sogar über 2.000 Einwohner/km^2. In Hessen weisen nur Frankfurt am Main und Offenbach Einwohnerdichten über 2.000 Einwohner/km^2 auf. Kassel (1.823 Einwohner/km^2), Wiesbaden (1.344 Einwohner/km^2) und Darmstadt (1.128 Einwohner/km^2) haben allerdings noch eine Einwohnerdichte über 1.000 Einwohner/km^2.

In Rheinland-Pfalz liegt nur Ludwigshafen (2.042 Einwohner/km^2) über 2.000 Einwohner/km^2, dicht gefolgt von Mainz (1.927 Einwohner/km^2). Einwohnerdichten um 1.000 Einwohner/km2 weisen noch Koblenz, Frankenthal und Speyer auf.
Im baden-württembergischen Untersuchungsgebiet hat Mannheim (2.098 Einwohner/km^2), gefolgt von Heidelberg (1.228 Einwohner/km^2) die höchste Einwohnerdichte. Im Saarland liegt die höchste Einwohnerdichte bei 887 Einwohner/km^2 (Saarbrücken).
Die Gebiete mit den geringsten Einwohnerdichten liegen schwerpunktmäßig in ländlichen Gebieten (niedrigster Wert 55 Einwohner/km^2 in Bitburg-Prüm), vor allem im nördlichen Hessen und östlichen Nordrhein-Westfalen. Die Einwohnerdichten liegen hier im Schnitt unter 200 Einwohner/km2.

Im französischen Untersuchungsgebiet liegen die Einwohnerdichten -wie bereits am Gebietsmittel erkennbar- in den Siedlungsräumen wesentlich höher (Maximalwert = 21.820 Einwohner/km^2 in Paris). Auch die Umland-departements von Paris (Hauts de Seine, Seine St Denis und Val de Marne) weisen noch Einwohnerdichten von über 4.500 Einwohner/km^2 auf. Die übrigen Departements liegen jedoch mit Werten um 500 bis 700 wesentlich darunter. Das Departement mit den niedrigsten Einwohnerzahlen/km^2 ist Seine et Marne mit 128 Einwohner/km^2. Beide Untersuchungsräume weisen somit extreme Besiedlungsunterschiede (Tab. 5) auf, die insbesondere in weniger dicht besiedelten Gebieten zu starken Mortalitätsverschiebungen - durch Zu- oder Abwanderung - führen können.

Tab. 5: Besiedlungsdichte in Extremgebieten der Untersuchungsräume
Quelle: Sonderauswertung aus den Datenbanken der STAT. LANDESÄMTER

	Einwohner pro km^2	
Gebiet	Minimalwerte	Maximalwerte
Untersuchungsgebiet Bundesrepublik Deutschland	55 (Bitburg-Prüm)	3536 (Herne)
UntersuchungsgebietFrankreich	150 (Seine et Marne)	21820 (Paris)

3.3.2 Wanderungsbilanz

Durch die Analyse der Wanderungsbilanz ist hier zu prüfen, inwieweit Teilbereiche der Untersuchungsräume durch zu hohe Wanderungssalden nicht in der Gesamtanalyse berücksichtigt werden dürften.
Die Gebiete mit zu großen Wanderungsgewinnen/ Verlusten sollten nicht im Detail interpretiert werden, da durch den Wegzug beispielsweise erkrankter Personen die Statistik zu stark verfälscht werden könnte.

Relativ hohe negative Wanderungsbilanzen im Untersuchungsgebiet Bundesrepublik Deutschland von über 6 % pro Jahr (1979 - 1985) weisen die Kreise Duisburg (-6,8%), Köln (-6,5%), Gelsenkirchen (-6%) und vor allem Cochem/Zell (-15,2 %) auf. Desweiteren weist auch Hagen (-5,1%) eine negative Wanderungsbilanz von über 5% auf.
Hohe Zuwanderungsgewinne von über 6 % hatten vor allem der Rhein-Sieg-Kreis (9,1%) und der Kreis Ludwigshafen (6,6%) zu verzeichnen. Zuwanderungsgewinne pro Jahr von 5% hatten des weiteren die Kreise Euskirchen (5,9%), Coesfeld (5,1%), Paderborn (5,4%), Unna (5,4%), Mainz (5,7%) und Alzey-Worms (5,4%).
Die Kreise respektive Departements, die über +6 % Wanderungsgewinne/ Verluste pro Jahr im Untersuchungszeitraum 1979-1986 aufweisen, sollten diesbezüglich nur vorsichtig in die Interpretation mit einfließen.
Somit können aus dem Untersuchungsgebiet Bundesrepublik Deutschland die Kreise Duisburg, Köln, Gelsenkirchen, Cochem/Zell, Rhein-Sieg-Kreis und Ludwigshafen (= 5% aller Kreise) nur mit Vorsicht in der Gesamtanalyse berücksichtigt werden.

In dem französischen Untersuchungsgebiet ergeben sich folgende Wanderungsbilanzen:

Tab. 6: Wanderungsgewinne/Jahr in der Region Ile de France 1979 - 1985 Quelle: FAUR/COURT (1985), S. 149

Departement	Wanderungszugang	Einwohner	Zuwachs
Paris	25.864	2.134.000	+ 1,2 %
Seine et Marne	12.534	965.000	+ 1,3 %
Ivelines	16.656	1.259.000	+ 1,3 %
Essonne	13.429	1.022.000	+ 1,3 %
Hauts de sEine	18.001	1.366.000	+ 1,3 %
Seine St Denis	20.090	1.331.000	+ 1,5 %
Val de Marne	14.962	1.184.000	+ 1,2 %
Val d' Oise	13.568	967.000	+ 1,4 %

Sämtliche Departements verzeichnen dementsprechend Zuwachsraten durch Zuwanderung, die bei 1 - 2% jährlicher Steigerung liegen. Die größte Zuwanderungsrate ist im Departement Seine St Denis mit einer Zuwanderungsbilanz von 20.090 Personen/Jahr zu verzeichnen. Paris hatte im Zeitraum von 1954 - 1962 dabei eine Zuwanderungsbilanz von -0,33, 1962 - 1968 von -1,25 und 1968 - 1975 von -1,69 (BASTIÉ (1980), S. 34) zu verzeichnen, wohingegen die Umlanddepartements zwar eine positive Wanderungsbilanz von 1954 - 1962 von +3,38% pro Jahr zu verzeichnen hatten, die aber bis auf +1,45% 1968 - 1975 zurückging und sich seit dem auf diesem Niveau bewegt. Zuwanderungsraten von mehr als +/- 1,5% wurden nicht verzeichnet, so daß alle Departements des französischen Untersuchungsgebiets ohne Vorbehalt mit in die Bewertung einbezogen werden konnten.

Untersuchungsgebiets ohne Vorbehalt mit in die Bewertung einbezogen werden konnten.
Für das Untersuchungsgebiet der Bundesrepublik Deutschland weißt nur der Kreis Cochem-Zell eine negative Wanderungsbilanz über 10% auf. In die Interpretation sollte dieser Kreis dementsprechend nicht mit einbezogen werden. Nur unter Vorbehalt gilt dies auch für die Kreise Duisburg, Köln und Gelsenkirchen.

4. Auswahl und Aufbereitung der verwendeten Datenbasis im Umweltbereich

Welche Lufschadstoffe und in welchen Konzentrationen der Mensch während seines Lebens aufnimmt, entzieht sich der Meßbarkeit. Die Luftschadstoffe wirken außerdem an unterschiedlichen Orten auf den Menschen ein. Grundsätzlich kann man aber drei Bereiche unterscheiden:

Die Luftschadstoffe in der Außenluft, in der Innenluft und speziell am Arbeitsplatz.

Da in dieser Studie untersucht werden soll, ob es möglich ist, anhand von dem bestehenden Datenmaterial durch die Analyse regionaler Disparitäten Auswirkungen von Luftschadstoffen auf die menschliche Gesundheit empirisch begründet ableiten zu können, wurden in Anlehnung an die Luftreinhaltepläne die Luftschadstoffe als Zielvariablen und die anderen Einflußfaktoren als Störvariablen definiert. Der Grund für die Auswahl sowie die Aufbereitung dieser Ziel- und Störvariablen soll im folgenden näher begründet werden.

4.1 Auswahl und Aufbereitung der Zielvariablen

Unter Zielvariablen werden in dieser Studie alle Luftschadstoffbelastungen zusammengefaßt, die ohne direktes Zutun des Betroffenen auf ihn einwirken. Es handelt sich schwerpunktmäßig um die Luftschadstoffe in der Außenluft, die meßtechnisch erfaßt werden. Für Inneraumluftschadstoffbelastungen liegen keinerlei regionale Untersuchungen vor. Diese Luftschadstoffe gelangen als Emission aus Kraftwerken, Industrie, Gewerbeanlagen, öffentlichen und privaten Haushalten und aus Kraftfahrzeugen in die Luft. Auf den Menschen wirken wiederum die Luftschadstoffe als Immissionen ein, die entweder am Wohnort des Betreffenden emittiert wurden (autochtone Schadstoffe) oder aber in entfernten Gebieten emittiert und durch Ferntransport (allochthon) zum Wohnort des Betroffenen gelangen. Für eine Studie mit diesem Ansatz genügt es also nicht, das Emissionspotential vor Ort zu bestimmen, falls Immissionsdaten nicht ausreichend zur Verfügung stehen. Dies ist gerade in ländlichen Be-

- die extreme Orts- und Zeitabhängigkeit;
- die nicht flächendeckende Erfassung;
- die häufig nur als Punktmessung vorliegenden Immissionswerte;
- die Erfassung nur eines Bruchteils der auf den Menschen einwirkenden Luftschadstoffe.

Die Immissionsdaten, die von den einzelnen Landesanstalten und dem Umweltbundesamt erhoben werden, liegen nur als Punktmessungen und nicht flächendeckend vor. Eine Ausnahme hiervon bilden die Belastungsgebiete, in denen zum Teil Immissionsdaten im 1-km Quadrat-Raster vorhanden sind. Es ist daher hier zu prüfen, inwieweit es möglich ist, trotz dieser Schwierigkeiten zu räumlichen Strukturanalysen auf empirischer Basis zu kommen. Mit Hilfe des Interpolationsverfahrens IDW (Inverse Distance Weighting) wurden deshalb Erwartungswerte in einem Radius von 40 km um die jeweiligen Meßstationspunkte berechnet. [13]
Die so gewonnenen Immissionsdaten wurden im Raster 20 x 20km für das gesamte Untersuchungsgebiet ausgewertet. Es war dabei erforderlich, das Untersuchungsgebiet zu digitalisieren und in 260 Rasterflächen zu gliedern. Nur so war es möglich, die zum Teil fließenden Übergänge zwischen einzelnen Rastern auch räumlich darzustellen. Eine exakte Gebietsabgrenzung ist hier nur in Rasterform näherungsweise möglich gewesen. Für das französische Untersuchungsgebiet standen dieselben Luftschadstoffkomponenten über das Multikomponenten-Meßstationsnetz (AIRPARIF [14]) zur Verfügung. Da trotz dieses Verfahrens insbesondere in ländlichen Gebieten noch einige Raster unbesetzt blieben, respektive für einige Gebiete keine Immissionswerte errechenbar waren, wurden zur Ergänzung auch die Emissionsmengen herangezogen. Die örtlichen Emissionsmengen können auf der Grundlage einer "Energiebilanz" über die Auswertung der Landesstatistiken "Produktion im produzierenden Gewerbe" sowie weitergehender Forschungsvorhaben des Umweltbundesamtes zur Erstellung des Emissionskatasters "EMUKAT" berechnet werden.
Als Hilfsparameter wurde dabei auch die Kfz-Dichte herangezogen. Es war in diesem Fall sogar möglich, eine Rasterauswertung im Abstand von 10 x 10 km flächendeckend durchzuführen. Insgesamt mußten dafür 1.040 Rasterflächen für das Untersuchungsgebiet Bundesrepublik Deutschland digitalisiert und ausgewertet werden.
Durch Beachtung der Quellhöhe der Emittentengruppe konnten somit bestehende Immissionslücken geschlossen werden. Anhand der Rasterwerte ließ sich eine relativ genaue Immissionsbelastung der einzelnen Kreise ermitteln.

---

[13] Vergleich Ausführungen in UMWELTBUNDESAMT (1986) S. 200 bis 201.

[14] AIRPARIF= Association Interdépartementale pour la Gestion du Réseau automatique de Surveillance de la Pollution Atmospherique et d´Alerte en Région Ile de France (Überbezirklicher Verein zum Betrieb des automatischen Luftüberwachungs- und Alarmnetzes für die Region Ile de France)

Die Immissionsbelastung konnte wie bereits erwähnt nur für die Schadstoffe berechnet werden, die meßtechnisch im längeren Zeitraum erfaßt wurden. Eine mehrjährige Erfassung ist dabei notwendig, um Extremjahre nicht als allgemeine Gebietsbelastung zu bewerten und auch um Langzeitexpositionsaussagen gewährleisten zu können.

Diese mehrjährige Erfassung trifft für den Untersuchungszeitraum nur auf die Komponenten SO_2, NO/NO_2 und Staub zu. Diese Komponenten wurden, wie aus Tab. 7 ersichtlich ist, bereits 1983 an mindestens 159 Meßstationen in der Bundesrepublik Deutschland erfaßt.

Tab. 7: Behördlich betriebene ortsfeste Meßstationen - in der Bundesrepublik Deutschland (Stand 1983) - Quelle: LAHMANN (1987) S. 83

	SO_2	NO/NO_2	CO	CH	O_3	H_2S	Schwebstoffe					Niederschlag		
							Staub	Pb	Cd	Zn	BaP	Staub	Pb	Cd
Baden-Württemberg	24	21	13		10		21					88		
Bayern	63	19	36	33	7	7	37					33	25	25
Berlin	34	2	12				10					252		
Hamburg	7	7	3	3	3		7							
Hessen	20	18	18	8	4		37	28	28			557		
Niedersachsen	25	25	6	25	3		25	8	8			86	86	86
Nordrhein-Westfalen	47	43	28	4	14		122	80	80		35	3166	1567	1567
Rheinland-Pfalz	6	6	12	6	2		6							
Saarland	11	3	3	3	2		7	2				358	77	
Schleswig-Holstein	7	7		7	7		7							
Bundesweit (Umweltbundesamt)	17	8	3		2		18	8	8			5	5	5
	261	159	134	89	54	7	297	126	124		35	4525	1760	1683

Auch in Frankreich werden fast ausschließlich diese Hauptluftschadstoffe erfaßt. Insgesamt existierten 1986 in Frankreich 600 Meßgeräte zur Erfassung "Starker Säuren", die im allgemeinen etwas höhere Werte - durch die Gegenwart von anderen Säuren (z.B. H2 SO_4)- ergeben, als die reinen SO_2-spezifischen Messungen (LEYGONIE/ DELANDRE (1987) S. 89). Darüber hinaus existierten 1986 300 Meßgeräte zur Erfassung von "Schwarzem Rauch", 500 Staubniederschlagsmeßgeräte in der Umgebung bestimmter Industrieanlagen sowie 600 Meßgeräte, die die Komponenten Schwefeldioxid, Stickstoffoxide, Kohlenwasserstoffe, Ozon, Schwebstaub, Fluor, Chlor, Blei, Cadmium und Sulfate erfassen (vgl. MINISTÉRE DE L`ENVIRONNEMENT (1987) S. 133). Diese Meßstationen werden von unterschiedlichen Institutionen (Tab. 8) betrieben.
In dem AIRPARIF-Meßnetz, welches das gesamte berücksichtigte französische Untersuchungsgebiet abdeckt, befinden sich 7 Multikomponenten-Meßstationen (SO_2, Gesamtschwefel, "Starke Säuren", Schwebstaub, NO, NO_x, Gesamtkohlenwasserstoffe, Methan, Ozon, CO und CO_2), 65 Sta-

tionen speziell zur Messung der "Starken Säuren" sowie 5 weitere Stationen, an denen das schwerpunktmäßig auf den Autoverkehr zurückzuführende Kohlenmonoxid gemessen wird (LEYGONIE/ DELANDRE (1987) S. 89).
Für das französische Untersuchungsgebiet liegen darüber hinaus Emissionsdaten von der CITEPA, einer halbstaatlichen TÜV-ähnlichen Institution, für diese Luftschadstoffkomponenten vor und konnten, da sie direkt auf Departementebene zur Verfügung standen, somit unmittelbar in die Analyse mit einbezogen werden.

Tab. 8: Zusammenstellung der gemischten Netze zur Messung der Luftverschmutzung in Frankreich 1986. Quelle: LEYGONIE/ DELANDRE (1987) S. 91

Name des Vereins	Region oder Ortschaft
AERFOM	Mosel-Gebiet
AIRFOBEP	Gebiet von Fos-Berre-Lavera
AIRMARAIX	Aix-Marseille
AIRPARIF	Paris und Ile-de-France
APLA	Gebiet von Le Havre
ALPOLAIR	Süden von Lyon
AMPADIRLR	Languedoc-Roussillion
AMPAEL	Nantes-Saint Nazzaire
AMPALR	La Rochelle
AREMAD	Dünkirchen
AREMALRT	Liolle-Roubaix-Tourcoing
ARPAM	Montbeliard
ASCOPARG	Grenoble
ASPA	Straßburg
ASQAB	Besançon
ASQAP	Picardie
COPARLY	Gebiet von Lyon
EMP	Toulouse-Colomiers
ESPAC	Caen
ESPOL	Carling
REMAPPA	Rouen
RESUPADI	Dijon

Zur Prüfung, wie hoch der Anteil dieser berücksichtigbaren Luftschadstoffe an den Gesamtluftschadstoffmengen ist, wurden die Emissionsanteile der Hauptluftschadstoffkomponenten, in Belastungsgebieten (Abb. 6), ausgewertet.

Aus Abb. 6 ist zu entnehmen, daß 41% aller Emissionen auf die Parameter SO_2, NO_2 und Staub entfallen. Bezieht man den Parameter CO mit ein, können 92 % aller Luftschadstoffe Berücksichtigung finden.

In ländlichen Gebieten ist dieser Anteil durch den geringen Industrieemissionsanteil noch wesentlich höher.

Es ist festzustellen, daß die in dieser Studie berücksichtigten Luftschadstoffe (SO_2, NO_2, CO und Staub) in unterschiedlich strukturierten Gebieten etwa 42 % der Gesamtemissionen ausmachen. Durch die Einbeziehung des Hilfparameters Kraftfahrzeugdichte kann dieser prozentuale Anteil näherungsweise auf bis zu 93% gesteigert werden. Die größte CO-Emissionsquelle sind die Kraftfahrzeuge.

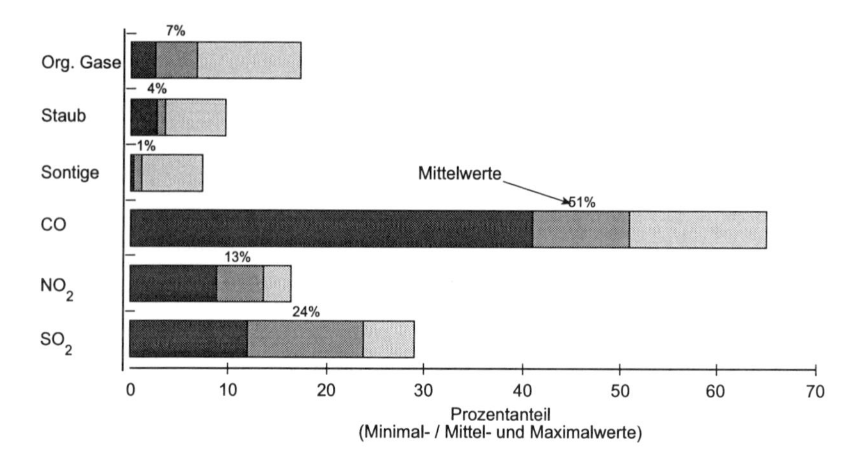

Abb. 6: Emissionsanteile der Hauptluftschadstoffkomponenten in Ballungsgebieten 1975 - 1979 - Rheinschiene Süd, Mainz, Rhein-Main, Ruhrgebiet Ost, Ruhrgebiet Mitte. Quelle: Darstellung auf der Grundlage von UMWELTBUNDESAMT (1981), S. 40

Da Schadstoffe mit geringerem Emissionspotential, aber beispielsweise hoher Kanzerogenität zum Teil unter die 7 % Luftschadstoffe fallen, die nicht mit berücksichtigt werden können, wurden für den Vergleich zwischen Belastungsgebieten und ländlichen Gebieten zusätzlich die schwermetallemittierenden Betriebe mit erhoben und in die Analyse einbezogen.

Gerade schwermetallemittierende Betriebe können zu regionalen Verschiebungen führen, da die Depositionsgeschwindigkeit und das spezifische Gewicht dieser Stoffe z. T. wesentlich höher ist als die der anderen o.g. Komponenten. Eine allochtone Belastung entfernter Gebiete ist nur durch die sehr feine Fraktion gegeben. Als Datenquelle konnte in diesem Bereich auf ein Kataster, welches vom Verein Deutscher Ingenieure erstellt worden ist, zurückgegriffen werden. In diesem Kataster wurden alle schwermetallemissionsrelevanten Wirtschaftszweige in der Bundesrepublik Deutschland auf der Grundlage der Landesstatistiken erfaßt. Für das französische Untersuchungsgebiet bestand hier keine derartige Datengrundlage.

Durch die enorme Bedeutung der regionalen Kfz-Emissionen, insbesondere bei CO und NO_2 , wurden diese gesondert mit einbezogen. Anhand des Kfz-Aufkommens pro Flächeneinheit der Kreise/Departements konnte eine Quantifizierung erfolgen. Die Datengrundlage lieferten hier die regionalen Landesstatistiken.

Bei den berücksichtigbaren Luftschadstoffen handelt es sich um Komponenten, die zudem in der Literatur in Zusammenhang mit Gesundheitsschäden gebracht wurden. So stellten LAWTHER/ WALLER (1978), FISHELDON/ GRAVES (1978), FORD et al. (1980) und WEISS (1978) Zusammenhänge zwischen Schwefeldioxidkonzentrationen und Mortalitäten fest. Bezüglich NO_2 registrierten FORD et al. (1980), bezüglich CO SCHIMMEL/ MURAWSKI (1976) und KURT et al. (1978) und bezüglich Staub, WEISS (1978), BORGERS/ PRESCHER (1978) und insbesondere ZEIDBERG (1967) in der Nashville-Studie Korrelationen mit dem Gesundheitszustand. Über die umfangreichen experimentellen Untersuchungsergebnisse wurde in Kap. 2 Teil 1. detailliert eingegangen. *Mit Hilfe dieser berücksichtigten Luftschadstoffe können somit unterschiedliche Luftbelastungsgebiete ausgemacht werden.* Im allgemeinen kann dabei davon ausgegangen werden, daß, wenn diese Luftschadstoffe (Leitsubstanzen) in einigen Gebieten Maximalkonzentrationen aufweisen, auch die übrigen nicht speziell erfaßten Luftschadstoffe erhöht sein werden. Darüber hinaus wird durch die Einbeziehung der Kfz-Emissionen und der Schwermetallemissionen ein sehr hoher qualitativer Anteil (weit über 90 %) an den Gesamtluftschadstoffen erfaßt.

4.2 Störvariablen

Da jede Todesursache ein multifaktorielles Einflußfaktorennetzwerk darstellt, kann das Gewicht der einzelnen Einflußfaktoren nur durch die Berücksichtigung möglichst aller weiteren Einflußfaktoren quantifiziert werden. Diese anderen Einflußfaktoren wurden in dieser Studie als Störvariablen bezeichnet. Unter Störvariablen wurde versucht, alle die Einflüsse zusammenzufassen, die außer den Luftschadstoffen in der Außenluft die Mortalitätsstruktur verändern könnten. Darunter fallen insbesondere die Luftschadstoffe in der Innenluft zu Hause und am Arbeitsplatz sowie sonstige allgemeine Einflußparameter.
Es soll geprüft werden, inwieweit die *Luftschadstoffe in der Innenluft* über den Hauptparameter "Rauchgewohnheiten" in die Analyse mit einfließen können. Abgesehen insbesondere von Gas- und Kohleherdemissionen, Holzschutzmittelausdünstungen und weiterem Material spielt das Rauchverhalten die entscheidende Rolle bei der sogenannten "Indoor-pollution". Das Rauchverhalten ist zwar nicht nur ein Indikator für "Indoor-pollution", da auch ausserhalb der Wohnung beim Spazierengehen oder bei der Arbeit geraucht wird, aber überwiegend eben in geschlossenen Räumen (Wohnung, Kneipe, Diskothek etc.).

Der Faktor Rauchen soll diesbezüglich in dieser Studie als Indikator für die "Indoor-pollution" herangezogen werde. Daß der Faktor Rauchen eine große Bedeutung gerade in Bezug auf Atemwegserkrankungen hat, wurde in zahlreichen Studien belegt. So stellten BERNDT (1982), ULMER (1985), GARFINKEL (1981) und insbesondere SCHMIDT (1986) und REMMER (1987) die überragende Bedeutung des Rauchens, insbesondere in bezug auf das Lungenkarzinom heraus. Angaben über das regionale Rauchverhalten werden nicht flächendeckend ermittelt. Lediglich der Mikrozensuserhebung von 1978 sind hierzu regionale Aussagen zu entnehmen. Um das Rauchverhalten trotz dieser gröberen Datengrundlage in die Analyse mit einbeziehen zu können, wurden die Angaben aus der Mikrozensuserhebung 1978 mit berücksichtigt. Die Angaben sind statistisch bis auf Regierungsbezirksebene gesichert, mußten aber auf Kreisebene extrapoliert werden. Die Angaben spiegeln dadurch zwar nicht die exakten Situationen in den Kreisen wieder, ermöglichen jedoch einen großräumigen Vergleich. Zudem sind durch die Aufgliederung in 125 Berufsgruppen Angaben über berufsspezifisches Rauchverhalten möglich.

Die Berücksichtigung der Luftschadstoffbelastung am Arbeitsplatz kann über die Berufsgruppenanteile in den einzelnen Kreisen erfolgen. Die Berufsgruppen können aus der amtlichen Statistik der sozialversicherungspflichtig Beschäftigten übernommen werden, deren Einteilung auch beibehalten wurde. Es können neun Berufsgruppen ausgewertet werden:

Beschäftigte in

1. Land- und Forstwirtschaft
2. Energiewirtschaft, Bergbau
3. verarbeitendes Gewerbe, ohne Baugewerbe
4. Baugewerbe
5. Handel
6. Verkehr, Nachrichtenübermittlung
7. Versicherungsgewerbe, Kreditinstitute
8. sonstige Dienstleistungen
9. sonstige Erwerbstätige

Da in dieser Statistik nur die sozialversicherungspflichtig Beschäftigten berücksichtigt werden, fallen einige Berufsgruppen aus dieser Statistik heraus. Dies sind insbesondere selbständig Erwerbstätige, Beamte sowie Personen, die Bezüge über der Beitragsbemessungsgrenze (1987 = 68.400,00 DM/Bundesversicherungsanstalt für Angestellte (1987), S. 15) beziehen und sich selbst versichern können. Die verwendete Statistik schließt also bereits einen Personenkreis aus, der aufgrund seiner Position oder seines Einkommens möglicherweise weniger mit Luftschadstoffen am Arbeitsplatz konfrontiert wird.
Mittels Literaturrecherche sollen diese Berufsgruppen (Kapitel IV 2.2) in Gruppen mit unterschiedlicher Immissionshöhe/Arbeitsplatz gegliedert

werden. Durch die Auswertung dieser Statistik ist es somit möglich, eine Bewertung vorzunehmen, inwieweit in den jeweiligen Kreisen hohe bis niedrige Anteile von stark mit Luftschadstoffen belasteten Arbeitsplätzen vorhanden sind oder nicht.
Des weiteren werden als sonstige Störvariablen die Flächennutzungsdaten (Siedlungsfläche, Waldfläche, Landwirtschaftsfläche, Verkehrsfläche) in die Analyse mit einbezogen, um den Urbanisierungsgrad mit zu berücksichtigen, der als Summenparameter für eine Luftschadstoffbelastungssituation aber etwa auch einer höheren Arbeitsplatzbelastung anzusehen ist.

Bei den Ziel- wie auch bei den Störvariablen wurden alle Angaben über 7 Jahre (1979 - 1986) gemittelt, um Extremjahre nicht zu stark überzuinterpretieren.

Aufgrund der eben genannten bestehenden Datenbasis ist die Bildung von Zeitreihen mit einer Aussage über die Jahres-Istsituation der Ziel- und Störvariablen mit den möglichen Validitäten nicht möglich.
Da der Schwerpunkt dieser Studie in der Regionalanalyse liegt, ist es wesentlich, die Daten der Vergleichsgebiete abzusichern, was erst durch eine Mehrjahresaggregierung möglich ist. Es ist zudem anzunehmen, daß sich *die relativen Unterschiede* in den Umweltbedingungen der zu betrachtenden Teilräume wesentlich *weniger verändert* haben als das absolute Niveau der einzelnen Umweltfaktoren.
Durch diese 7-Jahres-Aggregierung können auch gerade klimatisch bedingte Unterschiede und Extremjahre (durch häufige Inversionswetterlagen) ausgeglichen werden, weshalb dieser Faktor nicht gesondert betrachtet werden mußte.

5. Indexverfahren

5.1 Notwendigkeit eines Indexverfahrens

Die unter Kapitel III ausführlich diskutierte Verfügbarkeit der berücksichtigbaren Daten bedingt die Diskussion des Analyseverfahrens.

Grundsätzlich wäre es wünschenswert, für den hier verwendeten epidemiologischen Untersuchungsansatz, daß

- eine kontinuierliche und lebenslange Messung;
- eine individuelle Schadstoffexposition aller potentiellen Schadstoffe;
- anhand von einer Stichprobenmessung die zu analysierende Bevölkerung erfaßbar wäre.

Dies ist jedoch nicht gegeben, und selbst wenn, würden immer noch genügend meßtechnische Probleme bei einer solchen Methode entstehen.

Auch wären die Belastungsintensitäten über die verschiedenen Lebensabschnitte über eine kumulative Gesamtexposition-Parametererfassung zu undifferenziert. Auch die Berücksichtigung anderer Einflußfaktoren wäre noch nicht integriert.
Gerade die Vielzahl der möglichen Einflußfaktoren für Atemwegsmorbiditäten/ -mortalitäten, wie sie in Abb. 1 schematisch dargestellt worden sind, verdeutlichen, daß eine Erfassung und Auswertung einer individuellen Exposition - bezüglich der Einflußfaktoren - für ein größeres Kollektiv nicht machbar sind. Dies umso mehr, da unterschiedlich strukturierte und belastete Gebiete ausgewertet werden sollen.
Da als Auswertungsdatenbasis - wie die Analyse Kapitel 3.1 zeigte - im Gesundheitsbereich nur die international vergleichbaren Mortalitätsdaten verwendbar sind, ist ebenfalls eine individuelle Analyse nicht möglich. Aus Datenschutzgründen ist die kleinstmögliche räumliche Ebene die Kreisebene. Pro Kreis, Jahr, Altersklasse und Geschlecht ist nur eine Mortalitätsrate je Krankheitsposition auswertbar.

Die Mortalitätsraten der Kreise stehen zur Verfügung und können somit auch in bezug zu der Exposition gegenüber Ziel- und Störvariablen gesetzt werden. Allein die Analyse der verfügbaren Datenbasis im Umweltbereich - Kapitel 4.1 - zeigte, daß z. B. die Luftschadstoffe

- nur vereinzelt im Untersuchungsgebiet und auch
- in ihrer Kontinuität sehr unterschiedlich und
- nur bezüglich der Hauptluftschadstoffe

erfaßt wurden. Von einer ganzheitlichen Erfassung allein aller der auf die individuelle Person einwirkenden Luftschadstoffe - über einen längeren Zeitraum - ist daher nicht zu sprechen. Ohne an dieser Stelle auf alle weiteren Schwierigkeiten weiter einzugehen, läßt sich bereits zusammenfassend festhalten, daß der Stand der Erkenntnisse über die regionale und erst recht über die individuelle Umweltbelastungssituation äußerst unbefriedigend ist.
So können selbst die in dieser Studie über ein Interpolationsverfahren ermittelbaren Immissionswerte für die einzelnen Kreise ebenfalls nicht als "harte Daten" bezeichnet werden. *Sie liefern vielmehr nur einen Belastungsnäherungswert.*

5.2 Durchführung des Indexverfahrens

Dieser Belastungsnäherungswert kann somit nur einen <u>Indikator</u> für de einzelnen Einflußfaktor darstellen. Ein solches Indikatorverfahren wird beispielsweise auch in den Luftreinhalteplänen angewandt. In diesen Luftreinhalteplänen, wie z.B. im Luftreinhalteplan Ruhrgebiet West ausgeführt, wird das in Abb. 7 wiedergegeben Indexverfahren angewandt:

$$\text{Luftqualitätsindex} = \frac{(I1)\ SO2}{(IW1)\ SO2} + \frac{(I1)\ \text{Schwebstoff}}{(IW1)\ \text{Schwebstoff}}$$

I1 = Immissionsmittelwert der Jahre 1978 - 82
IW1 = Jahresmittelgrenzwert der TA-Luft

Abb. 7: Indexverfahren in Luftreinhalteplänen. Quelle: MAGS-NORDRHEIN-WESTFALEN (1985) S. 171

Dieses Verfahren beruht bereits auf einer Gewichtung durch die Hinzuziehung der jeweiligen Grenzwerte, dessen Wertigkeit ja gerade für die Langzeitexposition noch nicht abschließend geklärt ist. Die Diskussion, ob die französischen- oder die Grenzwerte in der Bundesrepublik Deutschland wirkungsrelevanter festgelegt wurden und damit zur Wichtung herangezogen werden können, zeigt die Schwierigkeit einer Wichtung auf. Entscheidend ist zudem, daß auch die Störvariablen, wie beispielsweise das Rauchverhalten, in gleicher Weise in die Bewertung mit einbezogen werden sollten, wobei sich in diesen Fällen keine auch nicht annähernde Grenzwertdiskussion für eine Indexbildung führen läßt. Darüber hinaus dienen die in dieser Studie berücksichtigten Luftschadstoffe ebenfalls als Indikator für zum Teil kanzerogene Substanzen und sind nicht unisono als Einzelkomponenten wirkungsrelevant.

Aufgrund der Schwierigkeit einer objektiven Wichtung wurde sich dafür entschieden, *keine zusätzliche Wichtung durchzuführen*. Vielmehr sollten die Kreise/Departements des Untersuchungsraumes in eine Rangfolgensortierung gebracht werden und damit wertneutral eine Belastungssituation wiederspiegeln.
Für den Preis einer wertneutralen Indikatormethode wurde dabei in Kauf genommen, daß möglicherweise z. B. Luftschadstoffkomponenten mit "niedrigem Immissionsniveau" überproportional bewertet werden können, da sie ebenfalls in eine Rangfolgensortierung der einzelnen Kreise gebracht werden. Es ist jedoch auch nicht auszuschließen, daß derartige - von den derzeitigen Grenzwerten ausgehende - niedrige Schadstoffimmissionswerte nicht doch eine Langzeitwirkung besitzen können. Die Werte wurden dementsprechend in dieser Studie nicht nach Grenz- oder Richtwerten gewichtet, was für viele Einflußfaktoren auch gar nicht machbar wäre.
Die Frage, in wieviele Klassen diese Indexwerte einzugliedern sind, ist desweitern für ein solches Indexverfahren von zentraler Bedeutung.
Eine zu geringe Gebietsdifferenzierung durch eine zu grobe Klassenbildung von zwei, drei, vier oder fünf Klassen würde ein zu undifferenziertes Bild zur Folge haben, welches gerade im Hinblick auf eine Erfassung auch der Extremgebiete nicht angestrebt werden sollte. *Letztendlich war für diese Studie unter diesen Voraussetzungen nur die Klassenanzahl sieben* gegeben, da die 133 berücksichtigten Departements/Kreise bei einer gleichen Klassenbelegung, wie sie beispielsweise auch im Krebsatlas (FRENZEL-BEYME et al. (1984)) zur Anwendung kam, nur bei sieben Klassen

zu einer *glatten* Klassenbelegung führen (133 Kreise/ Departements : 7 = 19). Eine größerer Anzahl von Klassen hätte zur Folge, daß bei einer glatten Klassenbelegung - bei 133 Departements/Kreisen - mindestens 11 Klassen notwendig wären. Dadurch wären nur noch 11 anstelle von 19 Kreisen in einer Klasse vertreten, wodurch die statistische Absicherung drastisch eingeschränkt worden wäre.

Dieses Indexverfahren mit einer einheitlichen Klassenbelegung aber auch andere alternative Indexverfahren - die denkbar wären - sollten für diese Studie zumindest angetestet werden. Es wäre beispielsweise eine Ausrichtung nach den Maximal- und Minimalwerten denkbar. Dies wurde beispielsweise von FRÄNZLE (1988) zur regionalen Gebietsdifferenzierung eingesetzt, allerdings mit der Zielvorgabe, auch maximale zeitliche Gebietsveränderungen deutlich zu machen. Eine zeitliche Veränderungsanalyse bedarf auch durchaus dieses Verfahrens, allerdings nicht eine regionale Vergleichsanalyse, die in dieser Studie zugrundegelegt wird. Da in dieser Studie unterschiedliche Einflußfaktoren in Bezug zueinander gesetzt werden sollen, würden einzelne Extremwerte bei einzelnen Einflußfaktoren einen Gebietsvergleich durch die damit verbundene Konzentration der übrigen Kreise in den restlichen Klassen kaum ermöglichen. Zudem könnten die Vergleichsergebnisse durch die geringen Klassenbelegungen in Extremgebieten und häufigen Fehlbelegungen in den direkt anschließenden Klassen nicht statistisch abgesichert werden. Es ist für diesen Untersuchungsansatz viel entscheidender, eine statistische Absicherung durch Bildung größerer Klassen - allerdings mit einem gewissen Nivellierungseffekt - zu erreichen, als Extremgebiete in Einzelbereichen zu erkennen. Des weiteren wäre auch ein Vergleich zwischen einzelnen Todesursachen nicht mehr gegeben gewesen, da je nach den Einzelwerten andere Klasseneinteilungen erfolgt wären.

Hieraus leitet sich eine wichtige Forderung für eine solche Studie ab, nämlich, daß die
Klassenabstände bei allen Todesursachen, Ziel- und Störvariablen homogen sein müssen, um untereinander vergleichbar zu bleiben.
Es bieten sich somit zwei Schwerpunktverfahren (im folgenden als Ansatz A und Ansatz B bezeichnet) für diese Studie an, die im folgenden gegenübergestellt und in ihrer Aussagekraft überprüft werden sollen.

Bei dem Ansatz A wäre eine:
- Klassenausrichtung nach dem Gebietsmedian- oder mittelwert;
- Klassenbildung äquidistant vom Median-/Mittelwert;
- Klassenbelegung möglichst mit homogenen Kreis-Departementanzahlbe legungen;

denkbar.

Bei dem Ansatz B wäre eine:
- Klassenausrichtung nach dem Gebietsmedian- oder mittelwert;
- identische Klassenbelegung (Kreis-/Departementsanzahl);

denkbar. Eine identische Klassenbelegung setzt jedoch eine Rangfolgensor tierung der Kreise/Departements für jeden Parameter vorraus. Es ist hierfür zu prüfen in wieweit die Datengrundlage dies überhaupt ermöglicht.

5.2.1 Diskussion des Ansatzes A und B

Bei dem Ansatz A wäre ausgehend vom Medianwert, der sich beispielsweise auf die 125 deutschen Kreise beziehen könnte, jeweils die Position 63 als Medianwert denkbar. Es wäre auch eine Medianwertausrichtung nach den 125 deutschen Kreisen plus den französischen Departements denkbar, allerdings sind die Ergebnisse für das deutsche Untersuchungsgebiet dann nicht mehr exakt, stimmen bei einer Ausrichtung nach dem deutschen Untersuchungsgebiet jedoch mit anderen Studien über die Bundesrepublik Deutschland überein und sind damit mit diesen vergleichbar. Dies würde für das französische Untersuchungsgebiet nur eine leichte Verschiebung der tatsächlichen Werte zur Folge haben. Da das französische Untersuchungsgebiet darüber hinaus auch schwerpunktmäßig zur Überprüfung der Übertragbarkeit mit einbezogen wurde, erschien es gerechtfertigt, den *Medianwert der Kreise der Bundesrepublik Deutschland für den Ansatz A heranzuziehen.*

Ausgehend von diesem Medianwert sind äquidistante Klassenabstände, für alle berücksichtigten Faktoren, festzulegen.
Als Klassenabstand wurden jeweils 10 %-Schritte gewählt, da sich so - ausgehend von den Mortalitätsdaten - eine relativ homogene Klassenbelegung bei gleichzeitiger Einbeziehung der Extremwerte erreichen ließ. Abweichungen von ±10 % um diesen Medianwert sollten nach dem Ansatz A - bei 7 möglichen Klassen- den Indexwert 4 repräsentieren und damit nur eine geringfügige Abweichung beziffern. Darauf aufbauend wurden äquidistant - in 10% Schritten - die anschließenden Indexwerte (Tab. 9) vergeben werden, wie sie im folgenden wiedergegeben sind.

Tab. 9: Mortalitätsratenindex nach dem Ansatz A. Quelle: Eigene Definition

Mortalitätsratenabweichung vom Medianwert	Indexwert
> -30,1 %	1
-20,1 - 30,0 %	2
-10,1 - 20,0 %	3
+ -10 % Medianabweichung	4
10,1 - 20,0 %	5
20,1 - 30,0 %	6
> 30,1 %	7

Diese Klasseneinteilung wurde bei allen Todesursachen und bei beiden Geschlechtern einheitlich durchgeführt und ermöglicht dadurch auch einen Vergleich der Mortalitätsraten zwischen den einzelnen Todesursachen und Geschlechtern. Bei dieser Klasseneinteilung - des Ansatzes A - ergibt die in Tab. 10 aufgeführte Klassenbelegung, bei den einzelnen Todesursachen.

Tab. 10: Klassenbelegung in der Rumpfbevölkerung 35 - 65 Jahre nach dem Ansatz A - Untersuchungsgebiet Bundesrepublik Deutschland - Quelle: Eigene Berechnung

Medianabweichung	ICD999		ICD 140-208		ICD 160-162		ICD 162		ICD 390-459		ICD 460-519		ICD 490-491		ICD 492		ICD493	
	M	W	M	W	M	W	M	W	M	W	M	W	M	W	M	W	M	W
> -30%	0	1	2	1	10	15	14	19	33	2	22	39	28	34	44	45	28	25
-20% - -30%	4	0	9	0	17	8	12	9	5	4	16	4	11	13	9	8	6	16
-10% - -20%	21	21	22	13	17	18	12	18	6	34	13	9	10	4	7	6	18	11
-10% - -10%	54	70	49	91	31	30	44	29	43	47	23	24	19	19	10	9	22	21
10% - 20%	16	23	15	14	8	8	9	4	20	19	2	13	8	7	1	8	10	7
20% - 30%	10	7	8	5	6	9	5	6	9	9	2	5	4	6	3	1	5	4
> 30%	3	3	20	1	36	37	29	40	9	10	47	31	45	42	51	48	36	39
minimale Rate	242	91	36	38	20	1	2	1	7	25	2	0,6	0	0	0	0	0,5	0,5
maximale Rate	439	265	192	86	161	15	79	9	165	108	48	13	126	7	121	8	86	7
Medianrate	321	154	95	66	35	4	29	4	111	42	13	4	4	1	1	0,2	3	2

Die unterschiedliche Verteilungsstruktur wird hier bereits sehr deutlich. So weisen die bösartigen Neubildungen der Atemwege (ICD 140-208) nur wenig Extremgebiete (z.B. Männer zwei Kreise über - 30 %, 20 Kreise über + 30 % Medianabweichung) auf, wo hingegen dies beim Emphysem (ICD 492) völlig gegensätzlich ist mit über 51 Kreisen über 30 % und 44 Kreisen über - 30 % Medianabweichung. Das Verteilungsmuster in den einzelnen ICD-Positionen zeigt deutlich die Vor- aber auch die Nachteile dieses Ansatzes auf. Die einheitliche prozentuale Abweichung vom Medianwert bewirkt, daß die ICD-Positionen mit den geringeren Mortalitätsfallzahlen (ICD-Untergruppen) Schwerpunkte bei den extrem hohen oder niedrigen Indexwerten haben, wo hingegen bei den ICD-Obergruppen diese deutlich im Mittelbereich konzentriert sind. Dadurch werden die ICD-Untergruppen stärker in ihrer Extremverteilung wiedergegeben, was für diese Studie durchaus angestrebt werden sollte, da sich die Aussage auf die Einzelpositionen, wie Asthma, Emphysem usw., und nicht nur auf die Obergruppen, wie beispielsweise der bösartigen Neubildungen, beziehen sollte. Die Klassengröße ist dafür allerdings sehr stark schwankend. Es zeigt sich hier bereits, daß eine Korrelationsanalyse die eine einheitliche Klassenbelegung vorraussetzt, mit diesem Ansatz *nicht* möglich ist.

Mit dem Ansatz B kann diese Schwierigkeit behoben werden, allerdings für den Preis einer unschärferen Aussage. Nur im Ansatz B wird als absolute Priorität eine homogene Klassenbelegung (Tab. 11) verfolgt, um

insbesondere in der Korrelationsberechnung auch einen Korrelationsfaktor von 1 theoretisch ermittelbar zu machen.
Nach dem Ansatz B ergibt sich folgender Mortalitätsratenindex:

Tab. 11: Mortalitätsratenindex nach dem Ansatz B. Quelle: Eigene Definition

Aufsteigende Rangfolgenposition aller 133 Kreise / Departements		**Indexwert**
Kreise	1 - 19	1
	20 - 38	2
	39 - 57	3
	58 - 76	4
	77 - 95	5
	96 - 114	6
	115 - 133	7

Dieser Ansatz ist für alle neun berücksichtigten Mortalitäts-ICD-Positionen aufgrund der fundierten Datengrundlage der Mortalitätsdatenbanken exakt möglich. Eine Rangfolgensortierung ist bei allen ICD-Mortalitätsklassen gegeben. Allerdings hat dies zur Folge, daß durch die einheitliche Klassenbelegung mit jeweils 19 Kreisen Extremgebiete sehr stark nivelliert werden und zudem minimale Unterschiede durch diese Klasseneinteilung zu vorgetäuschten deutlichen Klassenunterschieden und damit zu Überinterpretationen führen können. Bei einer möglichen 7-Klassen-Indexstruktur sind bei einer derartigen Klasseneinteilung in der ICD-Position 140-208 in der kleinsten Klasse Abweichungen vom Gebietsmedian von -10 bis weit über -30% zusammengefaßt. Bei den ICD-Obergruppen mit hohen Mortalitätsraten wirkt sich dieser Ansatz nicht so nivellierend aus, allerdings um so deutlicher bei den Untergruppen, die in dieser Studie schwerpunktmäßig betrachtet werden sollten. Es wurde beispielsweise die Obergruppe der bösartigen Neubildungen (ICD 140 - 208) zur Quantifizierung der Untergruppe in die Analyse mit einbezogen. Zielgruppe sind aber nach wie vor die bösartigen Neubildungen der Atmungsorgane (ICD 160 - 163), die bei den Männern in der Rumpfbevölkerung 35 - 65 Jahre nur einen Anteil von 43 % an der ICD-Obergruppe (ICD 140 - 208) haben. Jede Klasse beinhaltet allerdings nach diesem Verfahren (Ansatz B) bei jeder ICD-Position 19 Kreise/Departements, so daß eine statistische Mortalitätsauswertung möglich ist.

Die Indexzuordnung der Zielvariablen (Luftschadstoffe) gestaltet sich aufgrund der wesentlich undifferenzierteren Datengrundlage deutlich schwieriger. Eine exakte Rangfolgensortierung mit Ermittlung der Medianwerte ist äußerst schwierig, da:
- Immissionsmeßstationen sehr heterogen in der Bundesrepublik Deutschland und in Frankreich verteilt sind;

- harte Immissionsmeßdaten nur punktuell vorliegen und für Gebietsgrößen über das Interpolationsverfahren IDW ermittelt werden müssen;
- Hilfsparameter in den Bereichen hinzugezogen werden müssen, in denen auch mit Hilfe des Interpolationsverfahrens IDW keine Immissionswerte errechenbar sind;
- Hilfsparameter für die Luftschadstoffe hinzugezogen werden müssen, für die kaum Immissionsmeßwerte vorliegen.

Die Ergebnisse der Luftschadstoffmeßstationen, die nur mit Hilfe des Interpolationsverfahrens IDW flächenbezogene Aussagen für größere Gebiete ermöglichen, können durch dieses Verfahren nur in ihrer relativen Höhe abgeleitet werden. Exakte Immissionsbezugswerte lassen sich mit diesem Verfahren - bedingt durch die zum Teil in ländlichen Bereichen äußerst lückenhaften Immissionsmeßstationen - kaum ermitteln. Es bietet sich dementsprechend an, diese gemessenen und darüber hinaus mit dem IDW-Verfahren ermittelten Immissionswerte in größere Klassen - nach dem *Ansatz A* - einzuteilen. In Anlehnung an die Veröffentlichung des UMWELTBUNDESAMT (1981) könnten die Immissionswerte wiederum in sieben Klassen eingeteilt, wie sie in Tabelle 12a wiedergegeben werden.

Tab. 12a: Immissionsdatenindex für SO_2, NO_2 und Staub. Quelle: Eigene Berechnung

Immissionswert SO_2, NO_2, Staub (Mikrogramm pro Kubikmeter)	Indexwert
< 20	1
20 - 30	2
31 - 40	3
41 - 50	4
51 - 60	5
61 - 70	6
< 70	7

Die Klassenstruktur entspricht dabei nicht exakt - aber näherungsweise - der der Mortalitätsratenanalyse mit jeweils 10% Abweichungen vom Median. Die bestehende Datengrundlage in der Bundesrepublik Deutschland ermöglichte bis 1991 nur ein derartiges Verfahren. Die Immissionsdaten lagen nur in dieser bereits aggregierte Form, beim UMWELTBUNDESAMT, vor. Die hier - im *Ansatz A* -verwendete Klassenbildung, die auch so vom UMWELTBUNDESAMT (1981) verwendet wurden, entspricht in etwa einer Abweichung von jeweils ± 10% um den Medianwert (Vergleich mit der Mortalitätsanalyse) und wächst zu den kleineren und größeren Klassen hin bis auf 60 % Abweichung vom Medianwert an.
Dies hat zur Folge, daß die Extremgebiete sehr viel deutlicher erkennbar sind, allerdings eine ungleiche Klassenbelegung bedingen. Da alle Luftschadstoffe einheitlich nach diesem Verfahren behandelt werden konnten, waren die Vergleichswerte untereinander durchaus vergleichbar.

Ein Korrelationsfaktor von 1, was einer 100 %igen Übereinstimmung entspricht, ist jedoch bei dieser Klassenbelegung nur in einem Extremfall denkbar.

Die Bewertung und Einordnung der Hilfsparameter in den Gebieten, in denen auch mit Hilfe des Interpolationsverfahrens (IDW) keine Immissionswerte ableitbar waren, gestaltete sich noch schwieriger.
Für zwei Gebiete in Nordrhein-Westfalen (Münster, Steinfurth), drei Kreise in Hessen (Fulda, Hersfeld, Rodenkirchen, Werra-Meissner) und vier Kreise in Rheinland-Pfalz (Koblenz, Ahrweiler, Main-Koblenz, Neuwied - insgesamt neun von 125 Kreisen im Untersuchungsgebiet der Bundesrepublik Deutschland -) waren keine Immissionswerte mit dem IDW-Verfahren ermittelbar. Für diese 7,1% aller Kreise des Untersuchungsraumes in der Bundesrepublik Deutschland wurde getestet, die Emissionswerte zur Quantifizierung der Immissionsbelastungssituation heranzuziehen. Ausgehend von dem im Bundesgebiet vorliegenden Emissionsdaten (Emissionskataster (EMUKAT) des Umweltbundesamtes) wurde ein mittlerer Belastungspegel angesetzt, der der mittleren Emissionsbelastung der Jahre 1979 - 1986 im Untersuchungsgebiet der Bundesrepublik Deutschland näherungsweise entspricht (Tabelle 12b). Dies war für die Hauptluftschadstoffkomponenten SO_2 und NO_2 auf der Grundlage einer Sonderveröffentlichung des UMWELTBUNDESAMTES (1986) möglich.

Tab. 12b: Emissionsklassen für SO_2 und NO_2 zur Berechnung der Emissionsindexwerte. Quelle: UMWELTBUNDESAMT (1986) sowie eigene Berechnung

Emissionswerte (SO_2, NO_2) Tonnen pro 100 km²		**Indexwert**	
SO_2	NO_2		
< 29	< 98	1	
29 - 153	98 - 271	2	
154 - 832	272 - 755	3	
833 - 4530	756 - 2107	4	Mittelwert
4531 - 24690	2108 - 5872	5	
24691 - 248060	5873 - 93460	6	
>248060	> 93460	7	

Die unterste Klasse (emissionsschwächste) enthält in dieser Datengrundlage einen Anteil von 20 % an der Gesamtfläche der Bundesrepublik Deutschland. Die oberste Klasse (emissionsstärkste) enthält einen Anteil von 50 % an den Gesamtemissionen in der Bundesrepublik Deutschland. Auch hier liegt das Gebietsmittel im Bereich der Indexklasse 4.
Trotz dieser - bedingt durch die Datengrundlage - nicht mit den Immissionsklassen in der Bundesrepublik Deutschland in Übereinstimmung zu bringenden Klassenbildung sollte versucht werden, für die Fehlbelegungsflächen, für die mit dem Interpolationsverfahren keine Aussagen

machbar waren, zu Immissionsbezugswerten zu gelangen. Da diese Indexwertermittlung nur für 7,1 % aller Kreise, die zudem ausschließlich ländlichen Charakter haben, angewendet werden mußte, wurde für diese Studie für den Ansatz A diese Ungenauigkeit akzeptiert. Dies umso mehr, da die in dieser Studie schwerpunktmäßig analysierten städtischen Gebiete hiervon nicht betroffen sind.

Auch für das französische Untersuchungsgebiet war es erforderlich, für die Departements Seine et Marne, Essonne und Val d'Oise eine Emissionsanalyse zur Ergänzung der Immissionsbewertung durchzuführen. Hier wurde in Anlehnung an das Untersuchungsgebiet der Bundesrepublik Deutschland die gleiche Klasseneinteilung zur Immissionswertermittlung wie im Untersuchungebiet der Bundesrepublik Deutschland gewählt.

Es war für diese Kreise/Departements, für die dieses Verfahren angewendet werden mußte, überwiegend entscheidend, ob sie aufgrund ihres ländlichen Charakters auffällige Emissionskonzentrationen aufwiesen - was bei keinem der untersuchten Kreise und Departements der Fall war - und ob sie somit in die niedrigste oder zweitniedrigste Immissionsklasse einzuordnen waren.

Eine größere Schwierigkeit bereitet hier die Anwendung des *Ansatzes B*.
In den Gebieten, in denen gemessene Immissionswerte vorliegen, ist der *Ansatz B* unproblematisch zu verwirklichen, da eine Rangfolgensortierung möglich ist. In den Gebieten aber, für die mit Hilfe des Interpolationsverfahrens Immissionswerte ermittelt werden müssen, wird eine Rangfolgensortierung schwierig. Dies wird durch die zum Teil fließenden Übergänge der Immissionswertebereiche bedingt. Liegen zwei Kreise genau im Bereich einer Klassengrenze, ist es äußerst vage anzunehmen, daß der eine oder der andere Kreis in einer Rangfolgensortierung eine höhere oder eine niedrigere Rangfolgenposition einnimmt. Diese Schwierigkeit tritt jedoch nur in den ländlichen Bereichen auf und nicht in den höher und hoch belasteten Gebieten, für die "harte Immissionswerte" vorliegen und die auch in der Interpretation dieser Studie schwerpunktmäßig betrachtet werden sollen. Wenn sich ein Einfluß einer Luftschadstoffbelastung auf die Mortalität zeigt, dann sicherlich in den höher bis hoch belasteten Gebieten.

Vereinzelte Luftschadstoffe, für die noch nicht über einen längeren Zeitraum relativ flächenintensive Immissionsmessungen erfolgt sind, ist eine Quantifizierung einer Immissionssituation nur über Hilfsparameter möglich.

Es wurde versucht die Kohlenmonoxidimmissionssituation, aufgrund der unzureichenden Immissions-Datengrundlage, auf der Basis des Kfz-Verkehrs zu quantifizieren. Der Kfz-Verkehr ist mit 67 % an den Gesamt-CO-Emissionen während des Untersuchungszeitraumes beteiligt (UMWELT-

BUNDESAMT (1981), S. 17). An zweiter Stelle stehen die Hausbrand-CO-Emissionen mit 18 %. Nach Untersuchung des Umweltbundesamtes variieren die stark vom Fahrverkehr abhängigen CO-Emissionen sowohl bezogen auf Einwohner als auch auf die Fahrtstrecke nur relativ gering (UMWELTBUNDESAMT (1981), S. 44). Es läßt sich durch die Heranziehung des Hilfsparameters "Kfz-Anteil" somit der überwiegende CO-Emissionseintrag quantifizieren.

Die Klasseneinteilung erfolgt auch hier - im *Ansatz A* - nach dem Medianwert (Tab. 13a) der Kfz-Anzahl pro Kreisfläche, der bei 439 Kraftfahrzeugen pro m^2 liegt.

Tab. 13a: CO-Immissionsindex ermittelt aus dem Höchstparameter Kfz/km^2. Quelle: STATISTISCHE LANDESÄMTER sowie eigene Berechnung

CO-Immisionsindexwerte (Kraftfahrzeuge pro km^2)	**Indexwert**	
< 200	1	
200 - 299	2	
300 - 399	3	
400 - 499	4	Mittelwert
500 - 599	5	
600 - 699	6	
>700	7	

Die Klasseneinteilung, die in Tab. 13a wiedergegeben ist, wurde identisch der Klasseneinteilung für die Immissionswerte SO_2, NO_2 und Staub gewählt (Werte liegen nur um den Faktor 10 höher), um eine direkte Übertragbarkeit und Vergleichbarkeit mit den gemessenen Immissionswerten zu ermöglichen.

Die Einbeziehung des Hilfsparameters Kfz-Belastung als CO-Immissionsberechnungsfaktor ist durch die fundierte Datengrundlage je Kreis - für den *Ansatz B* - unproblematisch, da eine Rangfolgensortierung möglich ist. Zur Quantifizierung der Schwermetallimmissionssituation wurde ein Schwermetallimmissionsindex nach der Anzahl der Schwermetallbetriebe in den einzelnen Gebieten auf der Grundlage einer VDI-Studie (1984) gebildet (Tab. 13b). Eine andere Datenbasis stand leider hier nicht zur Verfügung.

Tab. 13b: Schwermetallimmissionsindex nach dem Ansatz A - Indikator Schwermetallbetriebe/Kreis - Quelle: VDI (1984) sowie eigene Berechnung

Schwermetallimmisionsindex (Schwermetallbetriebe/ Kreise)	Indexwert	
keine Betriebe	1	
1 - 7	2	
8 - 18	3	
19 - 29	4	Mittelwert
30 - 158	5	
159 - 316	6	
über 316	7	

Bei den Schwermetallbetrieben konnte durch die bestehende Datenbasis - nach dem *Ansatz A* - keine 7-Klasseneinteilung erfolgen, da die Datengrundlage (Sonderuntersuchung des VDI 1984) nur 5-Klassenbildungen zuließ, wobei nach der Kreisverteilung der Medianwert im Bereich von 22 Betrieben pro Kreis lag. Davon ausgehend wurde der Index nur für fünf Klassen vergeben und der Index 6 und 7 mit in die Klasse 5 integriert. Eine weitere Differenzierung war nicht möglich. Bei der Interpretation kann dies jedoch zu einer Unterbewertung von hoch belasteten Gebieten führen, die diese Indexwerte haben könnten, wobei dies unter 30% aller Kreise maximal betreffen könnte. Trotz dieser Nivellierung der Extremgebiete ist dies die einzige Möglichkeit, diesen Faktor überhaupt näherungsweise mit einzubeziehen. Eine direkte Vergleichbarkeit mit den anderen Zielvariablen SO_2, NO_2, Staub und CO ist jedoch durch dieses Verfahren nur sehr grob gegeben.

Die Schwermetallimmissionsbelastung kann mit dem verwendeten Hilfsparameter Schwermetallbetriebe pro Kreis durch die bereits aggregierte vorliegende Klassenstruktur der verwendeten VDI-Veröffentlichung (1984) nicht - mit dem *Ansatz B* - einbezogen werden, da eine Rangfolgensortierung nicht mehr eindeutig reproduzierbar ist.

Das gleiche gilt ebenfalls für den Einflußfaktor Rauchen, der nur auf Regierungsbezirksebene zur Verfügung steht und bei einer prozentualen Abweichung vom Medianwert zwar eine Klassenbildung zuläßt, allerdings keine exakte Rangfolgensortierung, so wie sie für den Ansatz B benötigt werden würde.

Die nicht Einbeziehung dieses unstreitbar wesentlichen Einflußfaktors auf die Mortalität einzelner ICD-Positionen ist unerfreulich, aber auf der Grundlage der bestehenden Datenbasis bei der Heranziehung des Ansatzes B nicht machbar.

Insgesamt ergibt dies in der Zielvariablengruppe nach dem Ansatz A und B (Tab. 14) folgende Klassenbelegung im Untersuchungsgebiet der Bundesrepublik Deutschland:

Tab. 14: Klassenbelegung der Zielvariablen nach dem Ansatz A und B. Quelle: Eigene Berechnung

Index	Klassenbelegung der Zielvariablen ANSATZ A				
	SO_2	NO_2	Staub	CO-Index	Schwermetalle
1	1	7	4	50	2
2	13	33	4	27	22
3	34	18	8	21	25
4	45	32	48	12	37
5	23	31	53	8	39
6	11	10	9	15	-
7	6	2	7	-	-
Min.	<0,032	<0,010	<0,037	32	0
Max.	>0,067	>0,056	>0,111	1374	100
Median	0,045	0,040	0,050	439	22
	Mikrogramm / m^2 1979 - 1986			KFZ / km^2	Betriebe / Kreis

Index	Klassenbelegung der Zielvariablen ANSATZ B				
	SO_2	NO_2	Staub	CO-Index	Schwermetalle
1	19	19	19	19	-
2	19	19	19	19	-
3	19	19	19	19	keine
4	19	19	19	19	Rangfolge
5	19	19	19	19	möglich
6	19	19	19	19	-
7	19	19	19	19	-
Min.	<0,032	<0,010	<0,037	32	0
Max.	>0,067	>0,056	>0,111	1374	100
Median	0,045	0,040	0,050	439	22
	Mikrogramm / m^2 1979 - 1986			KFZ / km^2	Betriebe / Kreis

Sehr deutlich wird hier nochmals die mit dem Ansatz A bedingte inhomo gene Verteilung in den einzelnen Klassen, die dazu führen, daß nur bei einer zufällig gleichen Verteilung ein Korrelationswert von 1 errechenbar ist.

5.2.2 Ergebnis

Um die unterschiedlichen Ansätze nochmals exemplarisch zu veranschaulichen, wurden die Verteilungsmuster der Kfz-Belastung (CO-Immissionsbelastung) nach dem Ansatz A und B graphisch gegenübergestellt.

Die Gegenüberstellung veranschaulicht die wesentlich homogenere Verteilung des Ansatzes B, der jedoch nur noch eine Indexinterpretation erlaubt sowie gerade für höher und deutlich niedriger belastete Gebiete wesentlich undifferenziertere Aussagen zuläßt. Auch eine Diskussion der Echtwerte ist nicht mehr wie im Ansatz A möglich, sondern nur noch die Diskussion der Indexwerte. Bei zusätzlicher Berücksichtigung des französischen Untersuchungsgebietes ergibt sich für die 133 Kreise/Departements folgende Klassenbelegung - dieses Beispiels - nach dem Ansatz A (Tab. 15) und B (Tab. 16), die nochmals die unterschiedlichen Ansätze deutlich erkennen lassen.

Tab. 15: Klassenbelegung nach dem Ansatz A. Quelle: Eigene Berechnung

Verteilung ANSATZ A :		Gebietsanzahl
incl. Der französischen Untersuchungsgebiete		
Klasse 1		50
Klasse 2		27
Klasse 3		21
Klasse 4	Beispiel : KFZ-Belastung	12
Klasse 5		8
Klasse 6		15
Klasse 7		0
		133

Tab. 16: Klassenbelegung nach dem Ansatz B. Quelle: Eigene Berechnung

Verteilung ANSATZ B :		Gebietsanzahl
incl. der französischen Untersuchungsgebiete		
Klasse 1		19
Klasse 2		19
Klasse 3		19
Klasse 4	Beispiel : KFZ-Belastung	19
Klasse 5		19
Klasse 6		19
Klasse 7		19
		133

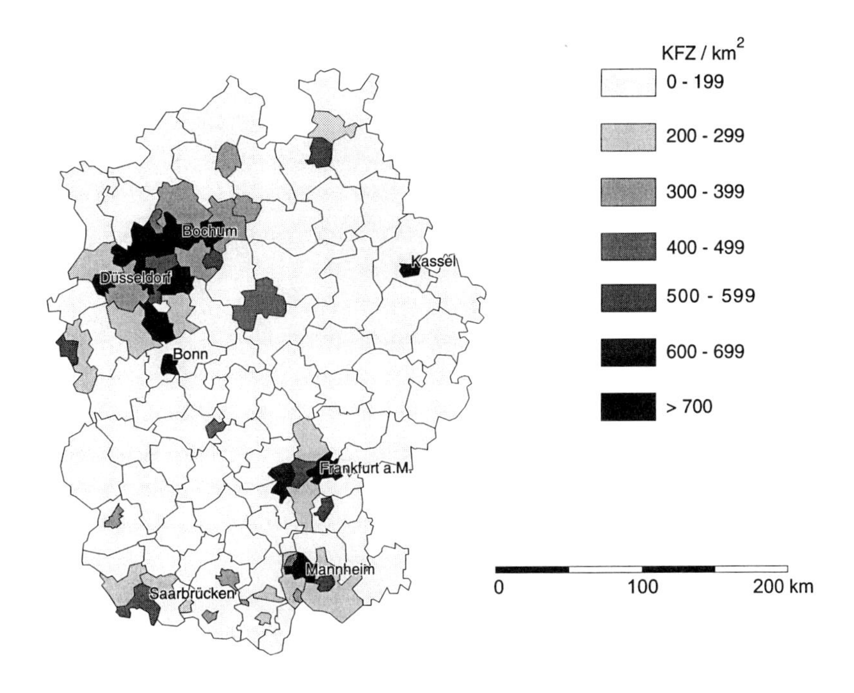

Indikator KFZ pro km2 (Mittel 1979 - 86) Untersuchungsgebiet Bundesrepublik Deutschland

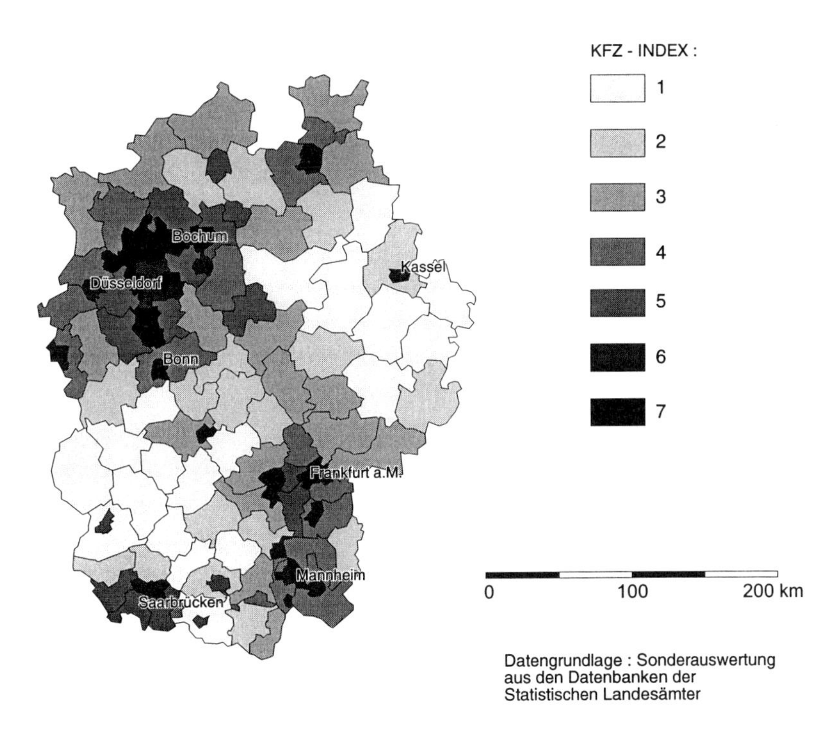

Datengrundlage : Sonderauswertung aus den Datenbanken der Statistischen Landesämter

Karte 1 u.**2:** Visueller Vergleich der Ansätze A (oben) und B Quelle: Eigene Berechnung.

Aufgrund dieser bei keinem Ansatz gegebenen optimalen Auswertungs- respektive Berücksichtigungsmöglichkeit, sollten in dieser Studie beide Ansätze herangezogen werden. Die einzelnen Schwerpunkte liegen bei den genannten Ansätzen in folgenden Bereichen.

Der Ansatz A wurde insbesondere für die kartographische und realwertbezogene Auswertung herangezogen, da

- Extremgebiete, die schwerpunktmäßig betrachtet werden sollten, kartographisch schneller erfaßbar sind;
- die tatsächlichen Bezugswerte (Immissionskonzentration in µg oder Mortalitätsraten der Rumpfbevölkerung) auch in der Klasseneinteilung wiedergebbar und diskutierbar sind;
- die ICD-Untergruppen (Asthma, bösartige Neubildungen der Lunge usw.) stärker gewichtet werden, die schwerpunktmäßig in dieser Studie betrachtet werden sollen.
- nur mit diesem Ansatz die Störvariable "Rauchverhalten" und die Zielvariable "Schwermetallbelastung" näherungsweise mit berücksichtigt werden kann.

Der Ansatz B kam hingegen in der Korrelationsanalyse, die die Gesamtergebnisse zusammenfaßt, *zur Anwendung*, da es nur mit diesem Verfahren möglich ist,

- einen statistischen Korrelationsfaktor von 1 auch errechenbar zu machen, da alle Klassen jeweils die gleiche Kreis-/Departementanzahl enthalten;
- eine Klassenabstandsdefinition völlig wertneutral erfolgen konnte, da immer 19 Kreise nach der Rangfolgensortierung in einer Klasse liegen.

Es wurde dabei in Kauf genommen, daß durch diese Rangfolgensortierung zum Teil extrem hoch belastete mit annähernd durchschnittlich belasteten Gebieten in einer Klasse - im ungünstigsten Falle - zusammengefaßt wurden.

IV. UMWELTANALYSE

1 Zielvariablen Luftschadstoffe in der Außenluft

Im folgenden sollen die Luftschadstoffe, die in Relation zu den Mortalitätsdaten gesetzt werden sollen, in ihrer zeitlichen Entwicklung und räumlichen Verteilung näher untersucht werden.

1.1 Charakteristika der Luftschadstoffe

Bevor die Raum-Zeitanalyse der vier Leitsubstanzen (SO_2, NO_2, CO, Staub) erfolgt, sollen sie zunächst in ihrer gesundheitlichen und allgemeinen Bedeutung näher charakterisiert werden.

1.1.1 Schwefeldioxid (SO2)

SO_2 entsteht überwiegend bei der Verbrennung fossiler, schwefelhaltiger Brennstoffe (Kohle, Erdöl) sowie in geringem Umfang bei industriellen Prozessen (Eisen-, Stahlproduktion, Zellstofferzeugung, Schwefelsäureherstellung etc.). In der Bundesrepublik Deutschland wird SO_2 im wesentlichen von den zwei Emittentengruppen Großfeuerungsanlagen und Industrie- und Hausbrand an die Atmosphäre abgegeben (UMWELTBUNDESAMT (1986) S. 202). Die Verweildauer in der Luft liegt zwischen einem und sieben Tagen, wodurch dem Ferntransport beim SO_2 große Bedeutung zukommt.

Die gesundheitliche Bedeutung von SO_2 besteht überwiegend in einer *Reizwirkung auf den oberen Respirationstrakt* aber auch auf die Schleimhäute des Auges, da SO_2 ein Reizgas mit relativ hoher Löslichkeit ist. Nach der Inhalation wird es schnell an den feuchten "Oberflächen der Schleimhäute" adsorbiert und zu schwefliger Säure (H_2SO_3) gelöst (UMWELTBUNDESAMT (1981) S. 295), die stark toxisch ist. Bei experimentellen Kurzzeituntersuchungen an gesunden Personen wurden u. a. bereits von STACY/ FRIEDMANN (1981) und KOENIG et al. (1982) bei SO_2-Konzentrationen von 0,75 ppm (= 2,175 mg/m^3) (STACY) und 1,0 ppm (= 2,9 mg/m^3) (KOENIG et al.) eine statistisch signifikante Reduzierung des FEV1,0 und FEF50 mit einem Rückgang des nasalen Schleimflusses festgestellt. LAWTHER et al. (1975) konnten bei diesen Konzentrationen über eine Stunde noch keine derartigen Symptome feststellen. Bei Konzentrationen von 3,0 ppm (= 8,7 mg/m^3) stellte aber auch LAWTHER et al. bereits nach zwei Atemzügen die gleichen Symptome fest. Drei- bis fünfminütige Inhalationsphasen, wie sie von KREISMAN et al. (1976) und LAWTHER et al. (1975) durchgeführt wurden, ergaben große inter- und intraindividuelle Schwankungen, die vermutlich auf unterschiedliche Reagibilität zurückzuführen sind (HUßLEIN (1984) S. 170). Es ist jedoch allgemein bestätigt worden, daß die Inhalation von SO_2 eine Verlangsamung des nasalen Schleimflusses bewirkt. Der Schutzmechanismus des Respirationstraktes gegenüber Infektionen, toxischen oder inerten Luftpartikeln wird durch diese Verminderung des mukoziliaren Ausscheidungsmechanismus herabgesetzt und somit die Einwirkungszeit der schädigenden Luftschadstoffe verlängert. Untersuchungen an bereits vorbelasteten Personen (beispielsweise bei bereits bestehendem Asthma Bronchiale) bestätigten, daß dieser Personenkreis (Risikogruppe) bereits bei geringen Konzentrationen erhöhte broncho-konstriktorische Reaktionen zeigt. So ergaben Untersuchungen von ISLAM/ ULMER (1979) an Personen mit überempfindlichem Bronchialsystem bei Konzentrationen von 0,5 ppm (= 1,45 mg/m^3) keine, bei Konzentrationen von 1 ppm (= 2,9 mg/m^3) 14% und bei Konzentrationen von 7 ppm (= 20,3 mg/m^3) 40% überstarke broncho-konstriktorische Reaktionen. SO2-Konzentrationen von 0,5 ppm (= 1,45 mg/m^3) bewirkten in Untersuchungen von SHEPPARD et al. (1980) an sieben Asthmatikern bereits bei fünf Personen signifikante Anstiege des Atemwegswiderstandes. Bei besonders empfindlichen Probanden (zwei) traten diese Symptome bereits bei Konzentrationen von 0,1 ppm (= 0,29 mg/m^3) auf. SHEPPARD et al. berücksichtigten dabei ein intensiv voruntersuchtes Probandengut, was für die Aussagekraft solcher experimenteller Untersuchungen von Bedeutung ist. Aber auch die Atemstromstärke (bei körperlicher Betätigung erhöht) sowie die Atemtechnik (oral oder oro-nasale Inhalation) ist bedeutsam. So gelangen allgemein bei oraler Inhalation oder stärkerer körperlicher Belastung höhere Konzentrationen in Trachea und Lunge (SHEPPARD et al. (1980)). Die orale Inhalation ist insbesondere bei stärkerer körperlicher Belastung sowie bei Asthmatikern durch "häufige Infektionen der oberen Luftwege" (HUßLEIN (1984) S. 185) gegeben. Es bleibt festzuhalten, daß ab Konzentrationen um 1,0 ppm (= 2,9 mg/m^3) SO_2 bei gesunden Personen, und ab Konzentrationen um 0,1 bis 0,5 ppm (= 0,29 - 1,45 mg/m^3) bei empfindlichen Personen (Asthmatikern) broncho-konstriktorische Wirkungen im Experiment aufgetreten sind. Diese Werte variieren dabei je nach körperlicher Betätigung und Atemtechnik. Diese Werte, die aus experimentellen Untersuchungen gewonnen wurden, können jedoch nur einen groben Anhaltspunkt bieten, da sie weder Synergismen und tatsächliche Inhalation noch längere Expositionszeiten (meist nur Minuten- oder Sekundentests) berücksichtigen. Der derzeit gültige Immissionsgrenzwert der TA-Luft von 0,14 mg/m^3 (Jahresmittelbelastung = IW1-Wert) und 0,40 mg/m^3 für Kurzzeitbelastungen (98 Perzentil = IW2-Wert) zum Schutz vor Gesundheitsgefahren der anhand solcher Erkenntnisse festgelegt wurde, ist somit auch nur als relativer Wert zu betrachten. Der IW2-Wert liegt sogar über den Werten von SHEPPARD et al. (1980), ab denen empfindliche Personen broncho-konstriktorische Symptome zeigen.

1.1.2 Stickstoffdioxid (NO_2)

Stickoxide entstehen zum einen durch natürliche aber im wesentlichen durch anthropogene Quellen. Zu den natürlichen Quellen zählt das direkte Ausgasen der Stickoxide aus bestimmten Bodenarten (mikrobielle Umsetzung) und aus den Ozeanen, die Oxidation von biogen erzeugtem Ammonium durch OH-Radikale sowie durch Blitzentladung (FABIAN (1984) S. 79). Dieser Beitrag der natürlichen Stickoxide ist jedoch insbesondere in anthropogen belasteten Gebieten vernachlässigbar (vgl. JOST/ RUDOLF (1975)). Anthropogene Stickstoffdioxidquellen sind zu "über 50 %" (UMWELTBUNDESAMT (1986) S. 202) auf Emissionen des Kfz-Verkehrs sowie Emissionen der chemischen und metallverarbeitenden Industrie ("Salpetersäureherstellung, Nitrierprozesse, Beizprozesse") (GUGGENBERG et al. (1982)) auf Kraft- und Fernheizwerke und zum geringen Umfang auf Emissionen aus Hausbrandfeuerungen zurückzuführen. Die gesundheitliche Bedeutung von Stickstoffdioxid besteht aufgrund der geringen Wasserlöslichkeit überwiegend in einer *Belastung des unteren Atemweges* (Bronchien und Alveolen). Die Belastung des oberen Atemweges ist unbedeutend. In experimentellen Untersuchungen stellten KLEINMANN et al. (1980) bei Konzentrationen von 200 $\mu g/m^3$ bei Probanden keine Auswirkung auf die Lungenfunktion fest. HACKNEY et al. (1978) stellte an 16 gesunden Männern bei zweistündiger Exposition mit 1 ppm (= 2,9 mg/m^3) auch noch keine signifikante Veränderung der Lungenfunktion fest. Ab Konzentrationen von 1,5 ppm bis 5 ppm (= 4,35 bis 14,5 mg/m^3) wurden jedoch von NIEDING et al. (1971) ständige Zunahmen des Atemwegswiderstandes festgestellt. Die gesundheitlichen Auswirkungen von hohen NO_2-Konzentrationen auf die Gesundheit des Menschen sind zum Teil aufgrund von Unglücksfällen, wie dem Brand in der Röntgenabteilung der Cleveland-Klinik sowie weiterer Arbeitsplatzanalysen bekannt. Nach einer Zusammenstellung von KNELSON (1975) bewirken folgende NO_2-Konzentrationen die nachfolgend aufgeführten Gesundheitsschäden:

Tab. 17: Stickstoffdioxid-Konzentrationen und deren gesundheitliche Relevanz (nach KNELSON (1975))

500	ppm	NO_2	=	akutes Lungenödem, letal
300	ppm	NO_2	=	Bronchopneumonie, letal
150	ppm	NO_2	=	Bronchiolitis fibrosa obliterans, letal
50	ppm	NO_2	=	Bronchiolitis. focale Pneumonie, reversibel
25	ppm	NO_2	=	Bronchitis, Bronchpneumonie, reversibel

Im Gegensatz zu den experimentellen Untersuchungsergebnissen an gesunden Personen wurden bei Konzentrationen von 0,1 ppm (= 0,29 mg/m^3) bereits signifikante Zunahmen des Atemwegswiderstandes bei asthmatischen Versuchspersonen festgestellt (vgl. OREKEK et al. (1976)). NIEDING et al. (1971) stellten in einer weiteren Studie, bei der 88

Patienten - mit einer chronischen Bronchitis - mit NO_2-Konzentrationen zwischen 0,5 und 5 ppm (= 1,45 bis 14,5 mg/m^3) belastete, eine viel deutlichere Veränderung der arteriellen Sauerstoffsättigung und damit der Sauerstoffversorgung der Gewebe fest. Festzuhalten ist, daß niedrige NO_2-Konzentrationen mit einer Beeinflussung der Lungenfunktion sowie reversiblen Bronchitiden und Herdpneumonien im Zusammenhang stehen. Die Empfindlichkeit gegenüber Infektionen des unteren Respirationstraktes wird durch NO_2-Inhalation auch mutmaßlich erhöht. Des weiteren kann NO_2 durch die Störung der epithelialen Grenzschicht (Zellmembran, Zellverbindungszone) ein Eindringen von Antigenen ermöglichen (vgl. KLOIBER 1983).

Als Schwellenwert für gesunde Personen, ab dem eine gesundheitliche Beeinträchtigung zu erwarten ist, gilt derzeit eine Konzentration von ca. 2,5 ppm (= 7,25 mg/m^3) (vgl. auch BEIL/ULMER (1976)). Bei pulmonar gefährdeten Personen wurden jedoch nach 10minütiger Expositionszeit bereits ab 0,1 ppm (= 0,29 mg/m^3), gesichert ab 0,5 ppm (= 1,45 mg/m^3) gesundheitliche Beeinträchtigungen festgestellt. Der Grenzwert der TA-Luft für NO_2 liegt derzeit bei 0,08 mg/m^3 (IW1-Wert) für die Langzeitbelastung und bei 0,2 mg/m^3 für die Kurzzeitbelastung (IW2-Wert). In der vorletzten Fassung der TA-Luft lag der Kurzzeitgrenzwert noch bei 0,30 mg/m^3, also auch über den Werten, ab denen schon nach 10minütiger Exposition bei gesundheitlich Beeinträchtigten Gesundheitsveränderungen auftraten. Es gilt demnach auch hier, wie beim Schwefeldioxid, daß die Grenzwerte sich mehr oder weniger nach Schwellenwerten im Experiment richten. Die Langzeitbelastung im niedrigen Konzentrationsbereich ist nicht mit erfaßt.

1.1.3 Kohlenmonoxid (CO)

Kohlenmonoxid entsteht zum einen natürlich, insbesondere durch den Abbau von Methan über die Methan-Oxidationskette sowie durch die Oxidation von anderen Kohlenwasserstoffen, wie Isopenen und Terpenen (vgl. FABIAN (1984) S. 73) durch die Vegetation und zum anderen anthropogen. Die anthropogenen Emissionen von CO überwiegen bei weitem die natürlichen CO-Raten. Die anthropogenen CO-Emissionen sind zum überwiegenden Teil auf Kraftfahrzeug-Emissionen und zum geringen Teil auf Industrie- und Haushaltsemissionen durch die Verbrennung von kohlenstoffhaltigem Material (Kohle, Erdöl, Erdgas) sowie Industrieemissionen bei spezifischen Prozessen (Eisengießereien, Zellstoffabriken, petrochemischen Industrien) und auf Emissionen bei der Abfallbeseitigung zurückzuführen (vgl. ZORN (1974)). Welche dominierende Rolle gerade die Kraftfahrzeugemissionen spielten, zeigt ein Beispiel:
So wurden in Berlin an einer verkehrsnahen und einer verkehrsabgelegenen Stelle CO-Immissionsmessungen im Zeitraum von 1973 bis 1985 durchgeführt. Der 95%-Wert lag nach dieser Untersuchung an der ver-

kehrsnahen Station mit 18,5 ppm (1973) und 6,9 ppm (1985) weit über das dreifache über den CO-Immissionswerten an der verkehrsabgelegenen Stelle (3,9 ppm 1973 und 2,1 ppm 1985) (vgl. LAHMANN (1987) S. 85). Die gesundheitliche Bedeutung von Kohlenmonoxid in der Luft liegt kaum in einer Beeinflussung des respiratorischen Systems, da das farb-, geruch- und geschmacklose Kohlenmonoxid nur eine geringe Wasserlöslichkeit besitzt. Der größte Teil erreicht dadurch die Alveolen und diffundiert ins Blut. Die gesundheitliche Relevanz von Kohlenmonoxid liegt insbesondere in der hohen Bindungskapazität an das Hämoglobin. Die Affinität zum Hämoglobin (Hb) ist beim Kohlenmonoxid etwa 240 x höher als beim Sauerstoff (WAGNER (1984)) S. 390). Kohlenmonoxid bindet sich auch an andere Porphyrene des Organismus, jedoch mit wesentlich geringerer Affinität. Durch diese hohe Affinität, insbesondere zu Hämoglobin kommt es zu einer Verdrängung des Sauerstoffs im Sinne einer Hypoxie durch Reduktion des Sauerstofftransports der Erythrozyten. Besonders Organe mit hohem Sauerstoffverbrauch, wie Herz und Gehirn, werden daher in ihrer Funktion gestört. Dies wurde in zahlreichen Versuchen (Vergleich tabellarische Zusammenstellung der Untersuchungsergebnisse bis 1984 in WAGNER (1984) S. 391), durch die Bestimmung des Carboxyhämoglobingehaltes (COHb) des Blutes bestätigt. Der COHb-Gehalt und seine Auswirkungen (W) sind dabei abhängig von der einwirkenden CO-Konzentration (C) und der Expositionsdauer (T) (SCHÜTZ/ WALLRABENSTEIN (1980) S. 54).

Es gilt:

$$W = C \times T$$

SCHULTE stellte bereits 1963 bei gesunden Erwachsenen (25 bis 55 Jahre), die er 1,5 Stunden mit 50 ppm CO belastete, einen COHb-Spiegel von 5 % fest, die bei diesen Konzentrationen bereits eine signifikante Beeinträchtigung verschiedener psychischer Leistungen aufzeigten. Diese Untersuchung wurde von BENDER et al. (1981) und durch zahlreiche anderen Studien [15] bestätigt.
BENDER et al. stellte bei einem COHb-Gehalt von 7,24 % eine Beeinträchtigung der motorischen Koordination, der Abstraktionsfähigkeit und eine allgemeine Leistungsminderung fest. Gesunde Menschen können durch eine Steigerung der Durchblutung, vor allem des Herz- und Hirnkreislaufes, erhöhte COHb-Anteile kompensieren (UMWELTBUNDESAMT (1981) S. 297), bereits vorbelastete Personen jedoch weniger. ARONOW stellte in mehreren Versuchen bei Belastungen von Probanden - mit koronarer Herzkrankheit - mit 50 ppm Kohlenmonoxid, bei einem COHb-Gehalt von 2,68 % (ARONOW, ISBELL (1973)) und sogar 2,02 % (ARONOW (1981) eine rasche Auslösung von 'Angina pectoris' fest. Nach LANGE et al. (1973) wird in epidemiologischen Studien eine erhöhte Mortalität an myokardialen Infarkten bei Konzentrationen von 8 bis 10

[15] Vergleich tabellarische Ausführung in HUßLEIN (1984) S. 147 bis 149)

ppm (Langzeitexposition) vermutet. Da man bei der Festlegung der Immissionswerte der TA-Luft davon ausging, daß CO-Konzentrationen in der Luft maximal zu einer Erhöhung der COHb-Gehalte von ca. 0,8 % bis 2,4 % führen dürfen (UMWELTBUNDESAMT (1981) S. 298), ergab sich rechnerisch ein Langzeitwert von 10 mg CO/m^3 und ein Kurzzeitwert von 30 mg CO/m^3. Der Kurzzeitwert wurde erst in der TA-Luft von 1983 auf 20 mg CO/m3 gesenkt. Die Grenzwerte liegen somit über den ermittelten Werten in Probandenstudien, bei denen bereits Wirkungen - wie Angina pectoris (ARONOW (1981)) bei erkrankten Personen - schon nach einstündiger Exposition festgestellt wurden. Für diese Studie ist es diesbezüglich von großer Bedeutung, ob bzw. Respektive welche Korrelationen sich zwischen den Kohlenmonoxidkonzentrationen und der Mortalität an Herz- und Kreislauferkrankungen ergeben.

1.1.4 Schwebstaub

Schwebstaubkonzentrationen in der Atmosphäre sind auch wiederum zum Teil natürlichen Ursprungs, durch Bodenerosion, Vulkanausbrüche in Verbindung mit allochtoner und autochtoner Windverfrachtung und zum anderen Teil anthropogen. Insbesondere in den Ballungsgebieten liegen die Staubkonzentrationen durch anthropogen emittierten Staub (Haushalte, Kraftwerke, Industrie, Kraftfahrzeuge) weit über dem natürlichen Anteil (UMWELTBUNDESAMT (1986) S. 203). Die gesundheitliche Bedeutung von Schwebstaubkonzentrationen ist je nach physiologischen, physikalischen und anatomischen Gegebenheiten sehr unterschiedlich. So erreichen Grobstaubpartikel mit über 10 µm Durchmesser nur den Nasen-Rachenraum und die zuführenden Luftwege (UMWELTBUNDESAMT (1981) S. 285). Der größte Teil wird durch ziliare Transportmechanismen aus dem Tracheo-Bronchialbaum entfernt. Feinstaubpartikel erreichen die Luftröhre und Bronchien, wobei Staubpartikel mit einem Durchmesser von ca. 2 µm mit dem Luftstrom auch die Alveolen erreichen und dort zu einem Teil abgelagert werden (UMWELTBUNDESAMT (1981) S. 287). Staubpartikel belasten den mykoziliaren Reinigungsmechnismus und verlängern zudem auch auf diese Weise die Einwirkungszeit von karzinogenen Stoffen (KLOIBER (1983)). Langzeitwirkungen konnten vor allem bei Rauchern in Konzentrationsbereichen von 100 bis 150 $\mu g/m^3$ (Gesamtstaub) und bei Kindern sogar schon bei Werten ab 67 bis 300 $\mu g/m^3$ (Gesamtstaub) gesichert festgestellt werden (UMWELTBUNDESAMT (1981) S. 287). LAVE und SESKIN stellten in ihren epidemiologischen Mortalitätsstudien in 117 amerikanischen Städten einen signifikanten Zusammenhang zwischen den Schwebstaubkonzentrationen und Tuberkulose sowie Asthmaanfällen fest. Auch die Studien von LENDE et al. (1975), LAMBERT/ REID (1970) und LAWTHER et al. (1970) stellten besonders bei Personen mit chronischer Bronchitis eine Beeinträchtigung der Lungenfunktionsparameter oberhalb von 0,2 mg/m^3 Staub in der Luft fest. Die wesentliche gesundheitliche Bedeutung der Staubpartikel liegt heute zudem in ihrer

Eigenschaft als Träger von toxischen Substanzen. Grobe Partikel enthalten als größten Anteil Aluminium, Metalloxide und Kohlenstoffmaterial, feine Staubpartikel hingegen als größten Anteil Blei, Schwefel, Brom sowie Säuren (H_2SO_4) (KLOIBER (1983)).

1.1.5 Metalle

Die Metallkonzentrationen in der Atmosphäre sind fast ausschließlich auf anthropogene Emissionsquellen zurückzuführen. Die Problematik der Metalle liegt insbesondere in ihrer hohen Persistenz (nicht Abbaubarkeit), wodurch selbst geringe Konzentrationen in der Atmosphäre durch Anreicherungen im biologischen Gewebe zu toxischen Konzentrationen führen können. Als Spurenelemente sind insbesondere Blei und Cadmium seit langem untersucht worden.

Blei(Pb), das überwiegend von Kraftfahrzeugen emittiert wird, führt nach Inhalation und Ingestition zu einer Erhöhung des Blutbleispiegels. Es hemmt vor allem die Synthese des Hämoglobins und hat außerdem eine direkte Wirkung auf die roten Blutkörperchen (UMWELTBUNDESAMT (1981) S. 288). Diese Blutbleispiegelkonzentration wird allgemein auch in den Luftreinhalteplänen (MAGS-NORDRHEIN-WESTFALEN (1982) S. 144/MAGS-NORDRHEIN-WESTFALEN (1985) S. 172) als Indikator für die Belastungen mit Blei herangezogen. Da diese Blutbleispiegel zum großen Teil auch auf Bleiingestion (insbesondere Gemüseverzehr) (Vergleich MAGS-NORDRHEIN-WESTFALEN (1985) S. 172) zurückzuführen sind, wären Auswertungen dieser Art für diese Untersuchung nicht zweckmäßig. Es müßten hierfür individuelle Nahrungsgewohnheiten und die Bleibelastung der Nahrung ermittelt werden. Allgemein gelten Werte von 35 µg Pb/100 ml Blut für die Allgemeinbevölkerung als nicht gesundheitsbeeinträchtigend (UMWELTBUNDESAMT (1981) S. 287). In der EG-Richtlinie vom 29.03.1977 über die biologische Überwachung der Bevölkerung auf die Gefährdung durch Blei werden folgende Grenzwerte genannt:

20 µg Pb/100 ml Blut als 50 Perzentil-Wert
30 µg Pb/100 ml Blut als 90 Perzentil-Wert
35 µg Pb/100 ml Blut als 98 Perzentil-Wert

(MAGS-NORDRHEIN-WESTFALEN (1985) S. 175)

Dieser Wert von 35 µg Pb/100 ml Blut als 98 Perzentil-Wert wurde in der Wirkungsuntersuchung von 1980 des Luftreinhalteplans Rheinschiene Mitte (MAGS-NORDRHEIN-WESTFALEN (1982) S. 44) nicht eingehalten. In der TA-Luft ist derzeit ein Grenzwert (IW1-Wert) von 2,0 µg Pb/m^3 festgelegt. Eine langfristige Inhalation von 2 µg Blei pro m^3 Luft führt zu einer Erhöhung des mittleren Blutbleispiegels auf 4 µg/100 ml Blut (UMWELTBUNDESAMT (1981) S. 287).

Cadmium besitzt ein karzinogenes Potential. Es wird im Körper an niedermolekulare Proteine gebunden (Metallothionein) und vor allem in Leber und Niere gespeichert. Der Mensch nimmt Cadmium überwiegend über die Nahrung auf, aber auch über die Atemluft, insbesondere in Verbindung mit Zigarettenrauch (MAGS-NORDRHEIN-WESTFALEN (1985) S. 176). Unter Berücksichtigung der relativ hohen Cadmiumzufuhr über die Nahrung in der Bundesrepublik Deutschland wurde für die Aufnahme über die Luft eine obere Grenze von 0,04 $\mu g/m^3$ (IW 1-Wert) abgeleitet (TA-Luft (1986) S. 22). Bei Aufnahme über den Respirationstrakt kommt es zur Retention von schwerlöslichen Cadmiumverbindungen in der Lunge und Leber. Nach KLOIBER (1983) treten bei akuter Cadmiumintoxikation je nach Konzentrationshöhe und Expositionsdauer Bronchopneumonien, Lungenemphyseme, Veränderungen der Niere und Milz sowie eine fettige Degeneration der Leber und des Herzens auf.

1.1.6 Polyzyklische aromatische Kohlenwasserstoffe (PAHs)

Einige polyzyklische Aromate gehören zu den bekanntesten Kanzerogenen überhaupt. Benzo(a)pyren gilt als Leitkomponente für krebsverursachende polyzyklische aromatische Kohlenwasserstoffe. PAH-Immissionen zeigen eine starke Abhängigkeit von der Jahreszeit, wobei die höchsten Konzentrationen in der Heizperiode erreicht werden (UMWELTBUNDESAMT (1981) S. 235). Für den Menschen steht die Aufnahme von PAHs über die Atmung im Vordergrund. PAHs gelangen mit dem Feinstaub der Luft aber auch mit dem Zigarettenrauch in die Atemwege und können dort metabolisiert werden. Die Tumore sind am Ort der Einwirkung lokalisiert (KLOIBER (1983)). Das Umweltbundesamt hat aufgrund fehlender Grenzwerte vorgeschlagen, Benzo(a)pyren als Indikatorsubstanz für das krebserzeugende Potential der PAH-Gehalte der Atmosphäre auszuwählen und dessen Immission auf 10 ng/m3 Luft zu begrenzen. Eine Beteiligung der PAH's bei der Entstehung von Lungenkarzinomen wird angenommen (UMWELTBUNDESAMT (1981) S. 236).
Die PAH-Emissionen sind inbesondere in den hoch belasteten Gebieten drastisch zurückgegangen. Spitzenwerte von 90 - 100 ng pro m3 in hoch belasteten Gebieten wie Duisburg sind von 1969 - 1979 auf Werte um 7 ng pro m^3 zurückgegangen (Abb. 8) und liegen seitdem unter der 10 ng pro m^3 Beurteilungsschwelle.

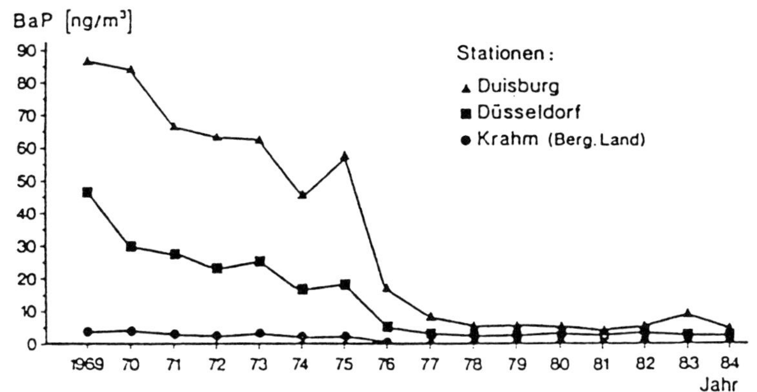

Abb. 8: Benzo(a)pyren-Immissionen im Schwebstaub - in städtischen (Duisburg, Düsseldorf) und einem ländlichen Gebiet (Krahm). Quelle: SCHMIDT (1987) S. 56

Die Abbildung zeigt sehr deutlich, daß in ländlichen Gebieten (Meßstation des Umweltbundesamtes Krahm im Bergischen Land) diese Beurteilungsschwelle auch in den früheren Jahren nicht erreicht wurde.
Dies liegt insbesondere an der geringen Anzahl von polyzyklischen aromatischen Kohlenwasserstoffquellen wie insbesondere Steinkohlepyrolyseanlagen und gehäuft auftretenden Schwehlprozeßquellen, wie Abfallverbrennungs-, Kohle- und Holzfeuerungsanlagen (MAGS NORDRHEIN-WESTFALEN (1985) S. 102), die insbesondere in Duisburg stark vertreten waren, wobei nicht grundsätzlich ein Zusammenhang zur Schwebstaubsituation (MAGS NORDRHEIN-WESTFALEN (1985) S. 102) besteht.

Da insbesondere in städtischen Regionen gehäuft Schwehlprozeßquellen durch Koksfeuerungen u. a. vorhanden waren, kann der Urbanisierungsgrad näherungsweise bis 1979/80 als PAH-Indikator herangezogen werden. Durch den starken Rückgang dieser Schwerpunktquelle durch Umstellung auf Heizöl (EL), Gas und andere Energieträger ist diese Indikatoraussage durch die stärker in den Vordergrund tretenden Kfz-Emissionen und das wesentlich geringere Immissionsniveau ab 1979/80 nicht mehr näherungsweise machbar.

1.1.7 Sonstige Luftschadstoffe

Neben den genannten Hauptluftschadstoffparametern gibt es noch eine große Anzahl weiterer Luftschadstoffe, die aber mengenmäßig nicht bedeutsam ins Gewicht fallen, im Bereich von Emittenten insbesondere von Industrieanlagen mit geringer Schornsteinhöhe aber dennoch eine lokale hohe Immissionsrelevanz besitzen können. Eine meßtechnische Erfassung

Da diese Stoffe überwiegend an Schwebstaub gebunden sind, kann in dieser Studie nur eine Bewertung über den Indexparameter Schwebstaub näherungsweise erfolgen. Eine von der Kommission zur Prüfung gesundheitsschädlicher Arbeitsstoffe der DEUTSCHEN FORSCHUNGSGEMEINSCHAFT erarbeitete Liste mit Angaben der maximalen Arbeitsplatz-Konzentration gibt einen Überblick über gesundheitsgefährdende Stoffe. Dabei wurden in Abschnitt III Stoffe, die nachweislich beim Menschen (IIIa1), nachweislich im Tierversuch krebsverursachende Stoffe (IIIa2) sowie in Abschnitt IIIb Stoffe, deren krebserzeugende Wirkung vermutet wird, aufgeführt. Eine näherungsweise flächendeckende Immissionsmessung liegt jedoch für diese Stoffe für die Untersuchungsgebiete nicht vor.

1.2 Emissionsanalyse

1.2.1 Emissionsentwicklung

Im folgenden sollen die erfaßbaren Emissionen in ihrer räumlichen Verteilung und zeitlichen Entwicklung näher analysiert werden. Diese Analyse dient zum einen der Feststellung des Emissionsvolumens der einzelnen Schadstoffe, und zum anderen der Ergänzung der Immissionsbewertung in den Bereichen, in denen nur ungenügende Immissionsangaben vorhanden sind. Auf der Grundlage der statistisch erhobenen Daten zum Energieverbrauch und Produktionsgütern errechnete das UMWELTBUNDESAMT folgende Emissionsentwicklungen (Tab. 18) in der Bundesrepublik Deutschland, die den Untersuchungszeitraum dieser Studie betreffen.

Bei den *Stickoxiden* ist, wie in Tab. 18 ersichtlich, in der Bundesrepublik Deutschland ein ständiger Anstieg seit 1972 zu verzeichnen. Dies ist insbesondere durch ständig steigende Kraftfahrzeugzulassungen bedingt gewesen. Die Kfz-Emissionen stellen zudem den höchsten Anteil an den Gesamtstickoxidemissionen (1980 = 55%) dar. Auch bei den Kraftwerken (1980 = 28% Anteil an Stickoxidemissionen) stiegen die Stickoxidemissionen bis Mitte der 70er Jahre entsprechend dem höheren Energieverbrauch an, seither verlaufen sie im wesentlichen unverändert. Die Stickoxidemissionen der Industrie gingen seit Mitte der 70er Jahre stärker zurück als der Energieverbrauch. Sie machten 1980 13% an den Gesamtstickstoffemissionen aus. Die Haushalte und Kleinverbraucher spielten mit nur 4 % (1980) eine untergeordnete Rolle bei den Stickoxiden.

In Frankreich hingegen liegen die Stickoxidemissionen (Tab. 19) seit 1972 relativ konstant bei 1.700 kt/Jahr. Sie liegen damit um fast 50% niedriger als die Stickoxidemissionen in der Bundesrepublik Deutschland. Insbesondere bei den Kraftwerkemissionen ist eine sehr gegensätzliche Entwicklung festzustellen. In der Bundesrepublik Deutschland stiegen sie um 12 % (1972 bis 1984) bei fast gleichbleibendem Anteil an den Gesamtemissionen, in Frankreich hingegen fielen sie durch den verstärkten Ausbau von Atomkraftwerken um 38 % (1972 bis 1984) von 14 % auf 10 % Anteil an den Gesamtemissionen. In Frankreich sind zudem zwar auch die Kfz-Emissionen um 28 % im Zeitraum 1972 bis 1984 gestiegen, in der Bundesrepublik Deutschland hingegen jedoch um 40 %. Die Emissionsentwicklung bei Industrie- und Hausbrandemissionen verlief relativ ähnlich, obwohl auch hier wiederum gerade beim Hausbrand in Frankreich ein Emissionsrückgang um fast 40 % stattfand, in der Bundesrepublik Deutschland hingegen nur um 15 %.

Tab. 18: Emissionsentwicklung ausgewählter Emissionen nach Emittentengruppen in der Bundesrepublik Deutschland kt= Kilotonnen Mt= Megatonnen. Quelle: UMWELTBUNDESAMT (1986), Auszug aus der Emissionstabelle, S. 228

Luftverunreinigung	1972		1974		1976		1978		1980		1982		1984	
Emittentengruppe	kt	%	kt	%	kt	%	kt	%	kt	%	kt	%	kt	%
Stickoxide NO_x, NO_2														
Insgesamt Mt	2,6		2,6		2,8		3,0		3,1		3,0		3,0	
Kraft- und Fernheizwerke	750	28,6	780	29,8	800	28,8	820	27,4	850	27,6	830	28,1	840	27,7
Industrie	460	17,7	460	17,4	420	15,2	410	13,7	400	13,1	340	11,4	330	10,7
Hauhalte und Kleinverbraucher	150	5,7	140	5,2	140	5,0	140	4,8	140	4,5	120	4,1	130	4,3
Verkehr	1250	48,0	1250	47,6	1400	51,0	1600	54,1	1700	54,8	1700	56,4	1750	57,3
Schwefeldioxid SO_2														
Insgesamt Mt	3,7		3,6		3,5		3,4		3,2		2,9		2,6	
Kraft- und Fernheizwerke	1950	52,3	1950	53,3	1950	55,2	1950	58,7	1900	59,3	1800	62,6	1650	62,9
Industrie	1050	27,8	1050	28,5	960	27,2	900	26,6	870	27,3	720	25,0	830	24,0
Hauhalte und Kleinverbraucher	580	15,8	530	14,5	510	14,3	440	13,0	330	10,3	260	8,9	250	9,5
Verkehr	150	4,1	130	3,7	120	3,3	130	3,7	100	3,1	100	3,5	96	3,6
Kohlenmonoxid CO														
Insgesamt Mt	12,2		11,7		10,3		9,4		9,0		7,4		7,4	
Kraft- und Fernheizwerke	36	0,3	37	0,3	37	0,4	37	0,4	39	0,4	41	0,6	44	0,6
Industrie	1900	15,5	2200	18,8	1750	16,9	1600	16,9	1650	18,5	1350	18,3	1400	18,7
Hauhalte und Kleinverbraucher	3600	29,5	3150	27,0	2200	21,5	1800	18,9	1950	21,7	1700	23,1	1600	21,5
Verkehr	6850	54,7	6300	53,9	6300	61,2	6050	63,8	5300	59,4	4300	58,0	4400	59,2
Staub														
Insgesamt Mt	1,1		0,95		0,80		0,75		0,75		0,85		0,65	
Kraft- und Fernheizwerke	260	23,8	200	20,5	190	22,9	170	23,3	160	21,8	150	22,1	150	23,5
Industrie	610	56,3	580	60,6	490	60,0	440	59,8	440	59,8	390	58,3	380	57,0
Hauhalte und Kleinverbraucher	150	13,3	130	13,2	83	10,3	63	8,6	69	9,5	62	9,4	58	8,8
Verkehr	72	6,6	55	5,7	55	6,8	61	8,3	65	8,9	67	10,2	70	10,7

Tab. 19: Emissionsentwicklung ausgewählter Emissionen nach Emittentengruppen in Frankreich. Quelle: MINISTERE DE L' ENVIRONNEMENT (1987) S. 127 bis 128

	1972		1974		1976		1978		1980		1982		1984	
	kt	%	kt	%	kt	%	kt	%	kt	%	kt	%	kt	%
Stickoxide NO_x, NO_2														
Insgesamt	1721	100	1675	100	1781	100	1841	100	1867	100	1767	100	1697	100
Kraftwerke	246	14,3	241	14,3	315	17,6	288	15,6	297	15,9	249	14,0	178	10,4
Industrie	401	27,3	431	24,6	367	20,6	370	20,1	366	19,6	312	17,6	291	17,1
Hauhalte	228	13,2	196	11,7	191	10,6	197	10,7	183	9,8	153	8,8	143	8,6
Verkehr	846	45,2	825	49,4	913	51,2	986	53,6	1021	54,7	1053	59,6	1085	63,9
Schwefeldioxid SO_2														
Insgesamt	3938	100	3953	100	3844	100	3679	100	3558	100	2668	100	1992	100
Kraftwerke	1070	27,2	1101	27,8	1372	35,6	1195	32,4	1224	34,4	948	35,5	566	28,4
Industrie	2137	54,2	2195	55,5	1935	50,3	1970	53,4	1848	51,9	1382	51,7	1099	55,1
Hauhalte	613	15,6	538	13,6	425	10,2	396	10,8	359	10,0	245	9,2	229	11,6
Verkehr	118	3,0	119	3,1	112	2,9	118	3,4	127	3,7	93	3,6	98	4,9
Kohlenmonoxid CO	wird nicht landesweit erhoben													
Staub														
Insgesamt	310	100	312	100	300	100	297	100	251	100	225	100	196	100
Kraftwerke	89	28,7	86	27,5	118	39,3	115	38,7	91	36,2	81	36,0	59	30,1
Industrie	144	46,5	149	47,7	108	35,6	104	35,0	84	33,4	68	30,4	59	30,1
Hauhalte	35	11,6	36	11,5	29	9,6	27	9,0	22	8,7	20	8,8	19	9,7
Verkehr	41	13,2	41	13,3	45	15,5	51	17,3	54	21,7	56	24,8	59	30,1

Bei den *Schwefeldioxid*emissionen zeigte sich in der Bundesrepublik Deutschland bis 1972 ein Anstieg, der dann bis 1984 unter den Stand von 1966 absank. Das Absinken der Schwefeldioxidemissionen wurde insbesondere durch die Verwendung schwefelärmerer Brennstoffe sowie Abgasentschwefelungsanlagen (UMWELTBUNDESAMT (1986) S. 225) bei den Kraftwerken erreicht, die allein 59 % (1980) der SO2-Emissionen ausmachen. Auch bei der Industrie, die mit 27 % (1980) den zweitgrößten Anteil an den SO_2-Emissionen aufweist und den Haushalten und Kleinverbrauchern (1980 = 10 % Anteil an den SO_2-Emissionen), ist der Emissionsrückgang auf die Umstellung von Produktionsprozessen und dem Einsatz schwefelärmerer Brennstoffe zurückzuführen gewesen. Die Verkehrsemissionen in bezug auf SO2 sind relativ unbedeutend und lagen 1980 bei 3 %. Auch bei den Schwefeldioxidemissionen zeigte sich ein deutlicher Unterschied zwischen der Bundesrepublik Deutschland und Frankreich. Lagen die SO_2-Emissionen 1972 noch ähnlich hoch, so sanken sie in der Bundesrepublik Deutschland um 30 %, in Frankreich hingegen um fast 50 %. In dem Zeitraum von 1972 bis 1984 sanken die Kfz-Emissionen in der Bundesrepublik Deutschland zwar um 36 %, in Frankreich hingegen nur um 17 %, aber bei den Kraftwerkemissionen betrug die Emissionsminderung in Frankreich 47 % (Bundesrepublik Deutschland =

15 % Rückgang) und bei der Industrie sogar 49 % (Bundesrepublik Deutschland = 40 % Rückgang).

Bei den *Kohlenmonoxid*emissionen ist in der Bundesrepublik Deutschland ein starker Rückgang seit 1970 zu beobachten gewesen. Für Frankreich wurden keine Kohlenmonoxidemissionen landesweit erhoben.

Insbesondere bei den Haushalten und Kleinverbrauchern wurde durch die Umstellung von festen auf flüssige und gasförmige Brennstoffe eine Reduzierung des Ausstoßes von 6.600 kt (1966) auf 1.950 kt (1980) erreicht. Der Anteil der Haushalte und Kleinverbraucher lag damit 1980 nur noch bei 22 % der CO-Emissionen.

Der Hauptemittent von Kohlenmonoxid ist der Verkehr mit einem Anteil von 59 % an den CO-Emissionen (1980). Die Kfz-Emissionen lagen 1984 nach einem Anstieg bis 1972 wieder auf dem Stand von 1966. Auch die CO-Emissionen der Industrie, insbesondere bei der Eisen- und Stahlerzeugung sind rückläufig (1980 = 18 % Anteil an CO-Emissionen). CO-Emissionen der Kraftwerke sind mit ca. 0.5 % (1976 bis 1984) nur ganz gering an der CO-Belastung der Luft beteiligt.

Die *Staub*emissionen sind in der Bundesrepublik Deutschland und in Frankreich (Ausnahme: Kfz-Emissionen) in allen Bereichen stark zurückgegangen. 1984 wurde in der Bundesrepublik Deutschland nur noch 1/3 von dem emittiert, was noch 1966 emittiert wurde. Insbesondere im Bereich Industrie (1980 = 60 % Emissionsanteil) und Kraftwerke (1980 = 22 % Emissionsanteil) wurde eine wesentliche Reduzierung durch Entstaubungsmaßnahmen erreicht. Dies gilt auch für Frankreich, obwohl die Emissionsanteile dort bei Kraftwerken und Industrie fast gleich hoch (35 %) liegen. Durch die Ausweisung der Dieselkraftfahrzeuge lag der Kfz-Anteil an den Gesamtemissionen in der Bundesrepublik Deutschland 1980 bei 9 % und ist damit als einziger Emissionsbereich prozentual angestiegen. Dieselfahrzeuge spielen in Frankreich noch eine wesentlich bedeutendere Rolle. Dies ist auch der Grund dafür, daß der Emissionsanteil 1980 bei 21 % und 1986 sogar bei 43 % (höchster Anteil) lag.
Vergleicht man die Emissionssituation der in dieser Untersuchung berücksichtigten bundesdeutschen Belastungsgebiete (gem. $ 44 Bundes-Immissionsschutzgesetz) mit dem ähnlich hoch belasteter Gebiete - für die französischen Gebiete wurden die "Zone de protection speciale" gemäß Artikel 3, § 2 der Directrive 80/779/CEE herangezogen -, ergibt sich ein sehr differenzierteres Bild (Abb. 9). Um zunächst einen Überblick über die unterschiedlichen Belastungsgebiete zu erlangen, wurden diese nach ihrer Gesamtemission gegliedert. Die wiedergegebenen Daten entsprechen in etwa dem Stand von 1979, da für die Mortalitätsanalyse die damalige Emissionssituation ausschlaggebend war (Latenzzeit wird dadurch mit berücksichtigt).

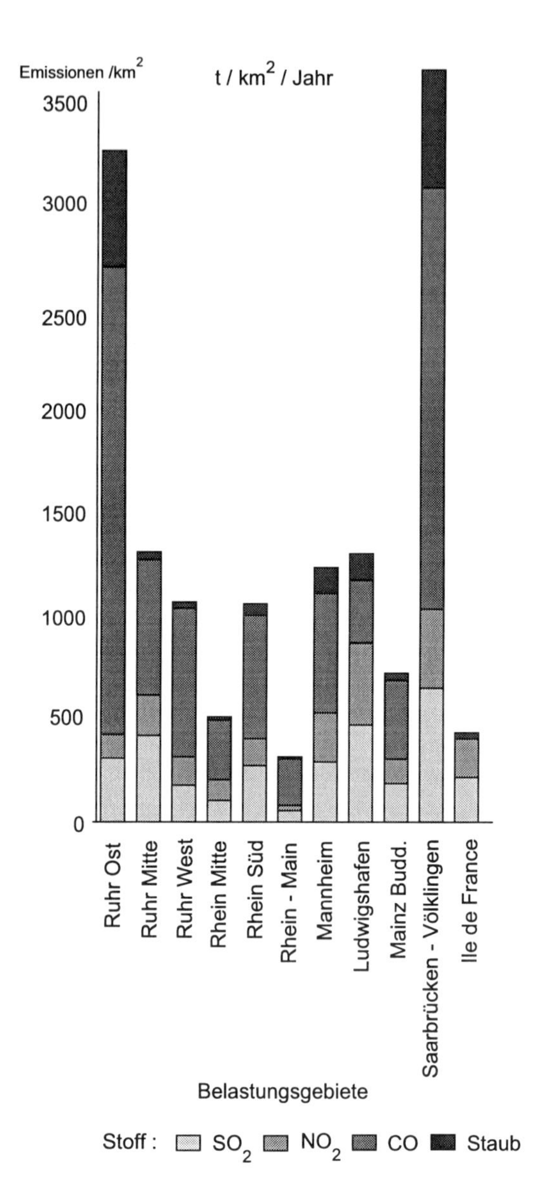

Abb. 9: Emissionen der Belastungsgebiete in den Untersuchungsgebieten - nach Emissionsstoffen -. Quelle: CITEPA (1986) S.3, MAGS (1982) S. 59-77, MAGS (1985) S.34, MAGS Baden-Württemberg (1980) S.91, MAGS- Saarland (1980) S. 41

Die höchsten Gesamtemissionen der in dieser Studie berücksichtigten Luftschadstoffparameter weist mit 3.259 Tonnen pro km^2 - wie in der Abb. 9 zu erkennen - das Ruhrgebiet-West und insbesondere das Belastungsgebiet Saarbrücken-Völklingen mit 3.650 Tonnen pro km^2 auf. Das Ruhrgebiet-Mitte (1.401 t/km^2), Ruhrgebiet Ost (1.097 t/km^2) und die

Rheinschiene Süd (1.024 t/km^2) sowie Mannheim (1.379 t/km^2) und Ludwigshafen (1.390 t/km^2) weisen Emissionen in Höhe von 1.000 bis 1.400 t/km^2 und Jahr auf.

Die Gesamtemissionen des französischen Belastungsgebietes im Untersuchungsraum liegen mit 427 t/km^2 insgesamt niedriger, was allerdings daran liegt, daß die CO-Emissionen nicht von der CITEPA mit erfaßt werden. Vergleicht man alleine die Schwefeldioxid- und Stickoxidemissionsmengen mit dem Belastungsgebiet im Untersuchungsraum der Bundesrepublik Deutschland mit den höchsten Emissionen, so ist festzustellen, daß dieses Belastungsgebiet (Saarbrücken-Völklingen) mit einer Emissionsmenge von 1.000 t/km^2 Schwefeldioxid- und Stickoxidemissionen ebenfalls weit über den Emissionsmengen von 427 t/km^2 im französischen Belastungsgebiet Vitry sur Seine liegt. Der prozentuale Anteil der einzelnen Schadstoffe entspricht dabei - außer in Mannheim - dem bundesweiten Emissionstrend. In Mannheim nehmen die Schwefeldioxidemissionen mit 35 % den höchsten Anteil an den Gesamtemissionen ein. Auch die NO_2-Emissionen liegen mit 30 % Anteil an den Gesamtemissionen noch höher als die CO-Emissionen (24 % Anteil an den Gesamtemissionen), die bei allen anderen Gebieten den größten Anteil an den Emissionen ausmachen. Weiterhin ist interessant, daß das Gebiet Vitry sur Seine (im Gebiet Ile de France) entgegen dem allgemeinen Emissionsaufkommen die höheren Emissionsanteile bei der Schadstoffgruppe der Stickoxide (188 t/km^2) im Vergleich zu den Schwefeldioxidemissionen (223 t/km^2) aufweist. Kohlenmonoxidberechnungen konnten für die französischen Gebiete nicht miteinbezogen werden, da keine Emissionsdaten in diesem Bereich flächendeckend erhoben wurden.

Die Gebiete mit dem höchsten Emissionspotential wie Mannheim und das Saarland im Untersuchungsgebiet der Bundesrepublik Deutschland haben einen Industrieemissionsanteil von 87 und 88 % an den Gesamtemissionen. Mannheim liegt mit 84 % Industrieemissionsanteil nur geringfügig niedriger. Im Ruhrgebiet Mitte (60 % Industrieemissionsanteil), Ruhrgebiet Ost (61 % Industrieemissionsanteil), Rheinschiene Süd (61 % Industrieemissionsanteil) und im Raum Ludwigshafen/Frankenthal (73 % Industrieemissionsanteil) bewegen sich diese Anteile zwischen 60 und 73 %.
Im französischen Untersuchungsgebiet liegt dieser Industrieemissionsanteil bei nur 47 % und in der Rheinschiene Mitte bei nur 33 %. Die überwiegende Menge an Kohlenmonoxidemissionen werden dementsprechend auch im Ruhrgebiet West, Ruhrgebiet Ost, Ludwigshafen und dem Saarland (Frankreich kann auch hier wiederum nicht mit berücksichtigt werden) durch die Industrie verursacht. Im Gebiet Rheinschiene Mitte, Frankfurt (Rhein-Main), Mannheim und Mainz wird hingegen der überwiegende Anteil an CO durch Kfz-Emissionen verursacht, im Ruhrgebiet Mitte sogar durch Hausbrand und Kleinverbraucher. Die SO_2-Emissionen werden hingegen in fast allen Gebieten überwiegend durch Industrie, an

zweiter Stelle durch Hausbrand und Kleinverbraucher und zum wesentlich geringeren Teil durch Kfz-Emissionen verursacht.

Um zu analysieren, welche Emissionsquellen wie stark an den Emissionen in den Belastungsgebieten beteiligt sind, wurde folgende Tabelle erstellt:

Tab. 20: Emissionen der einzelnen Belastungsgebiete (1980) -untergliedert nach Emittentengruppe-. Quelle: CITEPA (1986) S. 3, MAGS (1982) S. 59 - 77, MAGS (1985) S. 34, MAGS-BADEN-WÜRTTEMBERG (1980) S. 91, MAGS-Saarland (1980) S. 41

Erhebungsgebiet	Fläche	Emissionen						
		Industrie		Kleingewerbe / Hausbrand		Kraftfahrzeuge		Gesamt
		t / Jahr	Anteil	t / Jahr	Anteil	t / Jahr	Anteil	t / km^2
Ruhrgebiet West	711	2.013.217	87 %	184.024	8%	120.247	5%	3259
Ruhrgebiet Mitte	765	642.577	60%	254.705	24%	174.877	16%	1401
Ruhrgebiet Ost	712	478.609	61%	167.365	21%	135.744	18%	1097
Rheinschiene Mitte	356	67.294	33%	52.233	26%	81.099	41%	563
Rheinschiene Süd	649	406.945	61%	118.302	18%	139.628	21%	1024
Ludwigshafen-Frankfurt	116	118.891	73%	14.126	6%	28.283	18%	1390
Mannheim	145	169.290	84%	6.478	3%	24.264	6%	1379
Vitry sur Seine (Ille de France)	761	151.717	47%	71.747	22%	102.020	31%	427
		(ohne Kohlenmonoxidemissionen / keine Erfassung)						

1.2.2 Emissionsquellhöhe

Um zu flächenmäßigen Emissionsaussagen zu kommen, die für den jeweiligen Standort immissionsrelevant sind, müssen zunächst die Quellhöhen der einzelnen Emittentengruppen näher untersucht werden. Bei den Emissionen der Emittentengruppe Verkehr ist wegen der regelmäßig gegebenen Bodennähe die Austrittsstelle - die Quellhöhe - immer zu 100 % in der Höhenklasse 0 bis 10 m. Auch die Quellhöhe der Emission von Großkraftwerken ist relativ einheitlich. Gemäß der Berechnungstabelle für Schornsteinhöhen in der TA-Luft vom 26.07.1985 (BUNDESRAT (1985), S. 17 Punkt 2.4.3) ist aufgrund der Emissionsmenge eine Schornsteinhöhe über 100 m fast immer gegeben. Die Quellhöhe der Hausbrand- und Kleingewerbeemissionen sowie der Industrieemissionen sind wesentlich differenzierter. Da nur für sehr wenige Gebiete Quellhöhenkataster in den Luftreinhalteplänen enthalten sind, wurden für diese Analyse die Angaben aus dem Gebiet Rheinschiene Mitte - Abb. 10 -herangezogen.

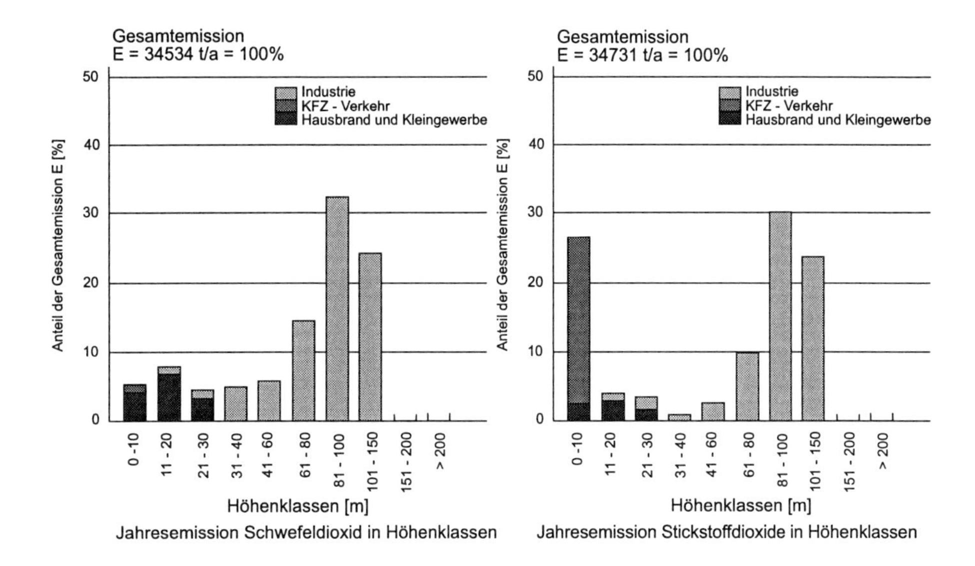

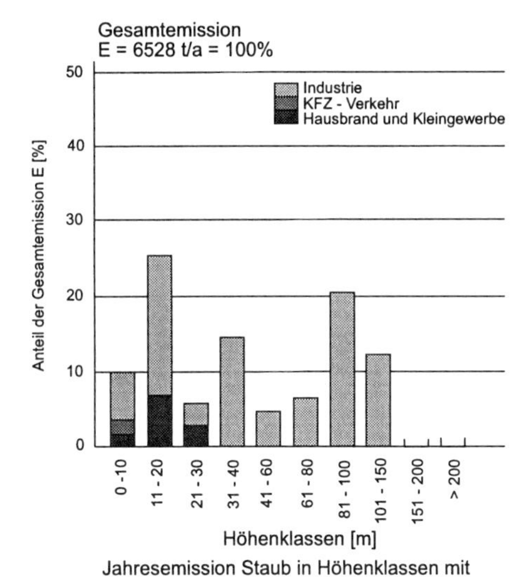

Abb. 10: Quellhöhen der Emittentengruppen am Beispiel Rheinschiene Mitte. Quelle: MAGS-NORDRHEIN-WESTFALEN (1982) S. 95 bis 96

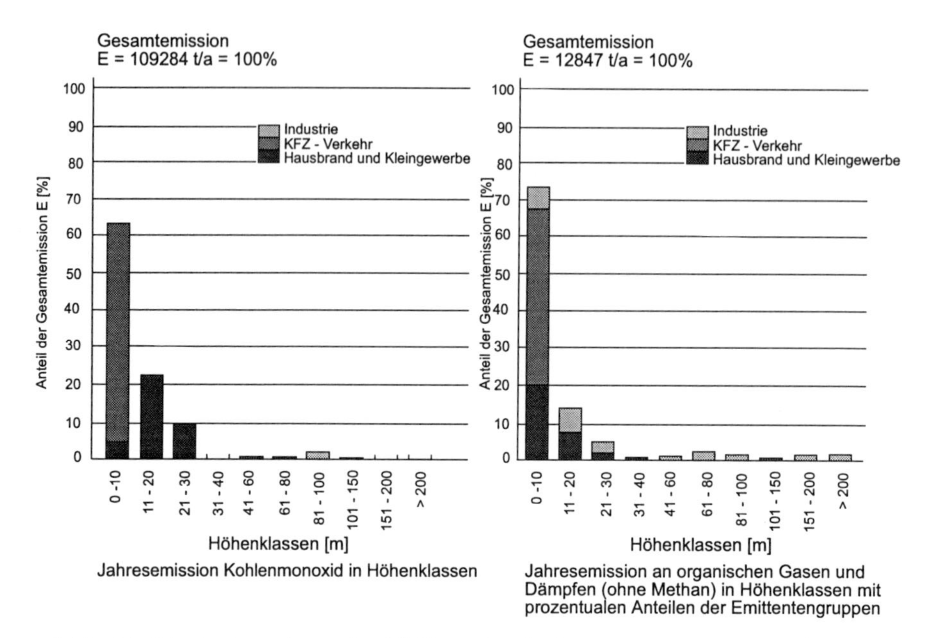

Abb. 10 (Fortsetzung): Quellhöhen der Emittentengruppen am Beispiel Rheinschiene Mitte. Quelle: MAGS-NORDRHEIN-WESTFALEN (1982) S. 95 bis 96

Es handelt sich dabei um Gebiete, in denen völlig unterschiedliche Emissionstrukturen vorherrschen. Unterschiedliche Quellhöhenstrukturen werden dadurch besser deutlich.
Bei den Hausbrand- und Kleingewerbeemissionen treten als Quellhöhe nur die drei untersten Höhenklassen auf. Die Emissionen sind dabei bei allen Schadstoffen relativ einheitlich auf alle drei Quellhöhen verteilt. Der Schwerpunkt der Emissionen liegt im Bereich zwischen 10 bis 20 m Quellhöhe, was durch die relativ einheitliche Schornsteinhöhe über Dachniveau erklärbar ist. Die Höhenklassen der Industrieemissionen unterscheiden sich bei den Schadstoffgruppen jedoch erheblich. Dabei ist zunächst auffällig, daß bei SO_2 und NO_2 die Industrieemissionen unter 30 m Höhe nur ganz geringe Bedeutung haben. Hier überwiegen die Kfz-, Hausbrand- und Kleingewerbeemissionen. Dies gilt insbesondere auch für die CO-Emissionen. Dagegen spielen die Staubemissionen der Industrie auch in den unteren Höhenbereichen eine gewichtige Rolle.

Zur genaueren Analyse wurden die Industrieemissionen der Rheinschiene Mitte - Abb. 11 - mit denen von Mannheim und einem unbelasteterem Gebiet (Umland von Mannheim) exemplarisch näher untersucht.

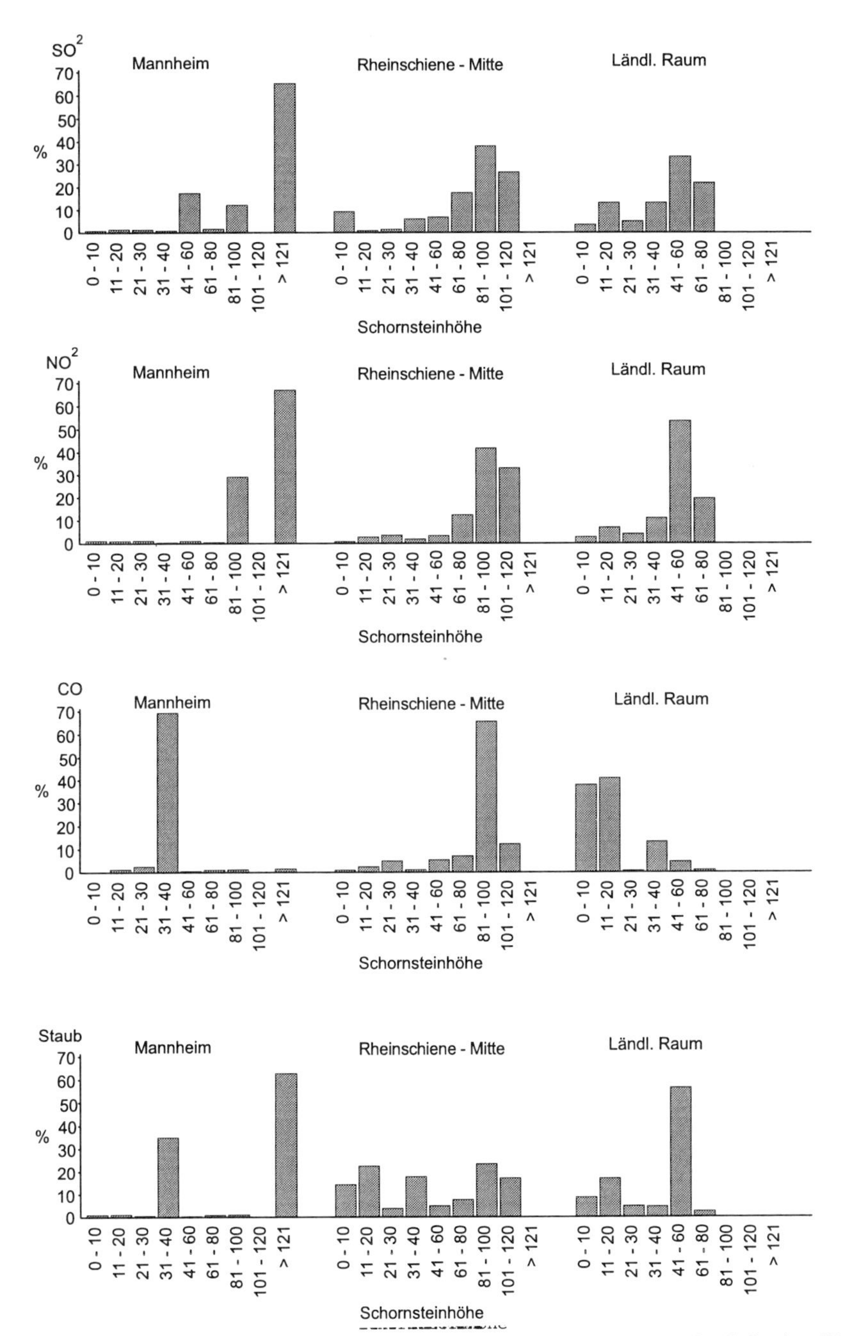

Abb. 11: Quellhöhen der Emittentengruppe Industrie nach Schadstoffgruppen (Rheinschiene Mitte, Mannheim, Ländl.Raum (Umland von Mannheim). Quelle: MINISTERIUM FÜR ARBEIT, GESUNDHEIT UND SOZIALORDNUNG BADEN-WÜRTTEMBERG (1980) S. 24 - 26/MAGS (1982) S. 95, eigene Bearbeitung

Die Analyse zeigt, daß in den ländlicheren Gebieten die Emissionen der Industrie bei den einzelnen Schadstoffen im Mittel um 30 bis 40 m niedriger emittiert werden als in den Ballungsgebieten, was unter anderem auch durch eine unterschiedliche Branchenstruktur erklärbar ist. Industrieemissionen haben demnach im ländlichen Bereich eine wesentlich höhere Immissionsrelevanz. Interessant ist auch, daß über 90 % der SO_2 und NO_2-Emissionen der Industrie in Ballungsgebieten in über 40 m Höhe emittiert werden. In Mannheim werden davon bei SO_2, NO_2 und Staub allein 60 bis 65 % in über 120 m Höhe emittiert. Die Emissionssituation beim Kohlenmonoxid und Staub ist hingegen anders gelagert. So liegt die Industrieemission an Staub über 40 m in allen Gebieten um 50 bis 60 %. Daraus ist ersichtlich, daß Staub in allen Höhenklassen relativ einheitlich emittiert wird. Die Kohlenmonoxidemissionen werden hingegen zu über 90 % in Höhen unter 40 m emittiert. Die CO-Emissionen der Rheinschiene Mitte sind hier nicht repräsentativ, da die CO-Industrieemissionen dort nur 2,6 % an den Gesamt-CO-Emissionen ausmachen. Ein einzelner kleinerer Emittent kann dort den Extremwert in der Höhenklasse 81 bis 100 m Höhe verursachen.

Geht man davon aus, daß im Mittel der Rheinschiene Mitte (ähnliche klimatologische Verhältnisse in Mannheim) sich die Inversionshöhen in 50 bis 200 m über Grund befinden (MAGS-NORDRHEIN-WESTFALEN (1982) S. 42), ist allgemein davon auszugehen, daß Emissionen über 50 m Quellhöhe sich überwiegend regional und unter 50 m überwiegend lokal auswirken.

Dies bedeutet, daß die Kfz-, Haushalts- und Kleingewerbeemissionen lokal extrem hohe Bedeutung haben. Von den Industrieemissionen sind es hingegen nur die CO-Emissionen, die zu 95 % unter 40 m emittiert werden und die Staubemissionen, von denen 46 % in Höhen unter 40 m emittiert werden. Die SO_2 und NO_2 Emissionen der Industrie werden in den Ballungsgebieten jedoch nur zu ca. 5 % unter 40 m emittiert und sind diesbezüglich lokal nicht so entscheidend. In ländlichen Bereichen ist der Einfluß mit 25 % schon wesentlich höher. Dabei ist auch zu beachten, daß die Industrieemissionen an SO_2 und NO_2 in Ballungsgebieten allein bereits 80 bis 90 % ausmachen. Ein Anteil von 5 bis 10 % des industriellen SO_2 oder NO_2-Ausstosses kann dadurch fast so hoch ausfallen, wie die anderen übrigen Emissionsquellen zusammen emittieren. Diese Ergebnisse decken sich mit Ergebnissen anderer Untersuchungen. So berechnete der TÜV-Rheinland den Immissionsanteil einzelner Emittentengruppen des Saarlandes (Tab. 21) für SO_2 und NO_2. Die Immissionsanteile wurden in dieser Studie gemäß dem mathematisch-metereologischen Modell der TA-Luft i. d. F. v. 23.02.1983 errechnet.

Tab. 21: Anteil der Emissionen an den örtlichen Immissionen nach Emittentengruppen-bedingt durch die Emissionsquellhöhe- Quelle: TÜV-SAARLAND (1980) berechnet nach Werten der S. 12 bis 14

	Regionaler Emissionsanteil %				Regionaler Immisionsanteil %			
Stoff	Industrie	Verkehr	Hausbrand	Insgesamt	Industrie	Verkehr	Hausbrand	Insgesamt
SO_2	94,2 %	0,3%	5,5%	100%	33%	4%	63%	100%
NO_2	88,5%	8,5%	3,0%	100%	16%	64%	20%	100%

Es zeigt sich auch hier, daß die regionalen Kfz-, Haushalts- und Kleingewerbeemissionen bei SO_2 und NO_2 mit weit über 30 - 84 % an den örtlichen Immissionskonzentrationen beteiligt sind, obwohl der Emissionsanteil nur 6 - 9 % an den Gesamtemissionen der einzelnen Schadstoffe beträgt.

Für regional-räumliche Analysen im Zusammenhang mit Gesundheitsschäden durch Luftverunreinigungen ist dementsprechend nicht die Gesamtemissionsmenge, sondern die immissionsrelevante Emissionsmenge der Einzelemittenten zur Analyse heranzuziehen. Bei stark städtisch geprägten Gebieten sind dies die Verkehrs- und Hausbrandemissionen sowie in ländlichen Gebieten die Gesamtemissionen durch die geringere Emissionsquellhöhe in diesen Gebieten.

1.2.3 Regionale Verteilung der Schadstoffe

Es soll hier geprüft werden, inwieweit sich aus dem bestehenden Emissionsdatenmaterial unter Einbeziehung der o. g. Quellhöhenanalyse und dementsprechend der jeweiligen Immissionsrelevanz der Emissionsmengen regional-räumliche Strukturen aufzeigen lassen. Es sollen dabei zunächst erst die Echtwerte interpretiert werden (Ansatz A), bevor in der Zusammenfassung die Indexauflösung zur Korrelationsberechnung zusätzlich nach dem Ansatz B vorgenommen wird.

Das UMWELTBUNDESAMT errechnete für das Gebiet Bundesrepublik Deutschland auf der Grundlage der Emissionsverursacher ein Emissionspotential für die Komponenten Schwefeldioxid und Stickstoffoxid. Zur Ermittlung der Emissionen von Kraftwerken und Industrieanlagen wurde die Energiestatistik "Produktion im produzierenden Gewerbe" herangezogen. Bei den Kraftwerks- und Industrieanlagen konnte der überwiegende Teil standortgetreu lokalisiert und der Rest näherungsweise auf die Industriestandorte der entsprechenden Kreise aufgeteilt werden. Für die Haushalte und Kleinverbraucher wurde eine näherungsweise Verteilung auf Kreisebene erzielt. Auch beim Verkehrssektor wurden Linienquellen, speziell Autobahnen sowie die restlichen Innerorts- und Außerortsstraßen flächig erfaßt und näherungsweise den Kreisen zugerechnet.

Diese errechneten Werte wurden anschließend zu Rasterflächen zusammengefügt, wobei die Berechnung der Jahresemissionen mittels Emissionsfaktoren (vgl. UMWELTBUNDESAMT (1986) S. 235) erfolgte.

Diese detaillierte Datengrundlage, die in der Datenbank Emissionsursachenkataster (EMUKAT) des UMWELTBUNDESAMTES gespeichert ist, wurde für diese Studie herangezogen.
Auf dieser Grundlage konnte für das gesamte Untersuchungsgebiet "Bundesrepublik Deutschland" eine Emissionsauswertung im Raster 10 x 10 km^2 erfolgen. Die Emissionsauswertung nach Emittentengruppen - unter Berücksichtigung der Quellhöhe - ermöglichte eine näherungsweise Berechnung des Immissionspotentials. Diesbezüglich wurden Haushalts-, Kleinverbraucher- sowie Verkehrsemissionen mit ihrer direkten Immissionsrelevanz in Bezug zum Gesamtemissionsaufkommen ausgewertet.

Für die ländlichen Gebiete (ländliches Umland der Region mit Verdichtungsräumen, Verdichtungsansätzen sowie ländlich geprägte Regionen kann auf der Grundlage der Quellhöhenanalyse angenommen werden, daß annähernd alle Emissionen sich im Kreisgebiet immissionsrelevant auswirken. Die bestehenden Industrie- und Kraftwerksanlagen haben in diesen Gebieten (Abb. 11) aufgrund ihresEmissionspotentials Größe nur eine geringe Schornsteinhöhe.

In den Ballungsräumen ist die Gefahr einer ungenauen Immissionsberechnung auf der Grundlage der Emissionswerte sehr viel größer, da die Schornsteinhöhe der Industrie- und Kraftwerksanlagen sehr unterschiedlich sein kann (vgl. Kapitel IV 1.2.2. "Emissionsquellhöhe"). Es stehen für diese Gebiete jedoch ausreichend Immissionsdaten zur Verfügung, so daß eine Analyse der Emissions-Immissionsrelevanz nicht zwingend notwendig wird.

Die Emissionen der einzelnen Emittentengruppen sind im folgenden dargestellt. Die Kohlenmonoxidemissionen wurden über den Indikator KFZ-Bestand pro km^2 in die Analyse mit einbezogen.

Für die anderen Schadstoffkomponenten bestehen keine ausreichenden Datengrundlagen. Allerdings kann die Staubbelastung anhand der bestehenden Immissionswerte in Relation annähernd berechnet werden, worauf in Kapitel IV 1.3 "Immissionsanalyse" näher eingegangen wird.

Die Belastungsgebiete in Nordrhein-Westfalen, Hessen und Baden-Württemberg zeigen erwartungsgemäß die höchsten Emissionen (Karte 3). Sehr deutlich werden in dieser Rasterdarstellung die Emissionsschwerpunkte. Allein in 11 Gebieten der Größe 10 x 10 km^2 liegen die SO_2-Emissionen bei 24.691 - 248.060 t/Jahr und in weiteren 24 Gebieten der Größe 10 x 10 km^2 bei 4.531 - 24.690 t/Jahr. Bei den Emissionsschwerpunkten, die in Karte 3 deutlich sichtbar sind, handelt es sich insbesondere um größere Industrie- und Kraftwerksemissionen, die, wie unter Punkt 1.2.1 bereits dargelegt, einen Anteil von 27 % (Industrieemissionsanteil) bzw. 59 % (Kraftwerksemissionsanteil) an den Gesamtemissionen aufweisen.

Die Emissionsschwerpunkte im Raum Gelsenkirchen, Essen, Duisburg und im Saarland sind überwiegend durch die dortigen Stein- und Braunkohlenkraftwerke aber auch mit durch die Schwerindustrie bedingt. Im Raum Köln hat die dort abgebaute und zur Energieerzeugung genutzte SO_2-haltige Braunkohle einen bedeutenden Anteil an den Schwefeldioxidemissionsmengen.

Der nördlichste SO_2-Emissionsschwerpunkt ist durch das Steinkohlenkraftwerk Ibbenbüren bedingt. Die zwei Schwefeldioxidemissionsschwerpunkte zwischen Frankfurt und Kassel sind auf die Punktemissionsquellen der Braunkohlenkraftwerke bei Borken und Wölfersheim zurückzuführen. Die Hausbrand- und Kleinverbraucheremissionen tragen mit ihrem Anteil von 10 % an den Gesamtemissionen 1980 (vgl. Kapitel 1.2.1) zur flächenmäßigen Emissionsbelastung mit hoher Immissionsrelevanz bei. Der Akkumulationsraum Rheinschiene, Ruhrgebiet, Frankfurt, Mannheim und Kassel weisen Emissionen pro 10 x 10 km² (100 km^2) bis zu 4.530 t auf. Die Schwefeldioxidemissionen des Verkehrs liegen unter 832 t/100 km^2.

Für das französische Untersuchungsgebiet liegen detaillierte Emissionsberechnungen von der CITEPA (1986) vor. Es handelt sich bei der CITEPA um eine halbstaatliche Behörde, die mit den hiesigen TÜV-Organisationen vergleichbar ist. Da die CITEPA im Auftrag der Industrie diese Emissionsberechnungen durchführt, gleichzeitig aber auch dem französischen Umweltministerium (Ministére de le Environnement) unterstellt ist, kann von einer objektiven Emissionsberechnung ausgegangen werden. Die CITEPA erstellte jedoch nur Emissionsberechnungen für die Stoffkomponenten Schwefeldioxid und Stickoxid.

Bei den Schwefeldioxidemissionen (Karte 4) wies 1981 Paris mit 23.600 t SO_2/100 km^2 sowie das Departement Val de Marne mit 22.600 t SO_2/100 km^2 die höchsten Emissionen in dem Untersuchungsgebiet Il de France auf. Die Departements Hauts de Seine (13.100 t SO_2/100 km^2) und Seine St Denis (15.300 t/100km^2), die noch im engeren Einzugsbereich von Paris liegen sowie das Departement Ivelines (5.100 t SO_2/100 km^2) weisen bereits geringere SO_2-Emissionen auf.
In den Departements Val d Oise, Essonne und Seine et Marne wurden hingegen Emissionsmengen zwischen 690 - 2.490 t SO_2/100 km^2 und Jahr emittiert.

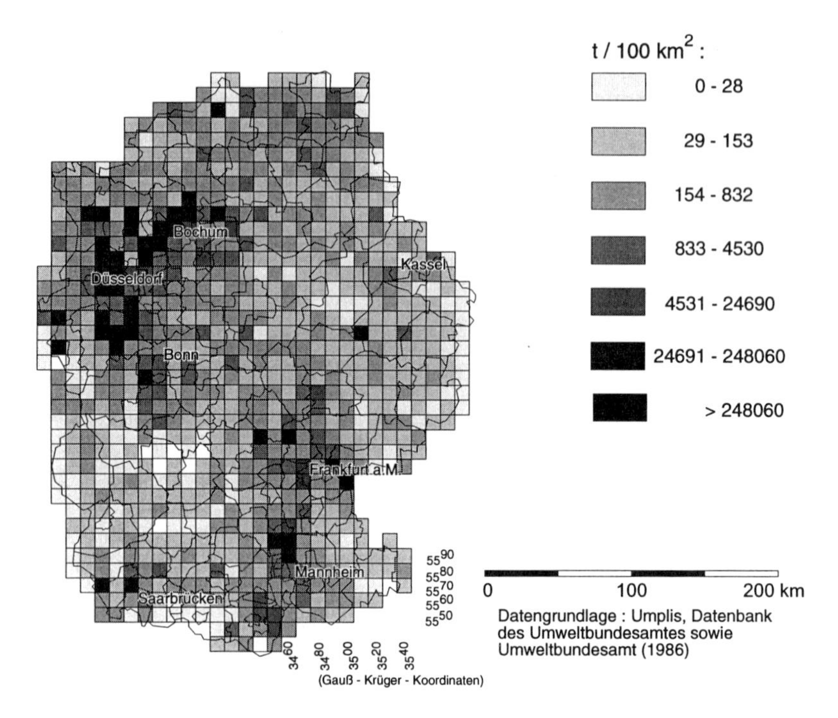

Karte 3: Schwefeldioxid-Emissionen. Alle Emittengruppen 1980. Untersuchungsgebiet Bundesrepublik Deutschland

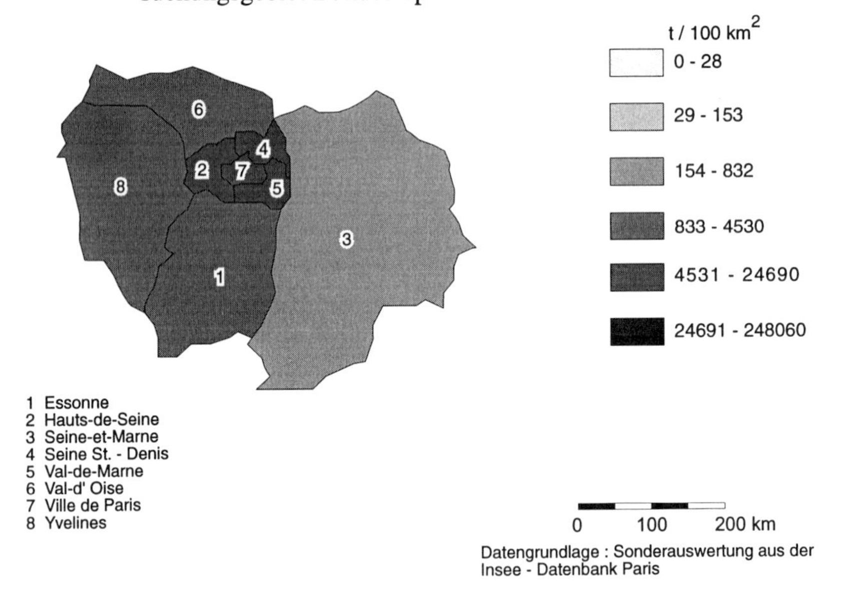

Karte 4: Schwefeldioxid-Emissionen Alle Emittengruppen 1980. Untersuchungsgebiet Frankreich

Bei den Stickoxidemissionen (Karte 5) ist eine deutlich flächigere Emissionsstruktur zu erkennen.

In 49 Rasterflächen (10 x 10 km^2) liegen die NO_2-Emissionen bei 5.873 - 93.460 t/Jahr. Allerdings lagen die Gesamtstickoxidemissionsmengen gegenüber den Schwefeldioxidemissionen etwas niedriger. Wie bei den Schwefeldioxidemissionen sind aber auch die Stickoxidemissionen in den Rasterflächen mit den höchsten Anteilen schwerpunktmäßig durch Industrie- und Kraftwerksstandorte geprägt, obwohl ihr Anteil an den Gesamtemissionen 1980 nur bei 40 % (27 % Kraftwerks- und Fernheizwerksemissionen, 13 % Industrieemissionen) lag (vgl. Kapitel 1.2.1).

Der Hauptstickoxidemittent, die Kraftfahrzeugemissionen mit 54 % Anteil an den Gesamtstickoxidemissionen 1980 bewirken hingegen die starke flächenmäßige Emissionsbelastung, die eine sehr hohe Immissionsrelevanz durch die geringe Quellhöhe aufweist. 11.651 t/100 km^2 Stickoxide werden verkehrsbedingt emittiert.

Die Akkumulationsräume Rheinschiene, Ruhrgebiet, Frankfurt, Mannheim, Kassel und Saarbrücken zeigen erwartungsgemäß durch das hohe Kraftfahrzeugaufkommen die höchsten Emissionsanteile pro 100 km^2.
Auf eine graphische Darstellung der Hausbrandemissionen mit maximalen Emissionsmengen von 2.107 t/100 km^2 NO_2 wurde hier verzichtet, da die räumliche Verteilung in etwa der der Gesamtstickoxidemissionsstruktur entspricht.

Für das französische Untersuchungsgebiet liegen Stickoxidemissionswerte (Karte 6), wie bereits erwähnt, von der CITEPA vor. Bei den Stickoxidemissionen im französischen Untersuchungsgebiet sieht die Emissionssituation ähnlich aus wie bei den Schwefeldioxidemissionen, wobei die Emissionsmengen in den Gebieten mit hohen Emissionen bezüglich NO_2 etwas höher ausfallen.

Bei den Stickoxidemissionen weist Paris (37.700 t NO_2/100 km^2) sowie das Departement Hauts de Seine (16.100 t/100 km^2) die höchsten Emis sionen, gefolgt von den Departements Seine St Denis (12.000 t NO_2/100 km^2) und Val de Marne (13.800 t NO_2/100 km^2) auf.
Die im weiteren Umland von Paris liegenden Departements weisen geringere Emissionen an Stickoxiden (690 - 2.060 t NO_2/100 km^2) auf (Karte 6).

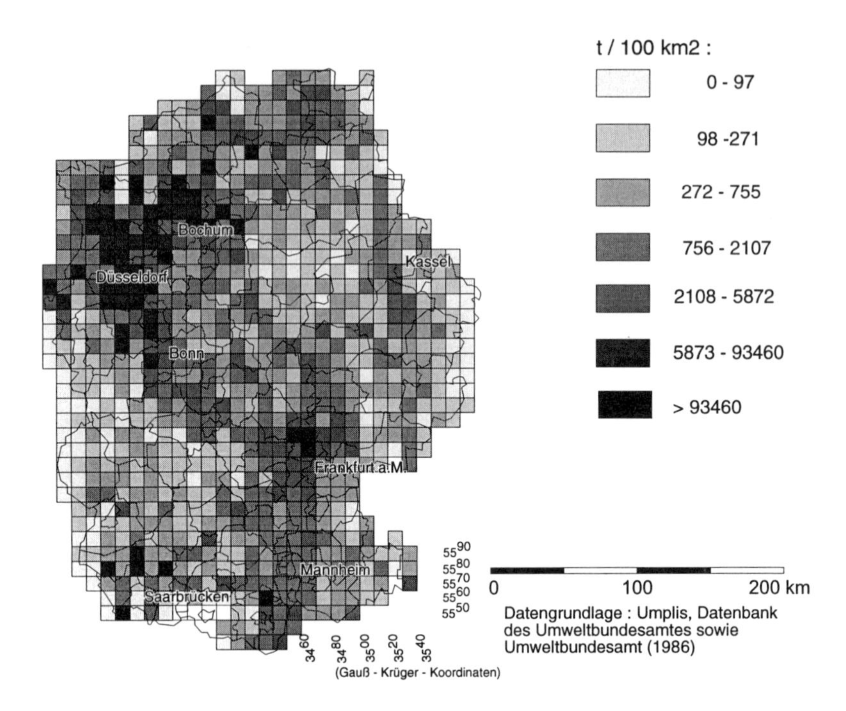

Karte 5: Stickstoffdioxid-Emissionen Alle Emittengruppen 1980 Untersuchungsgebiet Bundesrepublik Deutschland

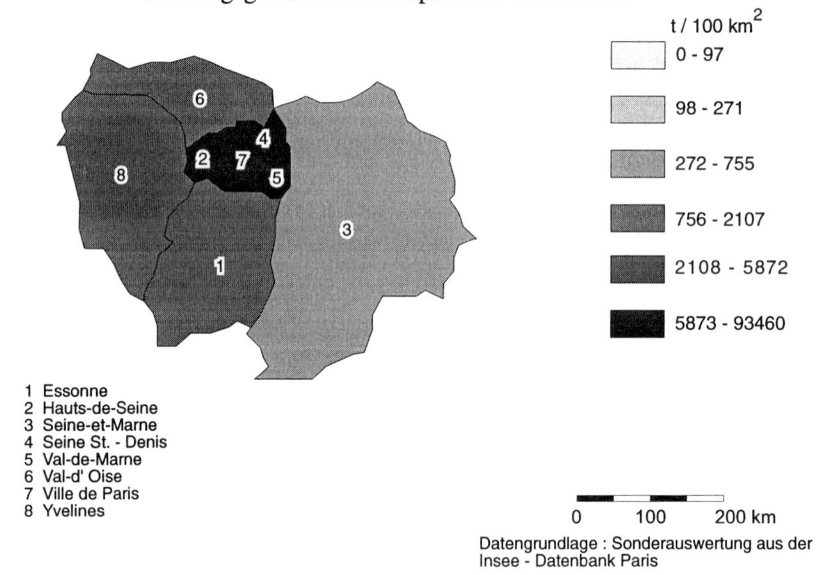

Karte 6: Stickstoffdioxid-Emissionen Alle Emittengruppen 1980 Untersuchungsgebiet Frankreich

Die Kohlenmonoxidemissionen, die 1980 zu 59 % durch Kraftfahrzeuge, zu 22 % durch Hausbrand und Kleinverbraucher und zu 90 % durch Industrie und Kraftwerke emittiert worden sind, konnten, da für das französische Untersuchungsgebiet keine ausreichende Datengrundlage durch die CITEPA zur Verfügung stand, nicht wie die Schwefeldioxid- und Stickoxidemissionsbelastung direkt mit einbezogen werden.

Der Haupt-CO-Emittent -der Kraftfahrzeugverkehr- ,der insbesondere auch in bezug auf polyzyklische aromatische Kohlenwasserstoffe u.a. nachweislich gesundheitsschädliche Luftschadstoffe (Benz(a)pyren u. a.) einen besonders hohen immissionsrelevanten Stellenwert besitzt, wurde in dieser Studie als Indikator herangezogen. Dieser Indikator (Kraftfahrzeuge/km^2) stellt einen Summenparameter für alle kraftfahrzeugtypischen Emissionsparameter dar, die auch meßtechnisch im Untersuchungsgebiet der Bundesrepublik Deutschland nicht flächenmäßig erfaßt werden.

Insbesondere in innerstädtischen Bereichen (Straßenschluchten, Parkhäusern, Tunnel) können zum Teil extrem hohe Immissionsbelastungen durch diese kraftfahrzeugtypischen Emissionen auftreten, denen Anwohner das ganze Jahr über und nicht nur bei Inversionswetterlagen ausgesetzt sind.

Die höchste Kraftfahrzeugdichte ist mit 1.374 Kraftfahrzeugen/km^2 in Herne aber auch in Frankfurt am Main (1.250 Kfz/km^2), Mannheim (1.035 Kfz/km^2), Düsseldorf (1.296 Kfz/km^2), Bochum (1.269 Kfz/km^2) sowie in den übrigen Akkumulationsräumen zu verzeichnen.
In den ländlichen Regionen liegen die Kraftfahrzeugmengen pro km^2 deutlich niedriger. Die niedrigsten Kraftfahrzeugdichten wurden mit 48 Kfz/km^2 im Untersuchungsgebiet der Bundesrepublik Deutschland in Waldeck-Franken, in Daun (36 Kfz/km^2) und insbesondere in Bitburg-Prüm (32 Kfz/km^2) festgestellt.

Der Medianwert liegt im Untersuchungsgebiet Bundesrepublik Deutschland bei 439 Kfz/km^2. Auf der Karte 1 wurde ebenfalls,nach einer Rangfolgensortierung nach dem Ansatz B eine kartographische Auswertung vorgenommen.
Für das französische Untersuchungsgebiet, für das keine Kohlenmonoxidemissionsmengen von der CITEPA erhoben werden, wurde entsprechend verfahren. Auch hier wurde der Kfz-Bestand in den Departements zur Berücksichtigung der Kfz-typischen Immissionen herangezogen. Es zeigt sich, daß Paris das höchste Kfz-Aufkommen (8.422 Kfz/km^2), gefolgt von den nahen Umlanddepartements Seine St Denis (2.314 Kfz/km^2), Val de Marne (2.122 Kfz/km^2), und Hauts de Seine (3.712 Kfz/km^2) aufweist. Die Departements Val d Oise, Ivelines und Essonne liegen bei den Kfz-Beständen respektive Kfz-spezifischen Emissionen etwas höher als das Departement Seine et Marne mit einem Kfz-Bestand unter 65 Kfz/km^2. Generell bleibt festzuhalten, daß die Schadstoffbelastung vom Zentrum Paris aus nach außen ins Umland hin immer mehr abnimmt, wobei das De-

partement Seine et Marne die geringste Emissionsbelastung durch Kfz-Verkehr aufweist.

Als zusätzlicher Bewertungsparameter wurden für die Schwermetallemissionen in den Kreisen die Anzahl der Betriebe mit Schwermetallemissionen hinzugezogen. Flächendeckende Aussagen über Schwermetallemissionen sind für das Untersuchungsgebiet ansonsten nicht machbar. Ein flächendeckendes Standortverzeichnis der genehmigungsbedürftigen und allerdings schwermetallemittierenden Anlagen existiert. Eine räumliche Verteilung der schwermetallrelevanten Betriebe kann zwar keine qualitativen respektive quantitativen Angaben zulassen, ermöglicht aber zumindest näherungsweise Emissionsaussagen.

Der VDI (Verein Deutscher Ingenieure) erstellte im Auftrag des BUNDESMINISTER DES INNEREN und des UMWELTBUNDESAMTES (FE-Vorhaben 10403/186) in Zusammenarbeit mit dem INSTITUT FÜR WIRTSCHAFTSGEOGRAPHIE ein Kataster der schwermetallrelevanten Wirtschaftszweige in der Bundesrepublik Deutschland. Grundlage bildeten die Landesstatistiken im Bergbau und verarbeitenden Gewerbe, die für die Kreise und kreisfreien Städte ausgewertet wurden. Berücksichtigt wurde für diese Studie nur die kumulative Darstellung aller schwermetallemittierenden Betriebe, da eine Einzelbewertung nur zu einer geringeren Näherung führen würde, da die Größe der Anlage, eingesetzte Produktionsstoffe, Emissionsquellhöhe usw. nicht detailliert mit erfaßt wurden. Die kumulative Darstellung umfaßt folgende Wirtschaftszweige:

Ledererzeugung, Glasherstellung, Fliesen, Keramik, Kacheln, Ton, Porzellan, Steingut, Ton- und Töpferwaren, Herstellung von chemischen Erzeugnissen, Batterien, Akkumulatoren, Stahlverformung, Oberflächenveredelung, Gießereien, Schmelzwerke-Hüttenwerke-Salzwerke, Ziegeleien, Herstellung von Kalk, Mörtel, Gips, Zement und Metallerzbergbau.[16]

Die nachfolgende Karte (Karte 7) veranschaulicht die räumliche Verteilung der Betriebe. Deutlich ist die Konzentration im gesamten Ruhrgebiet sowie der Rheinschiene, dem Großraum Aachen und im Raum Frankfurt und Mannheim-Ludwigshafen zu erkennen. Rheinland-Pfalz, das Saarland sowie die nord-nordöstlichen Kreise im Untersuchungsgebiet weisen hingegen nur eine geringe Konzentration von schwermetallemittierenden Betrieben auf.

Diese Form der Darstellung, die nicht von den Emissionsmengen und der Betriebsgröße ausgeht, führt gerade im Falle des Saarlandes zu einer etwas verfälschlichten Darstellung, da sich in diesem Gebiet wenige aber dafür große Betriebe mit hohen Schwermetallemissionen befinden. In der Ge-

[16] vgl. VEREIN DEUTSCHER INGENIEURE (1984), "Ermittlung, Bewertung und Beurteilung der Emissionen und Immissionen umweltgefährdender Schwermetalle und weiterer persistenter Stoffe", S. 1 bis 48).

samtbeurteilung wird - um diese Fehlerquelle etwas zu korrigieren - der Kreis Saarbrücken, Neunkirchen und Saarlouis (Belastungsschwerpunkte) gleichgestellt mit Gebieten wie Bochum, Aachen und Essen.

Eine Berücksichtigung in der Korrelationsanalyse ist durch die gegebene - bereits aggregierte - Datengrundlage nach dem Ansatz B nicht durchführbar. Dieser Parameter konnte dementsprechend nicht nach dem Ansatz B in die Gesamtananlyse mit einbezogen werden.

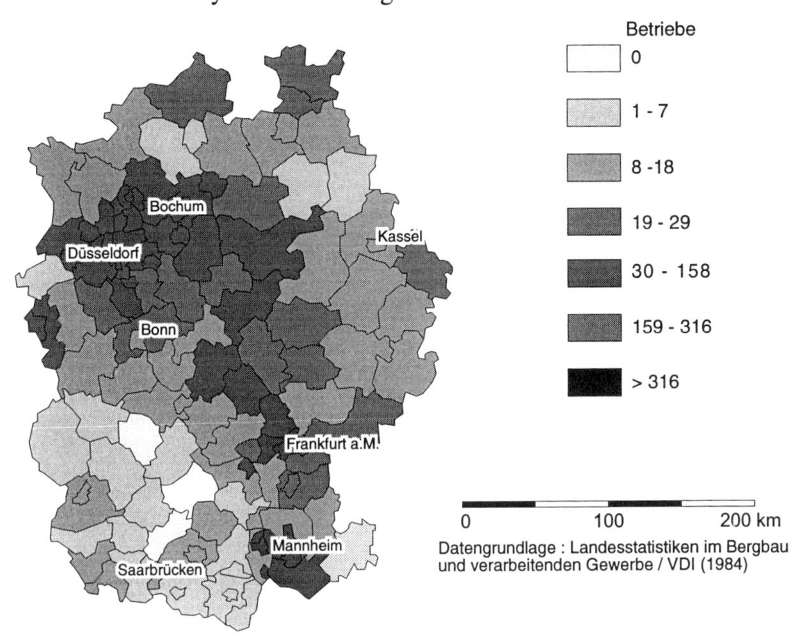

Karte 7: Betriebe mit Schwermetallemissionen (1980). Untersuchungsgebiet Bundesrepublik Deutschland

1.3 Immissionsanalyse

Da die Emissionsdatengrundlage nicht für alle Hauptluftschadstoffe ausreichend ist und auch eine Übertragbarkeit auf die regionalörtliche Immissionsituation nur näherungsweise möglich ist, soll im folgenden die Luftschadstoff-Immissionsdatenbasis auf ihre Verwendbarkeit überprüft werden. Regional räumliche Strukturen sollen soweit wie möglich - zunächst nach dem Ansatz A mit der Diskussion der Echtwerte - herausgearbeitet werden. Erst in der Zusammenfassung soll der Ansatz B mit zur Anwendung kommen.
Datengrundlage für die Bewertung der Immissionssituation in der Bundesrepublik Deutschland bezüglich Luftschadstoffen bilden die Vielkomponenten-Luftmeßstationen der berücksichtigten fünf Bundesländer. Diese Vielkomponenten-Luftmeßwerte werden mit vergleichbaren Meßverfahren

erhoben. Die flächendeckende Darstellung wurde mittels des Interpolationsverfahrens (IDW = Inverse Distance Weighting) vorgenommen. In den ländlichen Bereichen wurden auch Meßwerte des Umweltbundesamtes, welches eigene Meßstationen unterhält, ergänzend hinzugezogen, da die Ländermeßwerte in diesen Bereichen zum Teil noch recht lückenhaft sind.

Für die französischen Untersuchungsgebiete wurden die Immissionswerte der Association Interdépartementale pour la Gestion du Réseau (AIRPARIF) herangezogen. Die Polizeipräfektur und das Hygienelaboratorium der Stadt Paris betreuen innerhalb dieses Meßnetzes eine Reihe von wieteren Stationen. Das Zentrallaboratorium der Polizeipräfektur überwacht schwerpunktmäßig die Kohlenmonoxidmeßstationen innerhalb des Stadtgebietes von Paris. Das AIRPARIF-Meßnetz mit seinen Multikomponenten-Meßstationen wird vom Amt für Luftqualität (Agence pour la Qualité de l'Air) mit betreut. [17]

Um die Luftschadstoffimmissions-Situation in den einzelnen Jahren des Untersuchungszeitraumes mit bewerten zu können, wurden die Meßwerte der Einzeljahre 1979 bis 1986 herangezogen. Bei der Betrachtung der Immissionsentwicklung wurden für die Bundesrepublik Deutschland die Immissionswerte der Belastungsgebiete pro Gebiet zusammengefaßt und gemittelt. Durch diese Mittelung wurden extreme Belastungsschwerpunkte innerhalb dieser Belastungsgebiete nivelliert, was in dieser Betrachtung jedoch aufgrund der Gebietszusammensetzung nicht ins Gewicht fällt. Es sollte vielmehr die Struktur in den Belastungsgebieten untereinander verglichen werden, wobei für die Betrachtung der Bundesrepublik Deutschland zusätzlich die Station Deuselbach (Umweltbundesamt-Meßstation) als Referenz- Meßstelle herangezogen wurde.
Für die französische Immissionsanalyse wurden die bereits auf Departementebene gemittelten Immissionswerte (AIRPARIF) herangezogen. Hierzu ist anzumerken, daß es sich nicht bei allen Departements um Belastungsgebiete im Sinne der berücksichtigten deutschen Untersuchungsgebiete handelt. Als Belastungsgebiet ist aufgrund der Emissions- und Immissionswerte vielmehr nur Paris sowie die unmittelbar angrenzenden Departements Hauts de Seine und Seine St Denis anzusehen.

1.3.1 Schwefeldioxid (SO_2)

Für das Untersuchungsgebiet Bundesrepublik Deutschland können unter Zugrundelegung der Meßwerte 1979 - 1986 keine Trendaussagen zur Immissionsentwicklung gemacht werden. Die Immissionswerte in den einzelnen Jahren können je nach Witterungsverlauf schwanken.

---

[17] Vergleich ausführliche Ausführungen über die französischen Luftmeßnetze in LEYGONIE, R./DELANDRE J. R. (1987) "Die Meßnetze zur Erfassung der Außenluftverunreinigungen in Frankreich" Staub, Reinhaltung Luft 47, S. 88 bis 93).

Die Station Deuselbach des Umweltbundesamtes, die weit entfernt von großen Industrie- und Ballungsräumen liegt, zeigt relativ konstante Immissionswerte. In den höher belasteten Gebieten ist eine Grundbelastung - im Bereich um 20 bis 30 µg/m^3 SO_2 festzustellen (Karte 8).

Vergleicht man die hoch belasteten Gebiete untereinander, so ist festzustellen, daß das Gebiet Mannheim-Ludwigshafen 1979 mit 110 µg/m^3 SO_2 die höchste Immissionsbelastung bezüglich dieser Stoffe aufwies. Die anderen Belastungsgebiete wiesen in diesem Jahr SO_2-Immissionswerte um 80 µg/m^3 auf. Die SO_2-Immissionswerte bewegen sich in den übrigen Belastungsgebieten im Bereich um 50 µg/m^3. Die Belastungsgebiete Ruhrgebiet-West, -Mitte, -Ost lagen mit Werten um 60 µg/m^3 etwas höher.
Bei der Betrachtung der flächenmäßigen ermittelten Verteilung (Karte 8) der SO_2-Immissionswerte, die mit Hilfe des Interpolationsverfahrens "Inverse Distance Weighting (IDW)", weisen die Belastungsgebiete Ruhrgebiet und der Raum Kassel die höchsten Immissionswerte auf. Die höchsten Immissionswerte erreichte der Kreis Bottrop mit 85 µg/m^3 SO_2, dicht gefolgt von Gelsenkirchen (77 µg/ m^3) Frankfurt/Main (63 µm/ m^2) sowie Herne und Kassel mit je 61 µg/m^3. Die mittlere SO_2-Belastung der Gebiete Saarbrücken-Völklingen (Saarlouis = 60 µg/m^3) und Mannheim (51 µg/m^3) ist nicht ganz so hoch. Das Gebiet von Saarbrücken-Völklingen und insbesondere auch das von Mannheim-Ludwigshafen hatte, da nur für die Jahre 1983 bis 1985 näherungsweise flächendeckende Immissionswerte zur Verfügung stehen, in den Jahren zuvor jedoch eine deutlich höhere SO_2-Immissionsbelastung auf. Das Gebiet von Kassel weist durch eine SO_2-Immissionsbelastungsspitze speziell im Jahre 1985 [18] durch überwiegend allochthone Luftschadstoffe aus den Belastungsräumen der ehemaligen DDR eine überhöhte SO_2-Belastung auf. Belastungen um 50 µg/m^3 weist das Gebiet von Rheinland-Pfalz in der Rheinebene, das Maintal, die Rheinschiene, der Bereich Wetzlar sowie das Gebiet westlich von Kassel auf. Die Gebiete im weiteren Umfeld der Belastungsgebiete weisen eine SO_2-Immissionsbelastung im Bereich um 40 µg/m^3 auf. Nur das Gebiet Bernkastel-Wittlich/Cochen Zell liegt mit einer SO_2-Immissionsbelastung von 20 bis 30 µg/m^3 um 50 % unter den Werten der Belastungsgebiete.
Um eine noch bessere Aufgliederung der Belastung durch SO_2 zu ermöglichen, wurden die maximalen Immissionswerte (IW2- Werte = 95 Perzentil-Werte) mit herangezogen. Die Werte wurden nicht flächenmäßig dargestellt, da diese nur in Belastungsschwerpunktgebieten erhoben werden. Es ist jedoch davon auszugehen, daß die anderen Gebiete, in denen keine maximalen Immissionswerte erhoben werden, eine wesentlich geringere Belastung als diese aufweisen müssen. Gemäß 43 Bundes-Immissionsschutzgesetz hätten diese Gebiete ansonsten auch als Belastungsgebiet ausgewiesen werden müssen.

---

[18] Smog-Periode im Januar 1985: Tagesmittel während der Smog-Periode an einer Meßstation in Kassel 787 µg/m^3 (vgl. BRUCKMANN et al. (1986) "Die Smog-Periode im Januar 1985" Staub, Reinhaltung Luft 46, S. 336 - 342

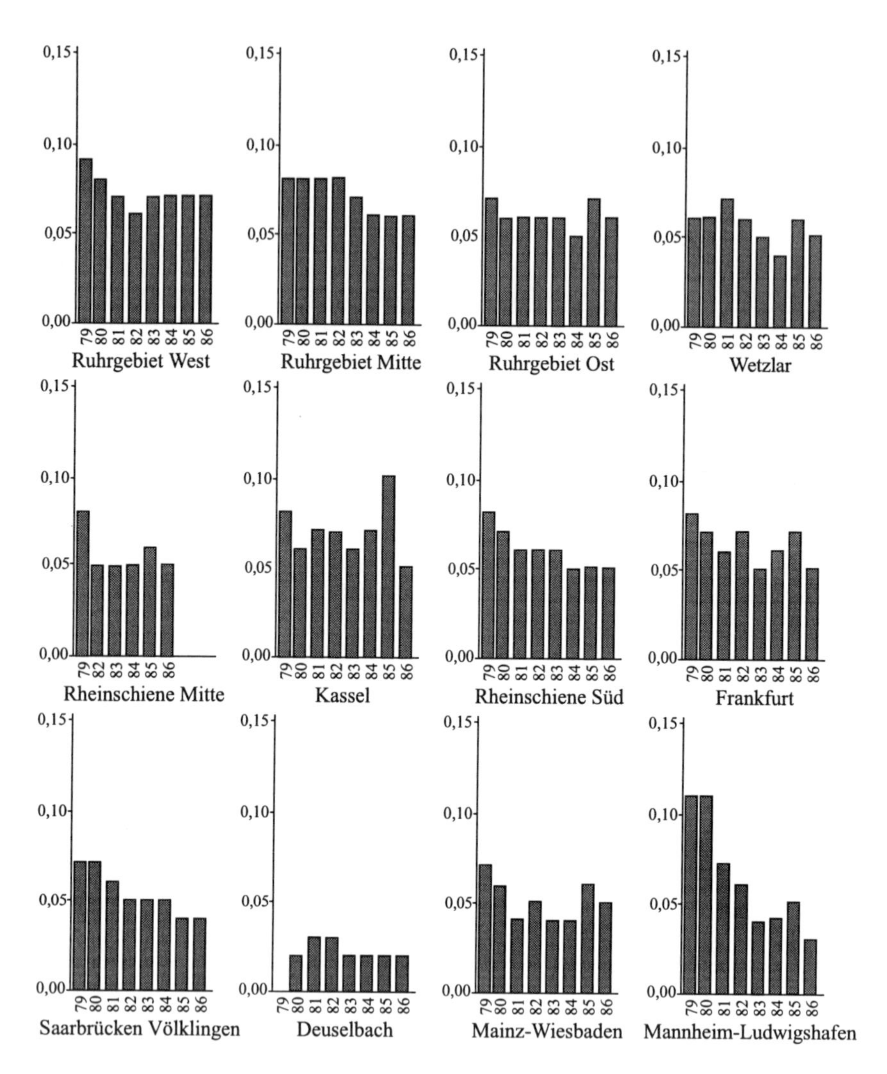

Karte 8: SO_2-Immissionsentwicklung. Jahresmittelwerte 1979-1986. Quelle: LIS „Themes Jahresbericht", LIS (1982) S. 109-117, MAGS (1985) S.94-101, MAGS Saarland (1984) S. 4, MU-Saarland „Immesa-Halbjahresbericht", LFU-Rhl.-Pf. „Zimen-Monatsberichte", LFU-Hessen und Bdn.-Wrtb. „Lufthygien. Monatsberichte, UBA" Sonderdruck aus der Limbadatenbank. Angaben in mg/m2 und Jahr

Beim Vergleich dieser Maximalwerte zeigte sich, daß die höchsten Drei-Jahres-Maximalwerte (1979 - 1981) in Kassel (386 $\mu g/m^3$), Frankfurt/Main und Giesen (268 mg/m^3) sowie im Kreis Limburg-Weilburg (271 $\mu g/m^3$) auftraten. Die Belastungsschwerpunkte im Ruhrgebiet hatten hingegen etwas niedrigere Werte (Bottrop = 254 $\mu g/m^3$, Gelsenkirchen = 221 $\mu g/m^3$, Duisburg = 212 $\mu g/m^3$, Mühlheim = 219 $\mu g/m^3$, Herne = 206 $\mu g/m^3$, Krefeld = 203 $\mu g/m^3$). Die anderen höher belasteten Regionen wiesen

Werte zwischen 120 bis 200 µg/ m^3 -in den Spitzenzeiten- auf. Die Waldmeßstation wies trotz ihrer hohen Entfernung zu größeren Emissionsquellen noch IW2- Werte um 60 µg/m^3 auf.

Auch in den französischen Untersuchungsgebieten (Karte 9) ist eine tendenzielle Abnahme der SO_2-Immissionsbelastung von 30 µg/m^3 (IW1-Wert) im Zeitraum 1979 bis 1986 festzustellen. Die hoch belasteten Gebiete (Paris, Hauts de Seine, Seine St Denis) weisen eine vergleichbare Immissionsbelastung wie die Belastungsgebiete in der Bundesrepublik Deutschland auf. Die SO_2-Immissionswerte lagen in diesem Gebiet 1979 im Bereich um 90 µg/m^3 und sind auf 50 µg/m^3 (1986) zurückgegangen.

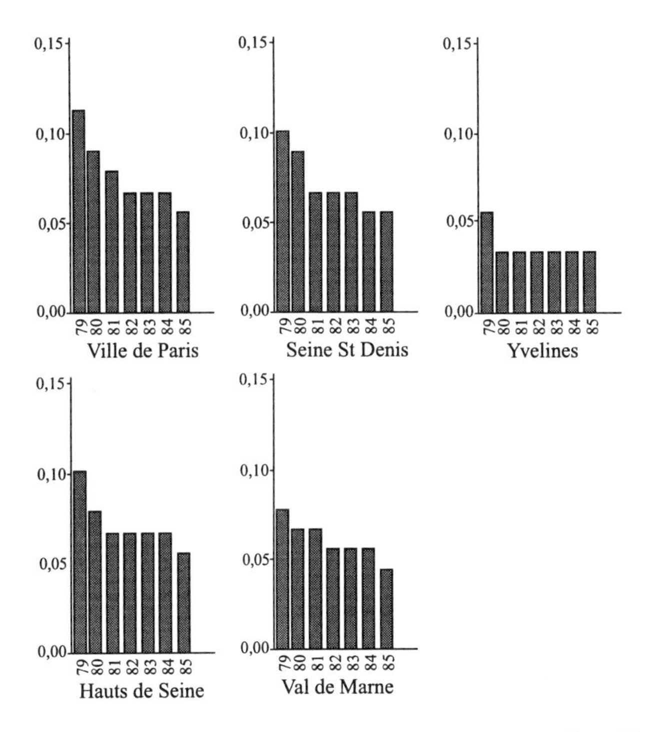

Karte 9: SO_2-Immissionen. Untersuchungsgebiet Frankreich. Quelle: CIPETA (1986) S.3-6 sowie Meßwerte der Vikolum-Stationen von AIRPARIF. Angaben in mg/m2 und Jahr

Das Departement Val de Marne liegt mit SO_2-Immissionswerten um 40 µg/m^3 (1986) etwas niedriger. Die SO_2-Immissionswerte vom Departe ment Ivelines sind mit Werten um 20 µg/m^3 annähernd vergleichbar mit der Meßstation Deuselbach in der Bundesrepublik Deutschland.

1.3.2 Stickstoffdioxid (NO_2)
Die höchste NO_2-Immissionsbelastung mit Werten um 60 µg/m^3 wurden in den Gebieten (Karte 10) Rheinschiene-Süd/-Mitte, Mannheim-Ludwigshafen, Mainz-Wiesbaden sowie in jüngster Zeit auch Frankfurt/Main gemessen. Das Ruhrgebiet hat eine NO_2-Immissionsbelastung um 50 µg/m^3, dicht gefolgt von den Gebieten Wetzlar und Kassel mit NO_2-Werten um 40 µg/m^3.

Die Referenz -Meßstelle Station Deuselbach weist Werte um 10 µg/m^3 auf.

Für das Untersuchungsgebiet Deutschland zeigen die wiederum mit Hilfe des Interpolationsverfahrens IDW ermittelten NO_2-Immissionswerte, daß die Schwerpunkte der NO_2-Belastung die Gebiete Mannheim-Ludwigshafen (79 µg/m^3), und Mainz-Wiesbaden (62 µg/m^3) darstellen, gefolgt von dem gesamten Rheinruhrgebiet (Leverkusen 58 µg/m^3), Gelsenkirchen (53 µg/m^3), Bottrop, Duisburg (51 µg/m^3) und Düsseldorf (52 µg/m^3)).

Die Belastungsregion Kassel ist mit einer Stickoxidimmissionsbelastung von 38 µg/m^3 im Verhältnis zur SO_2-Immissionsbelastung deutlich geringer belastet. Der Unterschied zwischen belasteten und relativ unbelasteten Gebieten ist zudem wesentlich größer. So liegen die Gebiete in den ländlichen Bereichen von Rheinland-Pfalz (Altenkirchen = 14 µg/m^3) und Hessen um 20 µg/m^3, im grenznahen Raum zu Frankreich sogar im Bereich um 10 µg/m^3 NO_2.

Bei den 95-Perzentilwerten, die nicht extra graphisch dargestellt wurden, lagen die höher belasteten Gebiete in Nordrhein-Westfalen fast alle im Bereich um 90 bis 100 µg/m^3. Die hessischen Gebiete weisen aber im Vergleich zu mittleren Belastungen höhere 95- Perzentilwerte (Frankfurt-Main = 188 µg/m^3, Offenbach-Main = 180 µg/m^3, Wiesbaden = 150 µg/m^3) auf. Die 95-Perzentilwerte liegen in den Meßstationen des Umweltbundesamtes im Bereich um 40 µg/m^3 (Altenkirchen = 32 µg/m^3, Birkenfeld = 57 µg/m^3, Kusel = 51 µg/m^3).

Für das französische Untersuchungsgebiet stehen keine detaillierten NO_2-Immissionswerte flächendeckend zur Verfügung. Aufgrund der vorhandenen Emissionsdaten (Vergleich Kapitel 1.2.3) und der geringen Quellhöhe des anteilmäßig am stärksten NO_2 emittierenden Emissionsträgers Kraftfahrzeuge, können diese Angaben näherungsweise herangezogen werden. Danach weist Paris und das Departement Hauts de Seine, dicht gefolgt von den angrenzenden Departements Seine St Denis und Val de Marne näherungsweise die höchsten NO 2- Immissionen auf. Die im weiteren Umland liegenden Departements dürfen deutlich unter diesen Werten liegen.

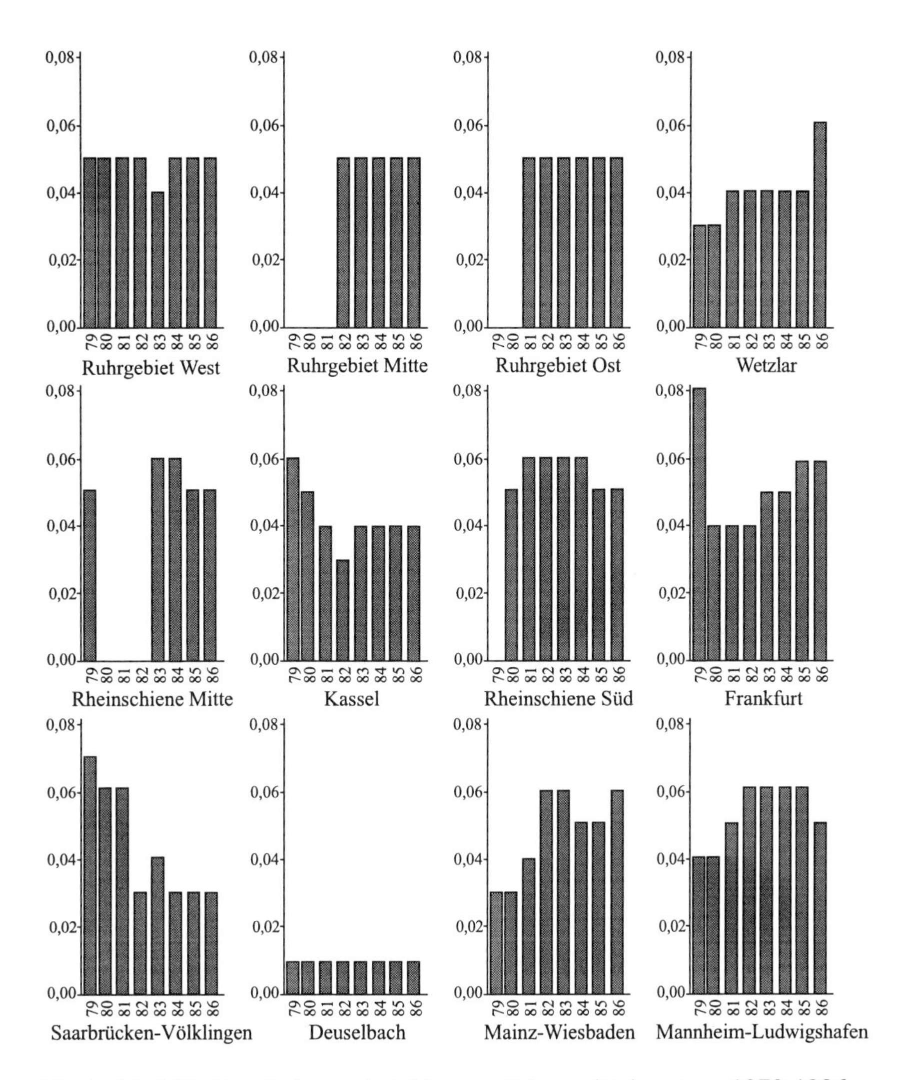

Karte 10: NO_2-Immissionsentwicklung Jahresmittelwerte 1979-1986. Quelle: LIS „Themes Jahresbericht“, LIS (1982) S. 109-117, MAGS (1985) S.94-101, MAGS Saarland (1984) S. 4, MU-Saarland „Immesa-Halbjahresbericht“, LFU-Rhl.-Pf. „Zimen-Monatsberichte“, LFU-Hessen und Bdn.-Wrtb. „Lufthygien. Monatsberichte, UBA“ Sonderdruck aus der Limbadatenbank. Angaben in mg/m2 und Jahr

1.3.3 Kohlenmonoxid (CO)

Höhere Belastungen (ca. 2 mg/m^3) liegen insbesondere in den Belastungsgebieten (Karte 115) Frankfurt (2,9 mg/m^3), Saarbrücken-Völklingen (2,3 mg/m^3) aber auch Kassel (1,7 mg/m^3) und Mainz-Wiesbaden (1,7 mg/m^3) vor. Die anderen untersuchten Gebiete, auch Belastungsgebiete wie das Ruhrgebiet, weisen alle Werte um 1 mg/m^3 auf.

Die Station Deuselbach hatte erwartungsgemäß die geringste Belastung mit Werten um 0,5 mg/m^3 aufzuweisen.

Die Belastung in ländlichen Gebieten liegt demnach um 50 % unter denen einiger der Belastungsgebiete. Es kann aus den vorhandenen Angaben gefolgert werden, daß die Belastung in den anderen nicht untersuchten Gebieten zwischen 0,5 und 1 mg/m^3 CO liegen muß, da die Station Deuselbach bei allen anderen Schadstoffen auch jeweils repräsentativ für die niedrigsten Immissionsbelastungen war.

Bei der Betrachtung der 95-Perzentilwerte treten die Belastungsschwerpunkte deutlicher hervor, wobei allerdings die Lage der Meßstation zu stark frequentierten Straßenabschnitten deutlich ins Gewicht fällt. Die höchsten 95-Perzentilwerte wiesen Wiesbaden (5,4 mg/m^3), Frankfurt (5,5 mg/m^3), Kassel (5,3 mg/m^3), Limburg-Weilburg (5,1 mg/m^3), Offenbach (5,0 mg/m3) und Völklingen (5,0 mg/m^3) auf. Die CO-Immissionskonzentrationen lagen im Ruhrgebiet (Gelsenkirchen = 4,0 mg/m^3, Essen = 3,8 mg/m^3, Bottrop = 3,5 mg/m^3, Oberhausen = 3,3 mg/m^3 und Köln 3,2 mg/m^3) etwas niedriger. Der niedrigste 95-Perzentil CO-Immissionswert wurde in Mainz (2,0 mg/m^3) respektive verkehrsentfernten Gebieten erreicht.

Für die Waldmeßstationen lagen leider keine 95-Perzentilwerte bezüglich CO für das Untersuchungsgebiet und den Untersuchungszeitraum vor. Die CO-Immissionswerte befinden sich in diesen Bereichen allerdings weit unter denen in den Ballungsräumen, da in diesen ländlicheren Regionen der Kfz-Anteil wesentlich geringer ausfällt.

Eine flächendeckende Immissionsdarstellung ist aufgrund der noch sehr lückenhaften CO-Immissionsmessungen noch nicht möglich. Für die Kreisbewertung mußten diesbezüglich Index- Emissionswerte über das Kraftfahrzeugaufkommen herangezogen werden, die einen näherungsweisen Überblick ermöglichen (vgl Karte 1).

Für die französischen Untersuchungsgebiete lagen leider keine CO-Immissionsmessungen in allen Departements vor. Es mußte daher in den französischen Untersuchungsgebieten ebenfalls über das Kraftfahrzeugaufkommen Index- Emissionswerte (Kraftfahrzeuge pro km2) herangezogen werden.

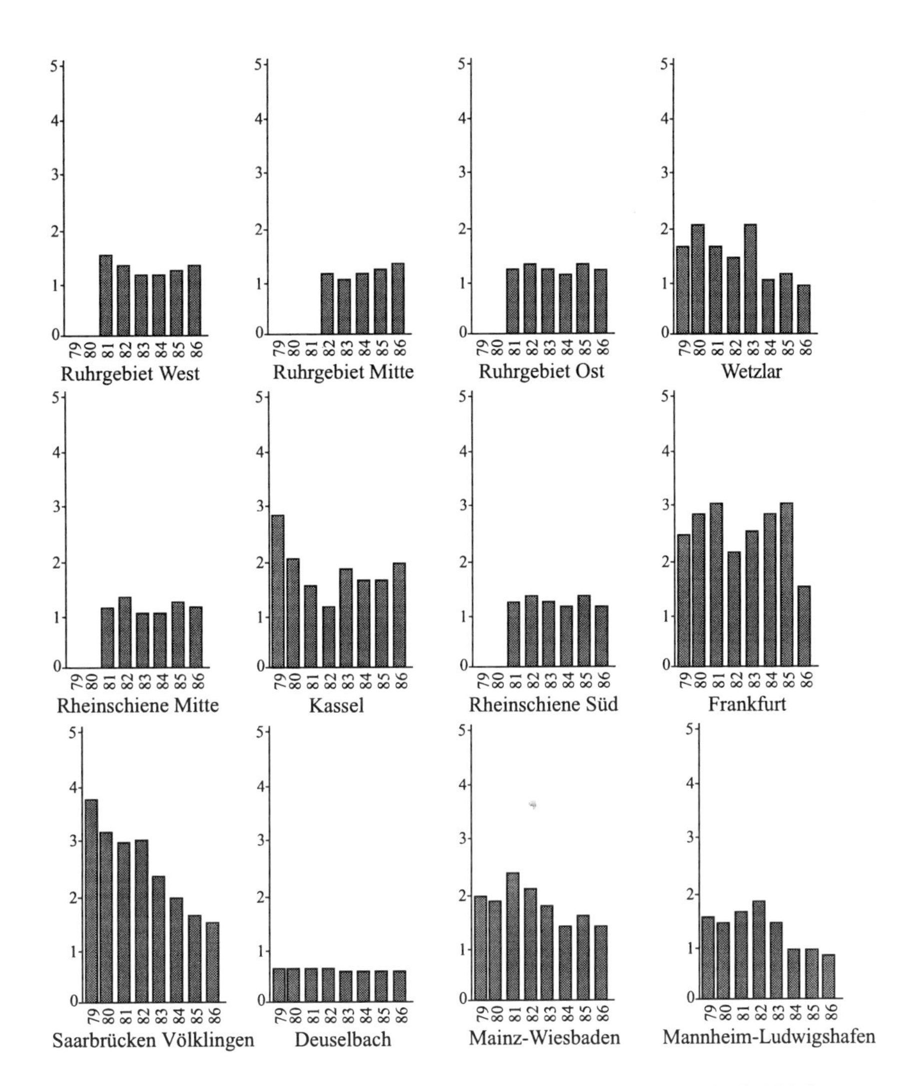

Karte 11: CO-Immissionsentwicklung. Jahresmittelwerte 1979-1986. Quelle: LIS „Themes Jahresbericht", LIS (1982) S. 109-117, MAGS (1985) S.94-101, MAGS Saarland (1984) S. 4, MU-Saarland „Immesa-Halbjahresbericht", LFU-Rhl.-Pf. „Zimen-Monatsberichte", LFU-Hessen und Bdn.-Wrtb. „Lufthygien. Monatsberichte, UBA" Sonderdruck aus der Limbadatenbank. Angaben in mg/m2 und Jahr

1.3.4 Schwebstaub

Die Staubimmissionswerte sind im Jahresmittel (Karte 12) außer in Mainz-Wiesbaden in allen anderen Belastungsgebieten seit 1979 rückläufig. Am stärksten sind die Staubimmissionen in Saarbrücken-Völklingen (150 µg/m^3 auf 50 µg/m^3) aber auch im Ruhrgebiet und Wetzlar (100 µg/m^3 auf 75 µg/m^3) zurückgegangen.

Dennoch weisen die saarländischen Kreise (Saarlouis = 80 µg/m^3, Völklingen = 72 µg/m^3) sowie das Ruhrgebiet (Gelsenkirchen = 73 µg/m^3, Bottrop = 71 µg/m^3, Dortmund = 73 µg/m^3) aber auch Limburg-Weilburg (70 µg/m^3), Frankfurt (68 µg/m^3) und Wiesbaden (66 µg/m^3) sowie Ludwigshafen (69 µg/m^3) immer noch die höchsten Staubkonzentrationen auf. Die übrigen Belastungsgebiete liegen mit Werten um 50 bis 60 ug/m^3 Schwebstaub etwas niedriger.

Die Station Deuselbach hat erstaunlicherweise eine relativ hohe Belastung.

Diese relativ hohe Grundbelastung wird auch in der flächenmäßigen Bewertung der Staubimmissionen deutlich. Danach weisen die ländlichen Räume Staubimmissionswerte um 40 bis 50 µg/m^3, die Randzonen der Belastungsgebiete sowie zum Teil diese selbst Werte um 50 bis 60 µg/m^3 auf.

Die Belastungssituation bezüglich der 95- Perzentilwerte sieht ähnlich wie die mittlere Belastung aus. Den höchsten 95-Perzentilwert weist Kassel (195 µg/m^3), gefolgt von Frankfurt (185 µg/m^3), Offenbach-Main und Saarlouis (180 µg/m^3), Dortmund (175 µg/m^3), Gelsenkirchen und Wiesbaden (172 µg/m^3) und Bottrop (165 µg/m^3) auf. Die anderen höher belasteten Gebiete hatten alle Staub-95-Perzentilwerte zwischen 130 bis 150 µg/m^3.
Von diesen Gebieten wies Neuss mit 100 µg/m^3 die geringste Belastung auf.

In den französischen Untersuchungsgebieten (Karte 13) sieht die Situation grundweg anders aus. Eine tendenzielle Zu- oder Abnahme der Staubimmissionsentwicklung ist in diesen Gebieten nicht zu verzeichnen, wobei die Belastung allgemein etwas niedriger ist als in den untersuchten Gebieten der Bundesrepublik Deutschland.

Die höchste Staubbelastung mit Werten um 50 µg/m^3 weist Paris, gefolgt von den Departements Seine St Denis, Val de Marne (40 bis 50 µg/m^3) und Hauts de Seine auf. Der am geringsten belastete Departement Ivelines weist sogar nur Belastungswerte um 20 µg/m^3 (Ausnahme 1986 mit 30 µg/m^3) auf.

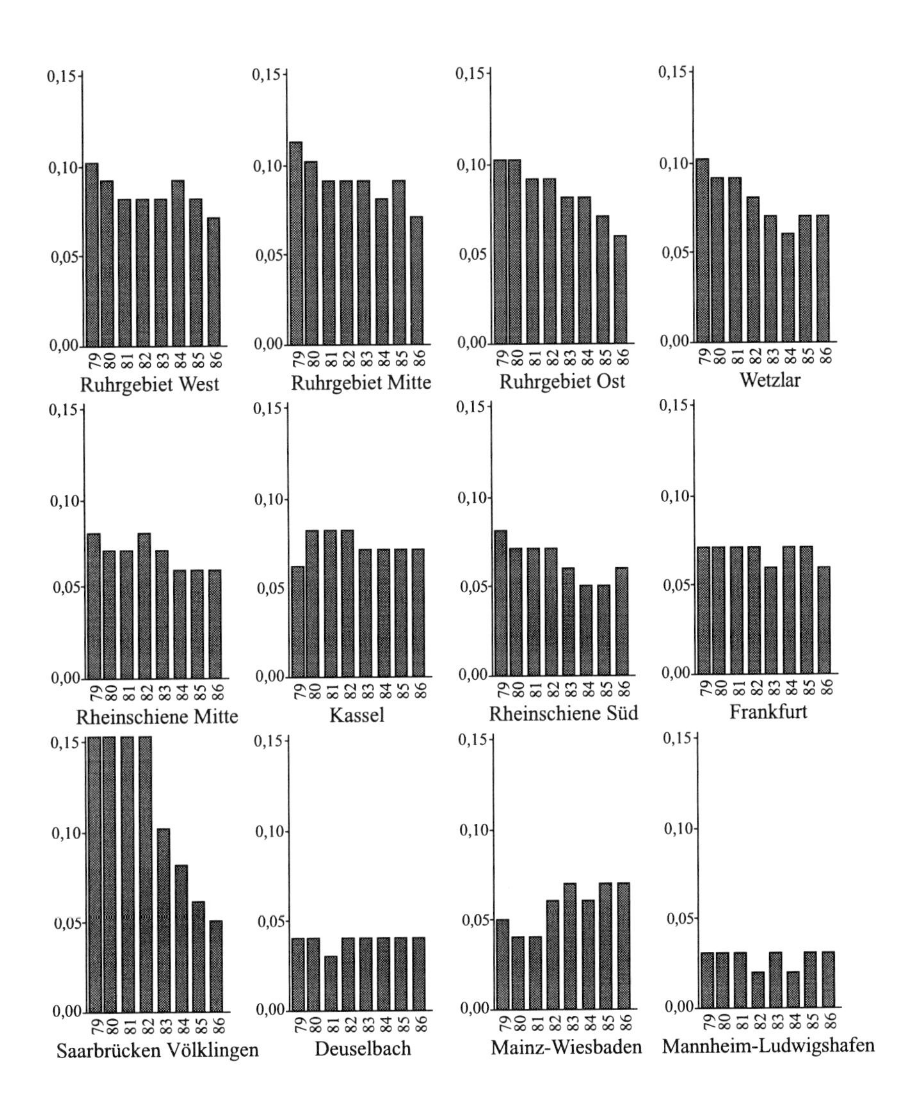

Karte 12: Staub-Immissionsentwicklung. Jahresmittelwerte 1979-1986. Quelle: LIS „Themes Jahresbericht", LIS (1982) S. 109-117, MAGS (1985) S.94-101, MAGS Saarland (1984) S. 4, MU-Saarland „Immesa-Halbjahresbericht", LFU-Rhl.-Pf. „Zimen-Monatsberichte", LFU-Hessen und Bdn.-Wrtb. „Lufthygien. Monatsberichte, UBA" Sonderdruck aus der Limbadatenbank. Angaben in mg/m2 und Jahr

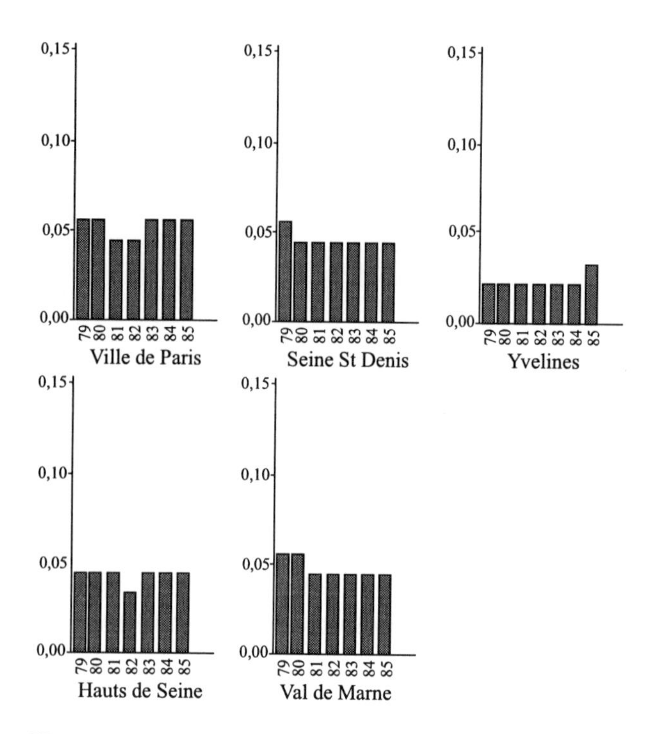

Karte 13: Staub-Immissionen. Untersuchungsgebiet Frankreich. Quelle: CIPETA (1986) S.3-6 sowie Meßwerte der Vikolum-Stationen von AIRPARIF. Angaben in mg/m2 und Jahr

1.4 Flächenbezogene Immissionswerte mit Indexwerten

Die Ergebnisse der Emissions- und Immissionsanalyse im regionalen Flächenbezug soll hier für die Hauptluftschadstoffe (Karte 14 - 16) nochmals im Überblick - nach dem Ansatz A und B - dargestellt werden, die auch als Bewertungsgrundlage mit in die Korrelationsanalyse einfließen.

Grundsätzlich wurde immer von der bestehenden Immissionsdatenbasis ausgehend eine Bewertung - nach dem Ansatz A - vorgenommen. Die vorliegenden Punktmessungen der Vielkomponentenluftmeßstationen ermöglichen mit Hilfe des Interpolationsverfahrens IDW die Berechnung eines näherungsweisen regionalen Immissionsbezugswertes.
Die mit Hilfe des Interpolationsverfahrens IDW in einem Radius von 40 km um den Meßpunkt ermittelten Immissionswerte (Rasterdarstellung) für die Komponenten SO_2, NO_2 und Staub wurden anschließend wieder auf die Kreisfläche extrapolliert. Rasterflächen, die im Grenzbereich lagen, wurden bei näherungsweise 50 % Gebietsüberschreitung jedem angrenzenden Kreis zugeordnet. Rasterflächen, die bis über 50 % in einem Kreisgebiet lagen, wurden dabei nur in diesem Kreis mit dem höheren Flächenbe-

zugswert berücksichtigt. Alle in einem Kreisgebiet liegenden Immissionswerte der Rasterflächenanalyse wurden anschließend über die berücksichtigte Rasterflächenanzahl proportional gemittelt und daraus der Luftschadstoffbelastungsimmissionswert für den jeweiligen Kreis abgeleitet.

Sofern keine Immissionswerte in einem Kreis erhoben wurden respektive über das Interpolationsverfahren IDW ermittelbar waren -bis 1992 nicht möglich -, mußten die Emissionswerte zur näherungsweisen Immissionsbeurteilung herangezogen werden. Auf der Grundlage der Emissionsquellhöhenanalyse und der sich daraus ableitenden regionalen Immissionsrelevanz der dortigen Emissionen konnte ermittelt werden, daß je höher der Anteil an Kfz-, Haushalts- und Kleingewerbeemissionen bei den jeweiligen Schadstoffen war, desto höher war auch die Immissionsrelevanz.
Die Staubemissionen (ca. 50 % unter 50 m Quellhöhe) und insbesondere die Kohlenmonoxidemissionen (ca. 95 % unter 50 m Quellhöhe) sind von besonderer örtlicher Immissionsrelevanz. Problematisch ist jedoch die Immissionsrelevanz der Schwefeldioxidemissionen, da sie überwiegend auf Industrieemissionen zurückzuführen sind, die in Ballungsräumen zu über 90 % in Höhen über 40 m emittiert werden. Da ausschließlich in den ländlichen Regionen die Immissionsangaben unvollständig sind und dort auch der Anteil der Industrieemissionen bei SO_2 und NO_2 zu über 25 % unter 40 m emittiert werden, konnten die Gesamtemissionen zur Bewertung herangezogen werden. Es können dadurch zum Teil etwas erhöhte Immissionsnäherungswerte ermittelt werden, die aber aufgrund der geringeren Emissionsmengen in den ländlichen Bereichen eine näherungsweise Analyse zulassen. Eine Bewertung für Ballungsgebiete ist auf der Grundlage der Emissionsquellhöhenanalysen mittels dieses Verfahrens kaum möglich, ist in dieser Untersuchung aufgrund der dort vorliegenden Immissionswerte aber auch nicht notwendig.

Insgesamt mußten mit der Immissionsnäherungsanalyse auf der Grundlage der Emissionsdaten nur Werte für zwei Kreise in Nordrhein-Westfalen (Münster, Steinfurt), drei Kreise in Hessen (Fulda, Hersfeld-Rodenkirchen, Werra-Meissnerkreis) und vier Kreise in Rheinland-Pfalz (Koblenz, Ahrweiler, Mayen-Koblenz, Neuwied), also insgesamt für neun von 125 Kreisen in der Bundesrepublik Deutschland (= 7,1 %) errechnet werden.

Für das französische Untersuchungsgebiet lagen bereits größtenteils - auf Departementebene - von der CITEPA errechnete Immissionsbelastungen auf der Grundlage der französischen VIKOLUM-Stationen der berücksichtigten Gebiete vor.

Für die Departements Seine et Marne, Essonné und Val d'Oise mußte jedoch bei den Komponenten SO_2 und Staub über das Emissionspotential die Berechnung der Immissionssituation erfolgen. Es waren hiervon wiederum nur ländliche Bereiche betroffen, die eine Berechnung der Immissionsbelastung auf der Grundlage der Emissionswerte durch die geringe Quellhöhe näherungsweise zuließen.

Da der Kfz-Verkehr nach der Quellhöhenanalyse eine enorme Immissionsrelevanz insbesondere bei NO_2, CO aber auch bei den anderen kanzerogenen Luftschadstoffparametern, wie Benz(a)pyren u. a. besitzt, wurde das Kfz-Aufkommen in den einzelnen Kreisen/Departements zusätzlich als Indikator für diese Kfz-typischen Immissionsparameter herangezogen. Der Kfz-Parameter dient vor allem zur Berücksichtigung von Kohlenmonoxid sowie der übrigen Kfz-typischen Emissionen, die nur in sehr geringem Umfang in Immissionsmeßnetzen erfaßt werden. Stickoxide spielen bei Kfz-Emissionen ebenfalls eine bedeutende Rolle und wurden somit durch die gesonderte Bewertung des Kfz-Aufkommens in den einzelnen Kreisen stärker berücksichtigt. Aufgrund der hohen Immissionsrelevanz der Kfz-Emissionen erscheint diese etwas stärkere Gewichtung jedoch vertretbar.

Es bleibt festzuhalten, daß regional-räumliche Analysen für das Gebiet der Bundesrepublik Deutschland und für Frankreich nur bezüglich der Hauptluftschadstoffkomponenten SO_2, NO_2 und Staub möglich sind.

Die Erfassung dieser Hauptluftschadstoffparameter ermöglicht - unter Einbeziehung des Hilfparameters KFZ für die CO-Belastungssituation und anderer KFT-Emissionen - die Berücksichtigung von annähernd 93 % aller Luftschadstoffparameter.

Allerdings ist es auch bei diesen Luftschadstoffparametern erforderlich, wie die Analyse gezeigt hat, für ländliche Bereiche ohne ausreichende Immissions meßwerte über die Emissionsmengen in den einzelnen Kreisen (Datengrundlage Emissionskataster EMUKAT) aus den regional-räumlichen immissionsrelevanten Emissionen näherungsweise kreisbezogene Immissionsdaten abzuleiten.

Weder die Vielkomponentenluftmeßstationen in der Bundesrepublik Deutschland noch in Frankreich ermöglichen für weitere Parameter regional-räumliche Aussagen, da sie nicht über die Gesamtzeit des Untersuchungszeitraumes von 1979 bis 1986 kontinuierlich und flächendeckend erhoben wurden.

Ein hoher Anteil regional-räumlicher immissionsrelevanter Emissionen, insbesondere aus der Gruppe der organischen Gase des Kfz-Verkehrs, können nur durch die Berücksichtigung des Kfz-Aufkommens näherungsweise für das Untersuchungsgebiet der Bundesrepublik Deutschland und Frankreich abgeleitet werden.

Schwermetallimmissionskonzentrationen werden weder in der Bundesrepublik Deutschland noch in Frankreich flächendeckend erhoben und können dadurch nur auf der Grundlage von Hilfsparametern, wie in dieser Studie geschehen, über die Gewerbestruktur näherungsweise abgeleitet werden. Eine genaue Rangfolgensortierung - die für den Ansatz B entscheidend ist - ist auf der Basis dieser Sonderveröffentlichung nicht machbar.

Für das französische Untersuchungsgebiet standen hier ebenfalls keine verwendbaren Datengrundlagen über schwermetallemittierende Betriebe zur Verfügung.

Aufgrund der zum Teil nur näherungsweise machbaren Immissionssituationsaussagen für die einzelnen Kreise/Departements sowie aufgrund der Immissionspunktmessung, die nicht als echte harte Daten flächenbezogen vorliegen und die erst über das Interpolationsverfahren in ihrem relativen räumlichen Bezug zueinander aussagekräftig werden, wurde für diese Studie das unter Kapitel II.5 beschriebene Indexverfahren (Ansatz A und B) herangezogen.

Da für den Ansatz B eine exakte Datengrundlage notwendig ist, um eine Rangfolgensortierung durchführen zu können, wurde für diesen Ansatz eine weitere Datengrundlage mit ausgewertet. Auf der Grundlage des 1988 existenten Immissionsmeßnetzes konnten über das genannte Interpolationsverfahren erstmals 1992 flächendeckende Immissionsmeßwerte - in einer Rastergröße von 11 x 11 km - berechnet werden. Auf der Grundlage dieser, vom UMWELTBUNDESAMT (1992) zur Verfügung gestellten Datengrundlage wurde eine genaue Rangfolgensortierung ermöglicht. Allerdings nur für die Einflußvariablen Schwefeldioxid, Stickoxid und Staub. Da nicht die absoluten Werte Schwerpunkt dieses Untersuchungsansatzes sind sondern die Rangfolgenpositionen der berücksichtigten Gebiete, wurde für den Ansatz B dieser aktuellere Meßzeitraum akzeptiert.

Mit Hilfe des Indexverfahrens ließen sich für beide Ansätze die Arbeitshypothesen bestätigen, zumindest für annähernd 93% aller Luftschadstoffe regional-räumliche Immissionsrelevanzbezüge herstellen zu können, wobei der Indexwert 4 - bei beiden Ansätzen - jeweils dem Gesamtuntersuchungsgebietsmittel entspricht. Ein Gebietsvergleich der 125 Kreise in der Bundesrepublik Deutschland und acht Departements in Frankreich ist im Sinne der Arbeitshypothese für die Hauptluftschadstoffe damit näherungsweise möglich, wobei Extremwerte durch die Indexbildung geglättet werden.
Regional-räumliche Disparitäten lassen sich aufgrund der Klassenbildung - insbesondere beim Ansatz A - noch deutlich erkennen und ermöglichten durch die homogene Klassenbildung -insbesondere beim Ansatz B - auch eine statistische Absicherung.

Es bleibt festzuhalten, daß sich anhand der Analyse dieser Hauptluftschadstoffparameter regional-räumliche Luftschadstoffbelastungsstrukturen erkennen lassen, die somit auch eine Gegenüberstellung mit Krankheitshäufungen und Todesursachen ermöglichen.

Die Indexwerte dieser Zielvariablen sind in nachfolgender Tab. 22 wiedergegeben, die ausgehend vom Mittelwert für die Zielvariablen, die in Kapitel 2.5 detailliert beschrieben wurden, vergeben wurden.

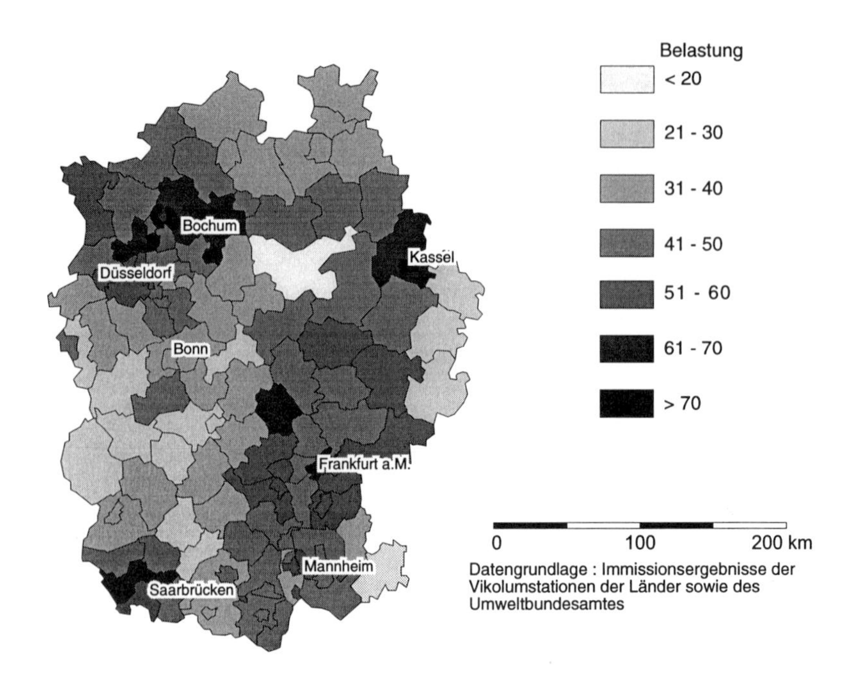

Karte 14: Immissionbelastungsindex der Gebiete SO_2

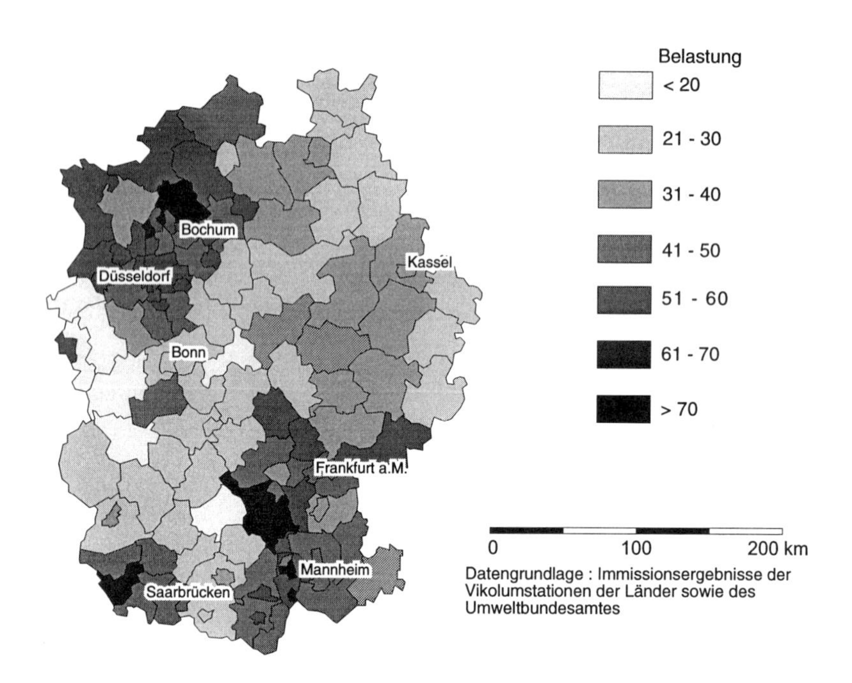

Karte 15: Immissionbelastungsindex der Gebiete NO_2

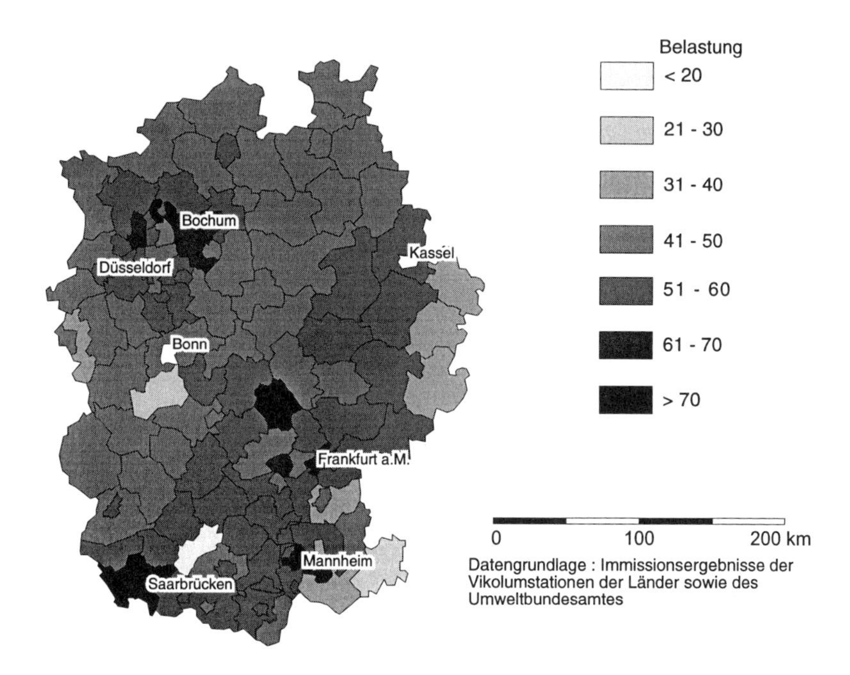

Karte 16: Immissionbelastungsindex der Gebiete Staub

Tab. 22: Zielvariablenindex der Luftschadstoffbelastung je Kreis -Untersuchungsgebiet Bundesrepublik Deutschland- Ansatz A

Belastungsindex von 1 (niedrig) bis 7 (hoch)

Kreis	KFZ	Schwermetalle	SO_2	NO_2	Staub
KS Düsseldorf	7	5	5	5	5
KS Duisburg	7	6	6	5	6
KS Essen	7	5	5	4	4
KS Krefeld	7	5	6	5	5
KS Mönchen-Gladbach	7	5	5	5	5
KS Mühlheim	7	5	7	5	5
KS Oberhausen	7	5	5	6	5
KS Remscheid	7	5	3	5	5
KS Solingen	7	5	3	5	5
KS Wuppertal	4	5	4	5	5
Kleve	2	3	5	5	4
Mettmann	7	5	4	5	4
Neuss	7	5	5	4	5
Viersen	4	5	4	5	4
Wesel	4	3	4	3	5
KS Aachen	7	5	4	5	4
KS Bonn	7	3	3	2	4
KS Köln	7	5	4	4	5
KS Leverkusen	7	5	4	5	5
Aachen	5	5	2	1	3
Düren	2	3	3	1	4
Erftkreis	5	4	3	3	4
Euskirchen	1	3	2	1	4
Heinsberg	3	2	3	1	4
Oberbergischer Kreis	2	4	3	2	4
Rheinisch-Berg.-Kreis	5	4	4	4	5
Rhein-Sieg-Kreis	4	4	3	2	4
KS Bottrop	7	5	7	5	7
KS Gelsenkirchen	7	5	7	5	7
KS Münster	7	2	3	2	5
Borken	2	3	4	5	4
Coesfeld	1	2	4	5	4
Recklinghausen	7	5	6	7	5
Steinfurt	2	4	3	4	4
Warendorf	1	3	3	3	4
KS Bielefeld	7	3	3	3	4
Gütersloh	2	3	3	3	4
Herford	5	4	3	2	4
Hoexter	1	2	4	2	4
Lippe	2	3	3	2	4
Minden-Luebbecke	2	4	3	2	4
Paderborn	1	2	4	2	4
KS Bochum	7	5	6	4	6
KS Dortmund	7	5	6	5	6
KS Hagen	7	5	7	5	4
KS Hamm	7	5	4	5	4
KS Herne	7	5	7	5	6
Ennepe-Ruhr-Kreis	7	5	4	4	6
Hochsauerland Kreis	1	5	1	2	4
Märkischer Kreis	4	5	3	2	4
Olpe	1	4	3	2	4
Siegen	2	5	4	4	4
Soest	2	4	4	3	4
Unna	7	5	6	4	5
KS Darmstadt	7	4	5	3	4
KS Frankfurt a. M.	7	5	6	4	6
KS Offenbach a .M.	7	5	5	4	5
KS Wiesbaden	7	4	5	3	6
Bergstrasse	3	3	4	4	5
Darmstadt-Dieburg	3	4	5	3	3
Gross-Gerau	5	3	4	5	5
Hochtaunuskreis	4	5	4	5	5
Limburg-Weilburg	2	5	6	5	7

Belastungsindex von 1 (niedrig) bis 7 (hoch)

Kreis	KFZ	Schwermetalle	SO_2	NO_2	Staub
Main-Kinzig-Kreis	2	4	5	5	5
Main-Taunus-Kreis	7	5	4	4	4
Odenwaldkreis	1	2	3	4	4
Offenbach	7	4	5	4	5
Rheingau-Taunus-Kr.	2	3	5	4	4
Vogelsbergkreis	1	4	5	3	5
Wetteraukreis	2	3	4	2	5
Giessen	2	4	4	3	4
Lahn-Dill-Kreis	2	4	4	2	4
KS Kassel	7	3	7	3	5
Fulda	1	4	2	2	3
Hersfeld-Rotenburg	1	3	2	2	3
Kassel	1	3	6	3	5
Marburg-Biedenkopf	1	4	5	4	5
Schwalm-Eder-Kreis	1	3	4	3	5
Waldeck-Frankenberg	1	3	4	3	5
Werra-Meissner-Kreis	1	4	2	2	3
KS Koblenz	7	3	2	2	4
Ahrweiler	1	3	4	4	2
Altenkirchen	1	3	2	1	4
Bad Kreuznach	1	3	3	1	5
Birkenfeld	1	2	2	2	5
Cochem-Zell	1	1	2	2	4
Mayen-Koblenz	2	3	2	2	4
Neuwied	2	3	3	2	5
Rhein-Hunsrück-Kreis	1	2	3	2	5
Rhein-Lahn-Kreis	1	3	3	2	5
Westerwaldkreis	1	5	3	2	5
KS Trier	7	3	3	3	5
Bernkastel-Wittlich	1	2	3	2	4
Bitburg-Prüm-Kreis	1	2	2	2	4
Daun	1	2	2	1	4
Trier-Saarburg	1	3	3	2	4
KS Frankenthal	7	5	4	6	5
KS Kaiserslautern	7	3	4	3	5
KS Landau Pfalz	4	2	4	5	5
KS Ludwigshafen	7	5	5	7	6
KS Mainz	7	5	5	6	4
KS Neustadt	4	2	4	5	5
KS Primasens	7	2	3	2	4
KS Speyer	7	5	4	6	5
KS Worms	6	3	4	5	5
KS Zweibrücken	4	3	3	4	5
Alzey-Worms	1	2	4	5	5
Bad Dürkheim	1	2	4	4	5
Donnersberg-Kreis	1	3	4	2	5
Germersheim	2	2	4	4	4
Kaiserslautern	1	3	3	2	4
Kusel	1	1	2	2	2
Süd. Weinstrasse	1	2	4	4	5
Ludwigshafen	4	3	3	5	5
Mainz-Bingen	2	3	5	6	5
Pirmasens	1	2	3	2	5
KS Heidelberg	7	5	4	4	6
KS Mannheim	7	5	5	5	7
Rhein-Neckar-Kreis	4	5	4	4	3
SV Saarbrücken	7	3	5	4	7
Merzig-Wadern	1	2	4	4	5
Neunkirchen	6	2	6	4	7
Saarlouis	4	3	6	6	7
Saar-Pfalz-Kreis	3	2	4	4	5
Sankt Wendel	1	2	4	4	5

Tab. 22: Zielvariablenindex der Luftschadstoffbelastung je Kreis -Untersuchungsgebiet Bundesrepublik Deutschland- Ansatz B

Belastungsindex von 1 (niedrig) bis 7 (hoch)

Kreis	KFZ	Schwermetalle	SO_2	NO_2	Staub
KS Düsseldorf	7		7	6	6
KS Duisburg	7		7	3	7
KS Essen	7		7	6	1
KS Krefeld	7		6	2	7
KS Mönchen-Gladbach	6		5	3	5
KS Mühlheim	7		7	3	7
KS Oberhausen	7		7	6	7
KS Remscheid	6		4	5	6
KS Solingen	6		5	5	6
KS Wuppertal	7		6	5	6
Kleve	3		4	3	6
Mettmann	6		6	5	7
Neuss	5		3	4	6
Viersen	4		4	2	6
Wesel	4		5	2	6
KS Aachen	6		4	1	3
KS Bonn	7		6	5	6
KS Köln	7		3	7	6
KS Leverkusen	7		6	5	6
Aachen	4		3	1	4
Düren	3		4	4	5
Erftkreis	5		4	3	6
Euskirchen	2		2	2	2
Heinsberg	4		4	3	6
Oberbergischer Kreis	3		5	3	3
Rheinisch-Berg.-Kreis	5		5	6	6
Rhein-Sieg-Kreis	4		5	5	5
KS Bottrop	7		7	3	7
KS Gelsenkirchen	7		7	6	7
KS Münster	5		7	4	7
Borken	3		5	3	7
Coesfeld	2		3	5	7
Recklinghausen	5		7	3	7
Steinfurt	3		3	3	6
Warendorf	2		5	4	7
KS Bielefeld	6		7	1	5
Gütersloh	4		5	3	5
Herford	4		6	3	4
Hoexter	1		3	1	5
Lippe	3		3	1	4
Minden-Luebbecke	3		2	2	2
Paderborn	2		3	1	5
KS Bochum	7		6	7	7
KS Dortmund	7		6	4	7
KS Hagen	6		4	3	6
KS Hamm	5		4	3	7
KS Herne	7		7	7	7
Ennepe-Ruhr-Kreis	5		4	4	6
Hochsauerland Kreis	1		1	2	4
Märkischer Kreis	4		1	4	5
Olpe	5		1	1	1
Siegen	3		2	1	1
Soest	3		5	3	7
Unna	5		4	4	7
KS Darmstadt	6		5	6	6
KS Frankfurt a. M.	7		7	6	5
KS Offenbach a .M.	7		7	7	5
KS Wiesbaden	6		6	7	5
Bergstrasse	4		5	4	4
Darmstadt-Dieburg	4		4	6	1
Gross-Gerau	5		4	6	5
Hochtaunuskreis	4		3	7	1
Limburg-Weilburg	2		2	5	2

Belastungsindex von 1 (niedrig) bis 7 (hoch)

Kreis	KFZ	Schwermetalle	SO_2	NO_2	Staub
Main-Kinzig-Kreis	3		5	6	2
Main-Taunus-Kreis	5		7	7	4
Odenwaldkreis	2		5	2	2
Offenbach	4		6	7	4
Rheingau-Taunus-Kr.	3		7	7	4
Vogelsbergkreis	1		3	2	4
Wetteraukreis	3		4	6	1
Giessen	3		3	6	5
Lahn-Dill-Kreis	3		6	4	5
KS Kassel	6		6	7	4
Fulda	2		5	5	3
Hersfeld-Rotenburg	1		3	2	3
Kassel	2		5	5	4
Marburg-Biedenkopf	2		7	2	3
Schwalm-Eder-Kreis	1		6	2	3
Waldeck-Frankenberg	1		4	2	3
Werra-Meissner-Kreis	1		3	2	3
KS Koblenz	6		2	5	3
Ahrweiler	1		4	5	4
Altenkirchen	2		6	1	5
Bad Kreuznach	2		1	5	2
Birkenfeld	1		1	5	2
Cochem-Zell	1		1	4	1
Mayen-Koblenz	3		1	4	2
Neuwied	2		2	6	5
Rhein-Hunsrück-Kreis	1		1	2	4
Rhein-Lahn-Kreis	1		3	7	2
Westerwaldkreis	2		6	1	3
KS Trier	5		1	1	3
Bernkastel-Wittlich	1		1	1	1
Bitburg-Prüm-Kreis	1		1	7	1
Daun	1		1	6	1
Trier-Saarburg	1		2	6	3
KS Frankenthal	5		3	3	3
KS Kaiserslautern	5		2	7	2
KS Landau Pfalz	4		1	5	2
KS Ludwigshafen	6		3	7	4
KS Mainz	6		5	5	5
KS Neustadt	4		1	7	2
KS Primasens	5		1	1	1
KS Speyer	6		1	6	2
KS Worms	6		3	4	5
KS Zweibrücken	4		6	5	3
Alzey-Worms	2		2	7	4
Bad Dürkheim	3		2	7	2
Donnersberg-Kreis	1		2	6	2
Germersheim	3		2	3	1
Kaiserslautern	2		3	4	2
Kusel	1		1	1	1
Süd. Weinstrasse	2		2	1	1
Ludwigshafen	4		2	7	3
Mainz-Bingen	3		2	4	4
Pirmasens	1		1	1	1
KS Heidelberg	6		2	4	1
KS Mannheim	7		6	6	3
Rhein-Neckar-Kreis	4		2	2	1
SV Saarbrücken	5		5	7	4
Merzig-Wadern	2		4	2	3
Neunkirchen	6		7	1	1
Saarlouis	5		7	4	3
Saar-Pfalz-Kreis	5		6	2	2
Sankt Wendel	2		2	2	2

2. Störvariablen

Es gilt hier zu prüfen, inwieweit es möglich ist, anhand des bestehenden Datenmaterials neben den Zielvariablen auch die sonstigen Einflußparameter in Abgrenzung zu den Zielvariablen in ihrem räumlichen Bezug erfassen zu können.
Als Störvariablen werden in dieser Studie die Faktoren bezeichnet, die neben den Luftschadstoffen auch einen Einfluß auf die Gesundheit des Menschen - speziell des Atemtraktes sowie des Kreislaufsystems - haben können. Hierunter fallen die Expositionen gegenüber Schadstoffen am Arbeitsplatz, das Rauchverhalten sowie das Wohnumfeld (vgl. Kapitel III 4).

2.1 Rauchen

Der Tabakkonsum gilt als eines der Hauptfaktoren bei der Entstehung von Atemwegserkrankungen und verlangt in einer solchen Studie einen besonderen Stellenwert als Störvariable.

2.1.1 Gesundheitsrelevanz des Rauchens

Der Bericht des US Departements HEALTH, EDUCATION AND WELFARE (Surgeon General) "Smoking and Health" (1979) und der Report "The Health-Consequences of Smoking" (1981 und 1984) enthalten eine ausführliche Zusammenfassung der Wirkungsmechanismen des Rauchens. In dieser Studie soll sich daher darauf beschränkt werden, einen groben Überblick zu geben, wobei die wichtigsten Erkrankungsarten mitbedingt durch starkes Rauchen und deren bedeutendste Forschungsergebnisse kurz vorgestellt werden.
Eines dieser Erkrankungen, die durch starken Tabakkonsum verursacht werden kann, ist die Bronchitis. Diese, sich auch in Form des Raucherhustens bemerkbar machende Erkrankung ist auf eine Zerstörung des Ziliaepithels (SCHMIDT (1987) S. 26) eine Beeinträchtigung des Selbstreinigungsmechanismuses der Bronchien zurückzuführen. Aufschlußreich ist in dieser Hinsicht insbesondere die Studie der DEUTSCHEN FORSCHUNGSGEMEINSCHAFT (DFG-Forschungsbericht (1975) Teil 1, und 1981, Teil 2), bei der 13.000 Arbeitnehmer an 17 Arbeitsplätzen mit unterschiedlich starker Staubbelastung - Steinkohlenbergbau, Hüttenindustrie - auf chronische Bronchitis und Lungenemphysem untersucht wurden. Es wurde in dieser Studie eindeutig nachgewiesen, daß die größere Häufigkeit bronchitischer Symptome bei Arbeitnehmern mit beruflicher Staubexposition war. Gleichzeitig wurde festgestellt, daß gelegentliches aber mäßiges Rauchen (1 - 10 Zigaretten/Tag) etwa zu den gleichen Häufigkeitszunahmen von Bronchitis und Lungenemphysem wie die besondere berufliche Staubexposition führt. In einer weiteren Untersuchung von

HAUSSMANN/ SCHMIDT (1986) wurde bei 1.000 Mannheimer Berufsschülern (Alter 19 Jahre) anhand spirometrischer Messungen bei Rauchern Beeinträchtigungen der Lungenfunktion nachgewiesen, die zu einer Erhöhung des Strömungswiderstandes im gesamten Bronchialraum schon bei diesen jugendlichen Rauchern führen. Für die Entstehung des Lungenemphysems wird vor allem die Gasphase des Zigarettenrauchens mitverantwortlich gemacht, während die partikulären Anteile, die sich in den größeren Luftwegen niederschlagen, mitverantwortlich für die Entwicklung der chronischen Bronchitis (KNOTH et al. (1983) S. 27) sind.
Der Zusammenhang zwischen der Höhe des Zigarettenkonsums und der Erkrankungshäufigkeit wurde vor allem in einer Studie von HIGENBOTTAM et al. (1980) an 18.000 Bediensteten der Britischen Armee belegt und durch zwei retrospektive Untersuchungen von DEAN et al. (1977) gestützt.
Eine weitere Erkrankung, die besonders eng mit dem Rauchverhalten in Zusammenhang gebracht wird, ist das Bronchial-Karzinom sowie andere Karzinome der Atemwege. Insbesondere die Studie von HAMMOND, die bereits 1964 durchgeführt wurde, ergab einen engen Zusammenhang zwischen Rauchverhalten und Lungenkrebs. In dieser Studie wurden fast eine halbe Million statistischer Zwillinge (Beruf, Wohnort, Alter, Geschlecht usw. waren weitgehend gleich) mit Hilfe von Fragebögen analysiert, die sich fast ausschließlich nur im Rauchverhalten unterscheiden sollten. Ergebnis dieser Studie war, daß 90 % aller beobachteten Lungenkrebse bei Rauchern auftraten. KNOTH et al. (1983), die 150.000 Krankengeschichten aus dem Großraum Mannheim untersuchten, stellten fest, daß 97,3 % der ausgewerteten 733 männlichen Bronchial-Karzinomfälle Raucher waren. Es wurde jedoch gleichzeitig festgestellt, daß von den 59 Frauen mit Lungenkrebs 39 (66 %) Nichtraucherinnen waren. Von den Lungenkrebspatienten lebten allerdings 61 % in häuslicher Gemeinschaft mit Rauchern. Daß Passivrauchen auch einen Einfluß auf die Erkrankung der Atemwege hat, wurde u. a. in Studien von GLANTZ (1984), MILLER (1984) und WALD/RITCHIE (1984) belegt.

Die häufigste Krebsform der oberen Luftwege ist der Kehlkopfkrebs. Über 95 % der Kehlkopfkrebspatienten waren nach einer Untersuchung von BLÜMLEIN (bereits 1955) Raucher mit einem Tageskonsum von 20 und mehr Zigaretten. In einer Untersuchung von MOOR (1965) wurde ein Zusammenhang zwischen Rauchverhalten und Kehlkopfkrebs auch bereits eindeutig nachgewiesen. Bei Patienten, denen der Tumor entfernt wurde und die trotz dessen weiter rauchten, bildeten sich bei 32% nach bis zu sechs Jahren ein neues Krebsgeschwür. Von den Patienten, die nicht weiter rauchten, bildete sich nur bei 5% ein neuer Kehlkopfkrebs.

Die meisten Raucher sterben jedoch nicht an Lungen- oder Kehlkopfkrebs, sondern an Herzinfarkt oder Koronarsklerose (Verkalkung der Herzkranzgefäße). Da wesentlich mehr Menschen an Herzinfarkt als an Lungen- oder Kehlkopfkrebs sterben, ist die mit raucherbedingte Sterblichkeitsrate

häufig nicht so deutlich erkennbar. Nach einer Studie an britischen Arbeitern (DOLL/PETRO (1976)) war der Herzinfarkt vor dem 45. Lebensahr bei Rauchern 15mal so häufig wie bei Nichtrauchern. In einer Heidelberger Studie (SCHETTLER/NÜSSEL (1974)) an 1.800 Herzinfarktfällen lag das Durchschnittsalter der nicht rauchenden Patienten bei 63 Jahren, während die Zigarettenraucher mit einem Tageskonsum von mindestens 25 Zigaretten durchschnittlich schon mit 53 Jahren an Herzinfarkt starben (vgl. SCHMIDT (1974) S. 375 bis 377).
Die Schadstoffe, die zu diesen Gesundheitsschäden führen, wurden in einer aktuellen Studie von REMMER (1987) (Tab. 23) zusammengestellt.

Tab. 23: Vergleich von Passiv- und Aktivrauchern während eines 8-stündigen Arbeitstages. Quelle: REMMER (1987), S. 1056

-inhalierte Mengen toxischer (I), kokanzerogener (II) und kanzerogener (III) Schadstoffe-

					Passivraucher[1]	Aktivraucher[2]	höhere Exposition des Aktivrauchers
I,	II,	III		(mg)	0,4 - 2,4	100	100 mal
I			Nikotin	(mg)	0,04 - 0,2	10 - 20	100 mal
I			CO	(mg)	4 - 24	200	10 - 50 mal
	II,	III	Benzo(a)pyren	(mg)	4 - 80	100 - 500	10 - 50 mal
I,	II		Akrolein	(mg)	0,1 - 0,5	1,5	3 - 10 mal
I,	II		NO_2	(mg)	0,4 - 2,0	2 - 5	2 - 6 mal
I,	II,	III	Formaldehyd	(mg)	0,5 - 1,0	0,1 - 0,4	2 - 5 mal
I,		III	Dimethylnitrosamin	(mg)	40 - 400	100 - 500	1 - 2 mal

Die Hauptkanzerogene im Tabakrauch sind dabei, insbesondere auch nach Untersuchungen von HOFFMANN et al (1984) tabakspezifische Nitrosamine, die vor allem im Nebenstrom auftreten (Belastung der Passivraucher). Mengenmäßig steht hingegen Teer, gefolgt von Nikotin an oberster Stelle.

2.1.2 Ergebnis des "Mikrozensus 1978"

Angaben über das Rauchverhalten liegen nur für das Untersuchungsgebiet Bundesrepublik Deutschland vor, da nur dort auf der Grundlage des Mikrozensus von 1978 detailliertes Datenmaterial erhoben wurde. Die Mikrozensuserhebung ist eine laufende Repräsentativstatistik der Bevölkerung und wird seit Oktober 1957 (BORGERS/MENZEL (1984) S. 1093) erhoben. Diese Angaben, die statistisch bis auf die räumliche Ebene "Regierungsbezirk" abgesichert sind, erfassen ca. 500.000 Personen (1 % der Wohnbevölkerung der Bundesrepublik Deutschland). Der Schwerpunkt der Erhebung "Fragen zur Gesundheit" lag im April 1978 auf der Ermittlung der Risikofaktoren Übergewicht und Rauchverhalten. Der Umfang des Fragenkatalogs ist aus der Abb. 12 zu entnehmen.

Körper-		Rauchgewohnheiten		
gewicht	größe			
Wieviel wiegen Sie?	Wie groß sind Sie?	Rauchen Sie z.Z. oder haben Sie früher geraucht?	Falls jemals geraucht (1-4 in Sp. 15) Was rauchen Sie bzw. haben Sie geraucht?	Falls jemals *Zigaretten* geraucht (1 in Sp. 16) *Wieviel Zigaretten* rauchen Sie normalerweise *am Tag* bzw. haben Sie geraucht?
In kg	In cm	*Ja,* z.Z. und zwar: regelm. 1 gelegentlich 2 z.Z. nicht, aber früher, und zwar: regelm. 3 gelegentlich 4 *Nein,* niemals geraucht 9	Überwiegende Art angeben: Zigaretten 1 Zigarren/ Zigarillos 2 Pfeifentabak 3	Weniger als 5 1 5-20 2 21-40 3 mehr als 40 4

Abb. 12: Originalfragen des Mikrozensus (Rauchen, Größe und Gewicht) 1978 Quelle: BORGERS/ MENZEL (1984), S. 1094

Da das Übergewicht neben dem Rauchen allgemein als häufigster Risikofaktor für Krankheiten angesehen wird, wurden auch die Körpergröße und das Gewicht miterhoben. Daraus wurde das BROCA-Referenzgewicht [19] ermittelt, um die Abweichungen vom Normalgewicht berechnen zu können. Zusätzlich wurden auch die Berufsangaben der Betroffenen mit aufgenommen. Die Klassifizierung der Berufe erfolgte nach dem Verzeichnis der Berufspositionen des Statistischen Bundesamtes (STATISTISCHES BUNDESAMT WIESBADEN (1975)) und umfaßt ca. 400 einzelne Berufe. Die relevanten Berufsgruppen (125 Berufe), die ca. 70 % aller Erwerbstätigen umfassen (BORGERS/ MENZEL (1984) S. 1093), wurden im folgenden geschlechts- und altersspezifisch ausgewertet.

---

[19] anzustrebendes Körpergewicht nach dem französischen Arzt Pierre Paul Broca (1824 bis 1880) (Körpergewicht (kg) = Körpergröße (cm) - 100 cm

2.1.2.1 Geschlechtsspezifisches Rauchverhalten

2.1.2.1.1 Allgemein

Von der Bevölkerungsgruppe, die 10 Jahre und älter ist (1978 ca. 54,5 Millionen Personen), gaben rund 30 % an, gegenwärtig zu rauchen, 8 % hatten früher mal geraucht (BUNDESMINISTER FÜR JUGEND, FAMILIE UND GESUNDHEIT (1980) S. 85). Von diesen 30 % waren 2/3 Männer und 1/3 Frauen. 8 % (13,7 Millionen) waren unter 20 Jahren, wo
bei der Anteil der Frauen mit 9,7 % in dieser Altersgruppe relativ höher als bei den Männern (6,8 %) lag (BUNDESMINISTER FÜR JUGEND, FAMILIE UND GESUNDHEIT (1980) S. 84). Des weiteren lag auch der Anteil der Stark-Raucher (täglich über 20 Zigaretten) in dieser Altersgruppe bei den Frauen mit 5,5 % wesentlich über dem der Männer (2,7 %).
Es ist grundsätzlich festzustellen, daß die *Altersgruppe 30 bis 50 Jahre, die der Rumpfbevölkerung am weitesten entspricht, mengenmäßig am meisten raucht.* Der Anteil der regelmäßigen Raucher liegt in dieser Altersgruppe bei den Männern bei 42,6 % und bei den Frauen bei 36,7 %. Bei den Frauen sind jedoch mehr regelmäßige Raucher in der Altersgruppe 20 bis 30 Jahre (31,7 %) als bei den Männern (22,3 %) vertreten. Die Männer wiederum haben mit 27,8% einen höheren Anteil in der höchsten Altersgruppe (über 50 Jahre) als die Frauen (21,8 %).
Es bleibt festzuhalten, daß die regelmäßig rauchenden Frauen im Mittel deutlich jünger sind als die regelmäßig rauchenden Männer.

2.1.2.1.2 Untersuchungsgebiet Bundesrepublik Deutschland

Vergleicht man diese Struktur in den einzelnen Regierungsbezirken, so sind doch erhebliche Unterschiede festzustellen (Abb. 13).

Bei den regelmäßig rauchenden Männern (Tab. 24) in der Altersgruppe unter 20 Jahren weisen die Regierungsbezirke Trier (10,2 %), Koblenz (7,9 %), Kassel (7,8 %), Detmold (8,3 %), Münster (7,8 %), Köln (7,7 %) und Düsseldorf (7,5 %) einen über dem Bundesdurchschnitt (7,3 %) liegenden Anteil auf. In der Altersgruppe 20 bis 30 Jahre weist wiederum Trier (25,1 %) den höchsten Anteil regelmäßiger Raucher auf. Die Regierungsbezirke Rheinhessen-Pfalz (24,6 %), Koblenz (23,5 %), Karlsruhe (23,3 %) und Saarland (23,0 %) liegen jedoch auch noch über dem Bundesdurchschnitt (22,3 %).
Gerade genau entgegengesetzt sieht es in der Altersgruppe 30 bis 50 Jahre aus. Hier liegen nun die Regierungsbezirke Darmstadt (58,7 %), Köln (57,7 %), Detmold (58,9 %) und Arnsberg (55,4 %) über dem Bundesdurchschnitt (55,2 %). Bei den Altersgruppen über 50 Jahren sind die höchsten Anteile im Regierungsbezirk Darmstadt (28,2 %), Trier (29,5 %), Koblenz (28,9 %), Kassel (29,0 %) und Düsseldorf (28,2 %) zu finden.

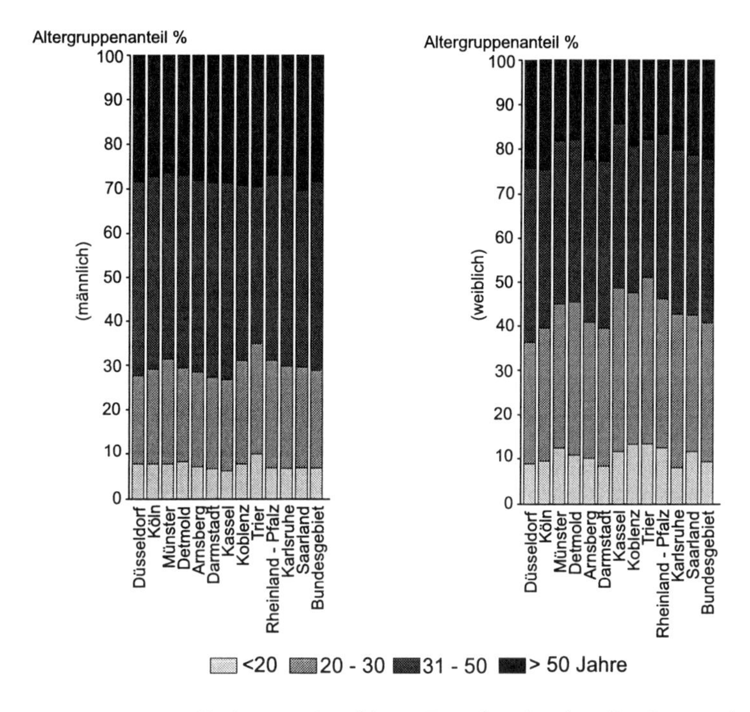

Abb. 13: Anteil der regelmäßigen Raucher in den Regierungsbezirken - nach Geschlecht- Quelle: Sonderauswertung Mikrozensus 1978. Datenbank des STATISTISCHEN BUNDESAMTES . Eigene Bearbeitung

Bezüglich des männlichen Rauchverhaltens bleibt festzuhalten, daß die Regierungsbezirke Köln, Darmstadt und Detmold überdurchschnittlich viele regelmäßige Raucher in der jüngsten (unter 20 Jahre) und mittleren Altersklasse (30 bis 50 Jahre) aufweisen, die Regierungsbezirke Koblenz, Trier und Münster hingegen in den beiden jüngeren Altersklassen (unter 30 Jahren). Auch die Regierungsbezirke Rheinhessen-Pfalz und das Saarland wiesen in der Altersstufe 20 bis 30 Jahre überdurchschnittliche Raucheranteile auf. Der Regierungsbezirk Karlsruhe weist überdurchschnittliche Raucheranteile in der mittleren Altersstufe (20 bis 30 Jahre) und Arnsberg in der 30 bis 50jährigen Altersstufe auf.

Bei den weiblichen regelmäßigen Rauchern (Tab. 24) sieht das Bild etwas einheitlicher aus. In der Altersgruppe unter 20 Jahren liegen bis auf die Regierungsbezirke Köln (9,5 %), Düsseldorf (8,9 %), Darmstadt (8,7 %) und Karlsruhe (8,3 %) alle anderen Regierungsbezirke zum Teil weit (Maximal-Wert = Trier 13,7 %) über dem Bundesdurchschnitt. In der Altersgruppe 20 bis 30 Jahre sieht das Bild fast genauso aus, wobei hier jedoch der Regierungsbezirk Arnsberg (30,9 %) unter dem Bundesdurchschnitt und der Regierungsbezirk Karlsruhe (35,1 %) über dem Bundesdurchschnitt liegt.

Die Regierungsbezirke Detmold, Kassel, Düsseldorf und Darmstadt haben im Gegensatz in der Altersgruppe über 30 Jahren einen über dem Bundesdurchschnitt liegenden Anteil.

Das Rauchverhalten der Männer in der Altersklasse der 30 bis 50jährigen ist bei den regelmäßigen Starkrauchern (über 21 Zigaretten pro Tag) in Relation zu den Gesamtrauchern (Durchschnitt Bundesrepublik Deutschland 55,2 %)_*überdurchschnittlich hoch in Köln (57,7 %), Detmold (58,9 %) und Darmstadt (58,7 %)*_(Tab. 24). Bei den regelmäßigen Rauchern unter 21 Zigaretten pro Tag liegen die Abweichungen nur bei ± 1% vom Bundesdurchschnitt. Eine Ausnahme bildet der Regierungsbezirk Trier mit annähernd 8 % Unterschreitung des Bundesdurchschnitts bei den regelmäßigen Starkrauchern sowie auch bei den regelmäßigen Rauchern.

Die in dieser Studie besonders beachtenswerte Rumpfbevölkerung (30 bis 50 Jahre) ergab bei den Frauen folgendes Bild. In dieser Altersgruppe fallen bei den Frauen insbesondere die um 2 bis 3 % *über dem Bundesdurchschnitt von 42,5 % liegenden Regierungsbezirke Darmstadt, Detmold (50 %)* aber auch entgegen der männlichen Verteilungsstruktur die Regierungsbezirke *Düsseldorf und Köln (50 %)* auf, die bei den regelmäßigen Stark Rauchern (über 21 Zigaretten pro Tag) wie auch bei den regelmäßigen Rauchern (unter 21 Zigaretten pro Tag) diese überdurchschnittliche Rate aufweisen.

Die Regierungsbezirke Detmold - wie bei den Männern - aber auch Kassel mit den höchsten Anteilen an regelmäßigen weiblichen Stark Rauchern (7 bis 8 % über dem Bundesdurchschnitt) weisen hingegen bei den regelmäßigen Rauchern unter 21 Zigaretten pro Tag nur durchschnittliche Werte auf. Der Regierungsbezirk Trier weist ebenfalls bei den Frauen um 2,5 bis 6,7 % niedrigere Anteile an Raucherinnen (Stark- und regelmäßige Raucher) im Vergleich zum Bundesdurchschnitt auf.

Es bleibt festzuhalten, daß die Regierungsbezirke Münster, Detmold, Kassel, Rheinhessen-Pfalz, Koblenz, Trier und Saarland insbesondere in den jüngeren Altersklassen (unter 30 Jahren) über dem Bundesdurchschnitt liegende Anteile an regelmäßigen weiblichen Rauchern aufweisen. Die Regierungsbezirke Düsseldorf, Kassel, Darmstadt und insbesondere Detmold weisen hingegen in den höheren Altersklassen (über 30 Jahre) über dem Bundesdurchschnitt liegende Anteile von Rauchern auf.

Tab. 24: Geschlechtsspezifisches Rauchverhalten in der Bundesrepublik Deutschland. Quelle: Datenbank des STATISTISCHEN BUNDESAMTES. Sonderauswertung des Mikrozensus 1978. Eigene Bearbeitung.

Männliche Raucher

Regierungsbezirke Untersuchungsgebiet	pro 1000 Wohnbevölkerung Rauchen							
	Insgesamt			Davon im Alter 30 - 50 Jahre				
	Personen			Personen			Prozent (%)	
	gelegentlich	regelmäßig Zigaretten		gelegentlich	regelmäßig Zigaretten		regelmäßig Zigaretten	
		>21	<21		>21	<21	>21	<21
Düsseldorf	90	245	594	33	134	236	54,6	39,7
Köln	73	161	434	25	93	168	57,7	38,7
Münster	41	102	274	14	54	103	52,9	37,5
Detmold	35	56	184	10	33	71	58,9	38,5
Arnsberg	69	157	416	23	87	163	55,4	39,1
Darmstadt	101	155	406	36	91	161	58,7	39,6
Kassel	39	37	142	14	19	56	51,3	39,4
Koblenz	35	43	151	12	22	55	51,1	36,4
Trier	12	19	52	3	9	16	47,3	30,7
Rheinhessen-Pfalz	40	68	184	13	34	71	50,0	38,5
Karlsruhe	51	78	230	20	42	91	53,8	39,5
Saarland	19	42	123	6	21	44	50,0	35,7
Bundesgebiet	1275	2225	6376	430	1229	2443	55,2	38,3

Weibliche Raucher

Regierungsbezirke Untersuchungsgebiet	pro 1000 Wohnbevölkerung Rauchen							
	Insgesamt			Davon im Alter 30 - 50 Jahre				
	Personen			Personen			Prozent (%)	
	gelegentlich	regelmäßig Zigaretten		gelegentlich	regelmäßig Zigaretten		regelmäßig Zigaretten	
		>21	<21		>21	<21	>21	<21
Düsseldorf	94	68	377	33	30	145	44,1	38,4
Köln	82	47	268	34	18	97	38,2	36,1
Münster	50	28	142	17	11	52	39,2	36,6
Detmold	33	12	88	12	6	31	50,0	35,2
Arnsberg	79	36	226	30	14	81	38,8	35,8
Darmstadt	97	40	246	34	18	92	45,0	37,3
Kassel	32	8	67	10	4	24	50,0	35,8
Koblenz	35	9	72	10	3	24	33,3	33,3
Trier	11	5	24	4	2	7	40,0	29,1
Rheinhessen-Pfalz	37	17	99	13	7	36	41,1	36,6
Karlsruhe	51	17	114	19	7	41	41,1	35,9
Saarland	16	8	66	7	3	24	37,5	36,3
Bundesgebiet	1281	562	3620	447	239	1299	42,5	35,8

2.1.2.2 Berufsspezifisches Rauchverhalten

Die Ergebnisse des Mikrozensus von 1978 wurden bezüglich des berufs spezifischen Rauchverhaltens bereits 1984 von BORGERS/MENZEL (Ins titut für Sozialmedizin und Epidemiologie des Bundesgesundheitsamtes, 1984) ausgewertet, auf deren Ergebnisse im folgenden kurz eingegangen wird.

2.1.2.2.1 Allgemein

BORGERS/ MENZEL werteten 125 ausgewählte Berufe (Klassifikation des STATISTISCHEN BUNDESAMTES) aus, die alle relevanten Berufe enthielten. Es wurde sich dabei auf die Altersgruppe der 20 bis 30jährigen beschränkt, die die neue "Generation" in dem jeweiligen Beruf darstellen. BORGERS/MENZEL stellten fest, daß *die Berufe mit dem höchsten Prozentsatz von Zigarettenrauchern ausnahmslos manuelle Arbeiterberufe waren. Typisch für diese Berufe waren folgende Merkmale: "Körperlich anstrengende Arbeit, physische Belastungsfaktoren (Wetter, Schadstoffe usw.), Akkordarbeit"* (BORGERS/ MENZEL (1984) S. 1094). Frauen sind in diesen Berufen fast nicht zu finden.
Der Prozentsatz der Berufe mit den höchsten Zigarettenraucheranteilen ist aus Abb. 14 zu entnehmen.

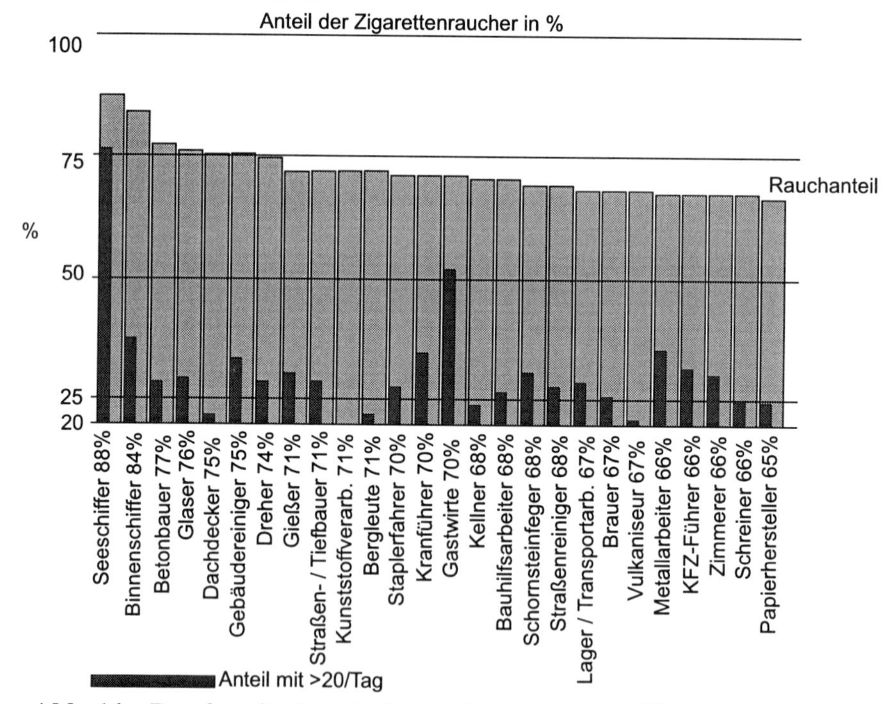

Abb. 14: Berufe mit dem höchsten Prozentsatz an Zigarettenrauchern (Anteil > 65%) Quelle: BORGERS/MENZEL (1984), S. 1094

Die Berufe, wie Maurer (61 %), Installateure (61 %), Fliesenleger (63 %), Schmiede (63 %) und Maschinenführer (Bagger-, Raupenführer) (61 %), auf die ebenfalls die o. g. Merkmale zutreffen, lagen nur geringfügig unter dem 65 %-Anteil. Es wurde des weiteren festgestellt, daß die jüngeren Altersgruppen im Durchschnitt mehr rauchen, was nicht durch den höheren Prozentsatz von Ex-Rauchern in der älteren Gruppe erklärbar war. Die Berufe mit dem niedrigsten Raucheranteil waren vorwiegend akademische Berufe.

Der Anteil der Stark-Raucher (über 20 Zigaretten/Tag) war in diesen Berufsgruppen zudem besonders gering. Daß möglicherweise durch den sozialen Druck dieser Personen aus höheren Bildungsschichten ein eher geringes Rauchverhalten angegeben wurde, kann eine dreifach niedrigere Prävalenz gegenüber den Berufen mit dem höchsten Raucheranteil nicht erklären.

Bei den Frauen - von denen ca. 60 % in dieser Altersgruppe im Erwerbsleben stehen - konzentrieren sich die Berufe auf wenige Berufsgruppen (Abb. 15). Der Anteil der Raucherinnen in diesen nach wie vor typischen Frauenberufen schwankt zwischen 30 und 65 %.

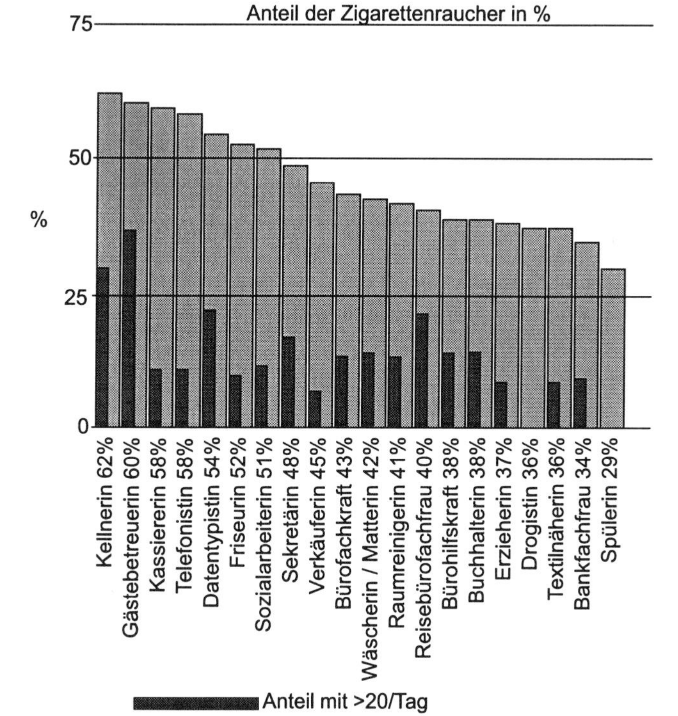

Abb. 15: Von Frauen ausgeübte Berufe mit dem jeweiligen Prozentsatz an Zigarettenraucherinnen in Prozent Quelle: BORGERS/MENZEL (1984), S. 1094

In Berufen, die nach wie vor häufig von Frauen ausgeübt werden, wie Datentypistinnen (54 %), Telefonistinnen (58 %), Kassiererinnen (59 %), Gästebetreuerinnen (60 %) und Kellnerinnen (62 %) erreicht die Anzahl der Raucherinnen fast die der männlichen Berufsgruppen mit dem höchsten Raucheranteil. Der Anteil der Raucherinnen in diesen Berufen liegt auf jeden Fall höher als in den Berufen (bei Männern), in denen am wenigsten geraucht wird.

2.1.2.2.2 Untersuchungsgebiet Bundesrepublik Deutschland

Auf der Grundlage dieser Erkenntnisse wurden speziell die "Männer- und Frauenberufe" mit einem hohen Anteil an Rauchern für das Untersuchungsgebiet Bundesrepublik Deutschland - auf Regierungsbezirksebene - detaillierter untersucht.
Berufe mit einem Anteil von Rauchern über 65 % sind nach dem Berufsschlüssel des STATISTISCHEN BUNDESAMTES folgende Berufsgruppen respektive Berufe:
Glasmacher, Bergleute, Kunststoffverarbeiter, Former, Formgießer, Metallverformer, Metallerzeuger, Metallbearbeiter (speziell Schweißer), Steinarbeiter, Baustoffhersteller, Vulkaniseur, Papierhersteller, Papierverarbeiter, Maurer, Betonbauer, Zimmerer, Dachdecker, Gerüstbauer, Strassen- und Tiefbauer, Bauhilfsarbeiter, Kfz-Führer, Lager- und Transportarbeiter, Berufe des Wasserverkehrs, Kran- und Baumaschinenführer, Gästebetreuer (Gastwirt, Kellner), Glas- und Gebäudereiniger sowie Straßenreiniger.

Spezielle "Frauenberufe" mit einem Anteil von Raucherinnen über 35 % sind:
Gästebetreuerin, Sozialarbeiterin, Buchhalterin, Kassiererin, Sekretärin (Datentypistin, Bürohilfsarbeiterin, Bürofachkräfte), Telefonistin, Textilverarbeiterin, Bankfachfrau, Fremdenverkehrsfachfrau, Friseuse, Drogistin, Verkäuferin, Wäscherin und Raumreinigerin.

Die höchste Anzahl an männlichen Erwerbstätigen in Berufen mit hohem Raucheranteil (über 65 % Raucher) weist der Regierungsbezirk Düsseldorf (263.000 Erwerbstätige) (Tab. 25), gefolgt vom Regierungsbezirk Arnsberg (218.000 Erwerbstätige), Köln (154.000 Erwerbstätige), Darmstadt (169.000 Erwerbstätige) und Münster (127.000 Erwerbstätige) auf. Die anderen Regierungsbezirke haben alle weniger als 100.000 Erwerbstätige in den Berufsgruppen mit hohem Raucheranteil.

Vergleicht man den Anteil der Beschäftigten in Relation zu den Gesamtbeschäftigten so weisen die Regierungsbezirke Arnsberg (22,4 %), Münster (21,0 %), Trier (20,4 %), Koblenz (19,5 %), Saarland (19,4 %) und Köln (18,9 %) einen Anteil von Berufen mit dem höchsten Anteil an Rauchern auf, der über dem Bundesdurchschnitt (17,5 %) liegt. Die anderen Regierungsbezirke Karlsruhe (16,7 %) und Darmstadt (15,0 %) haben hingegen nicht nur einen unter dem Bundesdurchschnitt liegenden Anteil an Erwerbstätigen in den Berufsgruppen mit hohem Raucheranteil, sondern gleichzeitig auch einen über dem Bundesdurchschnitt (5,3 %) liegenden Anteil an Berufen, bei denen der Raucheranteil gering (unter 35 % Raucher) ist (Köln 6,7 %, Darmstadt 6,3 %, Karlsruhe 6,5 %). Die Regierungsbezirke Kassel, Detmold und Rheinhessen-Pfalz haben hingegen eine ausgewogenere Raucherbilanz mit Anteilen von Stark- und Schwach-Rauchern, die beide unter dem Bundesdurchschnitt liegen.

Tab. 25: Beschäftigte in Berufsgruppen mit hohem Raucheranteil - nach Geschlecht -. Quelle: Sonderauswertung "Mikrozensus 1978", Datenbank des STATISTISCHEN BUNDESAMTES, Eigene Bearbeitung

Regierungsbezirke Untersuchungsgebiet	Erwerbstätige in 1000							
	Männliche Berufsgruppen					Weibliche Berufsgruppen		
	Insgesamt	über 65% Raucher		unter 35% Raucher		Insgesamt	über 35% Raucherinnen	
		Personen	%	Personen	%		Personen	%
Düsseldorf	1388	263	18,9	76	5,4	722	423	58,5
Köln	1037	154	14,8	70	6,7	535	287	53,6
Münster	603	127	21,0	32	5,3	295	159	53,8
Detmold	459	75	16,3	17	3,7	264	138	52,2
Arnsberg	970	218	22,4	48	4,9	465	258	55,4
Darmstadt	1122	169	15,0	71	6,3	664	373	56,1
Kassel	374	64	17,1	16	4,2	206	95	46,1
Koblenz	364	71	19,5	19	5,2	194	103	53,0
Trier	127	26	20,4	4	3,2	71	31	43,6
Rheinhessen-Pfalz	488	81	16,5	25	5,1	276	141	51,0
Karlsruhe	638	107	16,7	42	6,5	392	156	39,7
Saarland	272	53	19,4	13	4,7	120	73	60,8
Bundesgebiet	16326	2858	17,5	869	5,3	9692	5056	52,1

Auch bei den typischen Frauenberufen liegt in diesen Regierungsbezirken (Detmold = 52,2 %, Kassel = 46,1 %, Rheinhessen-Pfalz = 51 %) der Anteil von stark rauchenden weiblichen Erwerbstätigen (über 35 % Raucher) unter dem Bundesdurchschnitt. Der Regierungsbezirk Trier hat trotz eines hohen Anteils von stark rauchenden männlichen Erwerbstätigen bei den Frauen einen Anteil, der mit 43,6 % am weitesten unter dem Bundesdurchschnitt (52,1 %) liegt.

Alle anderen Regierungsbezirke haben einen Anteil von stärker rauchenden weiblichen Erwerbstätigen, der über dem Bundesdurchschnitt liegt.

Die höchsten Anteile von stark rauchenden männlichen Erwerbstätigen weist der Regierungsbezirk Arnsberg (22,4 %) auf, wo hingegen bei den Frauenberufen mit hohem Anteil an Raucherinnen das Saarland (60,8 %) den höchsten Anteil aufweist.

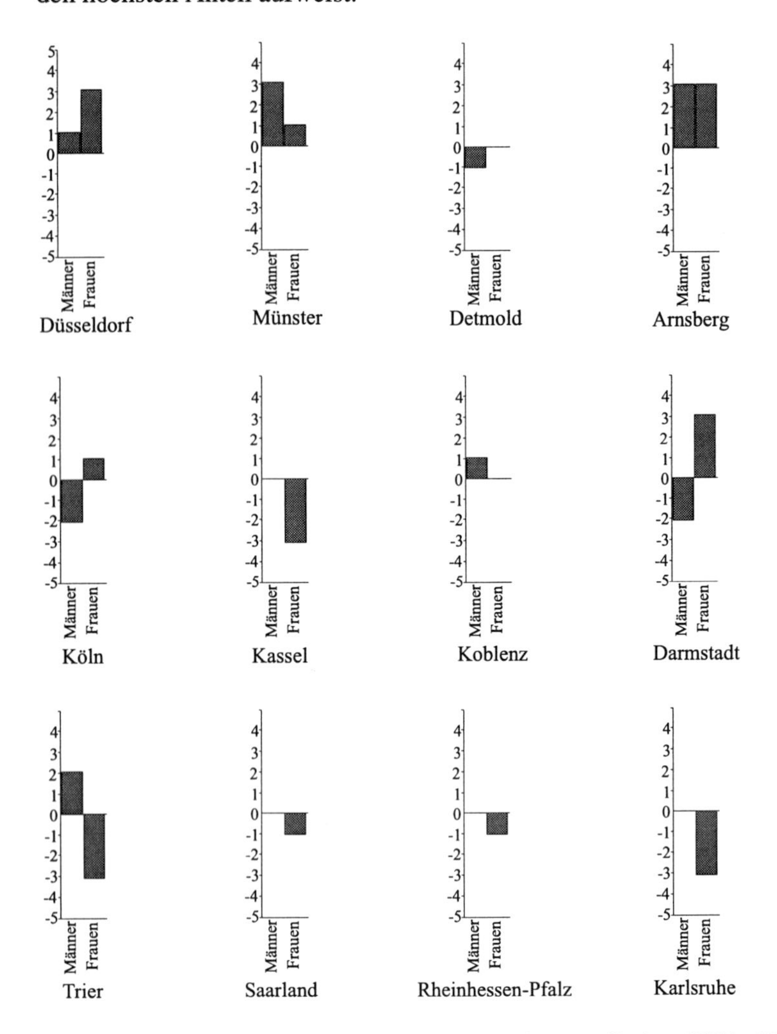

Karte 17: Männerberufe mit hohem Raucheranteil (> 65%) Untersuchungsgebiet Bundesrepublik Deutschland (Alterindex : Bundesdurchschnitt = 0)

Die Grundstruktur mit hohen Anteilen von Berufstätigen in Berufen mit generell höherem Raucheranteil stimmt bei den Frauen weitestgehend mit dem Gesamtrauchverhalten insbesondere in Darmstadt und Düsseldorf überein. Vereinzelt kann es jedoch zu Verschiebungen wie im Regierungsbezirk Detmold kommen, was durch die geringe Beschäftigtenanzahl und damit starken Schwankungen bedingt ist.

Bei den Männern war diese direkte Übereinstimmung mit den Berufen mit extrem hohem Raucheranteil (> 65 %) nicht festzustellen. Diese Berufsgruppen hatten allerding auch nur einen Anteil von 18 % an den Gesamtbeschäftigten.

2.1.3 Gesamtbeurteilung der Untersuchungsgebiete in der Bundes republik Deutschland

Die Ergebnisse der Analyse des Rauchverhaltens sind in folgender Tab. 26 zusammengefaßt und in Karte 17 geschlechtsspezifisch dargestellt.

Die Bewertung mußte sich nach dem Bundesdurchschnitt wie in Kapitel II 5 (Ansatz A) beschrieben richten, da nur auf Regierungsbezirksebene diese Daten vorlagen:

Bei < -3% des Bundesdurchschnittes der Indexwert 1
Bei -3 - -2% des Bundesdurchschnittes der Indexwert 2
Bei -2 - -1% des Bundesdurchschnittes der Indexwert 3
Bei +- 1% des Bundesdurchschnittes der Indexwert 4
Bei 1 - 2% des Bundesdurchschnittes der Indexwert 5
Bei 2 - 3% des Bundesdurchschnittes der Indexwert 6
Bei > 3% des Bundesdurchschnittes der Indexwert 7

Überdurchschnittliche Anteile von starken Rauchern (über 21 Zigaretten pro Tag) weist bei den Männern sowie bei den Frauen der Regierungsbezirk Düsseldorf aber auch der Regierungsbezirk Darmstadt und Köln auf. Im Regierungsbezirk Trier gibt es vor allem über dem Bundesdurchschnitt liegende Anteile von Raucherinnen. In diesem Regierungsbezirk aber auch in Rheinhessen-Pfalz, Koblenz, Kassel und Karlsruhe handelt es sich vor allem um Raucher respektive Raucherinnen der jüngeren Altersgruppen (unter 30 Jahren). Der Anteil der Beschäftigten mit hohen Raucheranteilen (über 65 %) bei den Männern ist insbesondere im Regierungsbezirk Arnsberg, Münster und Trier besonders hoch. Bei den Frauenberufen mit hohem Raucheranteil (über 35 % Raucherinnen) weist wiederum der Regierungsbezirk Arnsberg aber auch die Regierungsbezirke Düsseldorf, Darmstadt sowie das Saarland überdurchschnittlich hohe Anteile auf.

Es bleibt festzuhalten, daß eine kreisbezogene Berücksichtigung der Indoorpollution unter Berücksichtigung des Hauptfaktors - des Rauchverhaltens - kaum möglich ist.

Die Datenbasis, die die weitestgehenden Ergebnisse auf Regierungsbezirke absicherbar liefern könnten - der Mikrozensus 1978 -, ermöglichte nach Prüfung nur eine grobe räumliche Differenzierung. Eine Kreisrangfolgensortierung nach dem Ansatz B ist dadurch nicht machbar gewesen.

Allerdings wurde deutlich, daß die regionalen Unterschiede bezüglich des Rauchverhaltens doch recht beträchtlich (Trier 47 % Starkraucheranteile, Darmstadt 58 % Starkraucheranteile) sein können. Die geschlechtsspezifischen Verhaltensmuster schwanken dabei sehr stark, wobei tendenziell doppelt so viel Männer wie Frauen regelmäßig rauchen und über viermal so viel Männer wie Frauen im Untersuchungsgebiet stark rauchen. Gelegentliche Raucher sind bei den Männern und Frauen vergleichbar hoch.

Tab. 26: Störvariablenindex des Raucherverhaltens je Regierungsbezirk nach Geschlecht -Untersuchungsgebiet Bundesrepublik Deutschland-. Quelle: Mikrozensuserhebung 1978. Datenbank des STATISTISCHEN BUNDESAMTES. Eigene Bearbeitung

Regierungsbezirke Untersuchungs-gebiet	Indexwerte Rauchen			
	Regelmäßige Raucher über 21 Zigaretten / Tag		Anteil der Beschäftigten in Berufen mit hohem Raucheranteil	
	Alterklasse 30 - 50			
	Männer	Frauen	Männer	Frauen
Düsseldorf	5	5	5	7
Köln	5	4	2	5
Münster	4	4	7	5
Detmold	4	4	3	4
Arnsberg	5	4	7	7
Darmstadt	5	4	2	7
Kassel	1	4	4	1
Koblenz	2	3	5	4
Trier	3	4	6	1
Rheinhessen-Pfalz	4	4	4	3
Karlsruhe	4	4	4	3
Saarland	4	3	5	7
Bundesgebiet	4	4	4	4

Eine regional-räumliche differenziertere Aussage konnte aufgrund der statistisch nicht mehr absicherbaren Ergebnisse auf Kreisebene nicht erfolgen. Es lassen sich somit nur näherungsweise grobe räumliche Strukturen aufzeigen.

Für das französische Untersuchungsgebiet standen keine derartigen Datengrundlagen zur Auswertung zur Verfügung. Es ist somit für das französische Untersuchungsgebiet nicht möglich, mit eines der Haupteinflußfaktoren berücksichtigen zu können.

2.2 Beruf

Neben dem individuellen Rauchverhalten ist die berufliche Exposition gegenüber Umweltnoxen ein weiterer Faktor, der im Rahmen der Arbeitshypothese untersucht werden soll.

2.2.1 Gesundheitsrelevanz der berufsbedingten SchadstoffexpositionIn fast allen Bereichen der Arbeitswelt gibt es Arbeitsplätze, an denen inhalative Noxen in Form von Stäuben, Rauchen, Dämpfen oder Gasen auftreten. Ein Teil der Erkrankungen durch pathogene Einflüsse am Arbeitsplatz wird in den Statistiken der Berufskrankheiten und Arbeitsunfälle erfaßt. Der VERBAND DEUTSCHER RENTENVERSICHERUNGSTRÄGER (VDR) veröffentlicht seit 1950 u. a. statistische Daten über Änderungen der gesetzlichen Rentenversicherung der Arbeiter und Angestellten. In dieser Statistik sind auch Zu- und Abnahmen von Versicherungsrenten aufgrund von Berufsunfähigkeit und Erwerbsunfähigkeit aufgegliedert nach Geschlecht, Alter, Arbeitsverhältnis (Arbeiter/Angestellter) und Diagnose enthalten. Die Berufsgruppen des VDR und des Statistischen Bundesamtes sind jedoch nicht identisch und die Berufsgruppen somit nicht deckungsgleich. Auch ist die Abgrenzung, ob jemand berufsunfähig oder erwerbsunfähig ist, nach der Rechtsprechung des Bundessozialgerichts (BSG) (Beschluß des Großen Senats des BSG vom 10. und 11.12.1969) stark fließend. Die Grenzen der Aussagefähigkeit ergeben sich insbesondere dadurch, daß

- der Einfluß der Mortalität unter 65 Jahren unberücksichtigt bleibt, obwohl "Arbeiter im Alter von 30 bis 69 Jahren nach Untersuchungen von EWERS (1983) eine höhere Mortalität aufweisen als Angestellte und Beamte";

- in der Statistik nur das zuletzt bestehende Beschäftigungsverhältnis dokumentiert wird;

- es an Angaben über die konkrete Arbeitsplatzbelastung durch Stäube und chemische Luftverunreinigungen fehlt.

Nach Untersuchungen von EWERS ((1983) S. 563), der die Rentenversicherungsstatistik von 1971 bis 1979 auswertete (Tab. 27), konnte festgestellt werden, daß männliche wie auch weibliche Arbeiter im Vergleich zu den Angestellten nahezu doppelt so häufig wegen Berufsunfähigkeit berentet wurden:

Des weiteren ist auch eine höhere Frühinvaliditätsrate an malignen Erkrankungen bei den männlichen als bei den weiblichen Versicherten zu beobachten. Nach EWERS ((1983) S. 568) ist daher zu vermuten, daß der im Vergleich zu den Angestellten höhere Anteil an Arbeitern an den

Berufsunfähigkeits- und Erwerbsunfähigkeits-Rentenzugängen zum Teil durch kanzerogene Exposition am Arbeitsplatz verursacht oder mitverursacht ist (so auch VIEFHUES ((1981) S. 60). Die Schätzungen, wie hoch der Anteil an Krebserkrankungen durch Kanzerogene am Arbeitsplatz ist, liegen zum Teil (Tab. 28) beträchtlich auseinander.

Tab. 27: Frühinvaliditätsraten bei bösartigen Neubildungen bei Arbeitern (ArV) und Angestellten (AnV) in der gesetzlichen Rentenversicherung. Quelle: EWERS (1983) S. 563

ICD Nr.	Diagnose	Männer ArV	Männer AnV	Frauen ArV	Frauen AnV
140 - 149	bösartige Neubildungen der Mundhöhle und des Rachens	2,26	0,97	0,78	0,42
160 - 163	bösartige Neubildungen der Atmungsorgane	17,85	8,54	3,25	1,48

* Zahl der BU- und EU-Rentenzugänge pro 100000 Versicherte

Tab. 28: Schätzungen des prozentualen Anteils exogen verursachter Krebserkrankungen (Arbeitswelt und Umwelt) an der allgemeinenKrebsmortalität. Quelle: VALENTIN/TRIEBIG (1985) S. 360

Autoren	Jahr	Prozentzahl	Verursacht durch	Bezeichnung
Schmähl	1975	0,1%	Karzinogene am Arbeitsplatz	alle Berufskrebse
Royal Society Study Group	1978	bis 1%	Karzinogene am Arbeitsplatz	alle Berufskrebse
Hoffmann und Wynder	1978	0,4 - 4%	Karzinogene am Arbeitsplatz	Berufbedingte Krebse der Lunge, Leber Niere und Harnblase
Roe	1978	1 - 5%	Karzinogene am Arbeitsplatz	alle Berufskrebse
Uks Health and Safety Executive	1980	1 - 5%	Karzinogene am Arbeitsplatz	alle Berufskrebse
Doll und Peto	1981	4% (2 - 8%)	Arbeit und Beruf	alle Berufskrebse
Higginson und Muhr	1979	w. 2% m. 8%	Arbeit und Beruf	alle Berufskrebse
Cole	1977	w. 5% m. 15%	Karzinogene am Arbeitsplatz	alle Berufskrebse
National Cabcer Institute (NCI)	1978	ca. 20%	Karzinogene am Arbeitsplatz	alle Berufskrebse
Califano	1978	min. 20%	Karzinogene am Arbeitsplatz	alle Berufskrebse
Public Health Officials Report (University of Texas)	1978	ca. 33%	Karzinogene am Arbeitsplatz	alle Berufskrebse
US Government Report	1978	23 - 38%	Karzinogene am Arbeitsplatz	alle Berufskrebse
Higginson	1969	80 - 90%	Enviromental factors, including, lifestyle, personal habits and so on	alle Berufskrebse

Auch die Statistiken der Berufskrankheiten des Hauptverbandes (Tab. 29) der gewerblichen Berufsgenossenschaft und die Unfallverhütungsberichte der Bundesregierung spiegeln nur einen Teil der durch arbeitsplatzbedingte Schadstoffexposition hergerufenen Erkrankungen wider.

Tab. 29: Erstmals im Zeitraum 1970 bis 1981 entschädigte Fälle von Berufskrankheiten, bei denen Krebserkrankungen auftreten können Quelle: VALENTIN/TRIEBIG (1985), S. 358

Arbeitsstoff bzw. Berufskrankheit	Bk-Nr.	1970	1975	1979	1980	1981
Aromatische Amine - Harnwege	1301	6	8	18	16	22
Arsenverbindungen	1108	3	1	2	2	1
Asbestose mit Lungenkrebs	4104	2	15	21	19	24
Asbest - Mesotheliom	4105	(Gültig ab 1.1.1977)		34	36	68
Benzol	1303	6	8	7	10	5
Chromverbindungen	1103	7	7	8	4	8
Halogenvkohlenwasserstoffe	1302	20	26	14	6	16
Hautkrebs	5102	17	6	7	6	3
Strahlen	2402	2	7	2	3	4

So umfaßt bereits die Liste der krebserzeugenden Arbeitsstoffe der Senatskommission zur Prüfung gesundheitsschädlicher Arbeitsstoffe der DEUTSCHEN FORSCHUNGSGEMEINSCHAFT (1984) "MAK-/BAT-Werte Liste 1984 Chemie" über 23 eindeutig als krebserzeugend ausgewiesene Arbeitsstoffe und deren Verbindungen sowie über 44 Arbeitsstoffe, die in Tierversuchen eindeutig als krebserregend festgestellt wurden. Des weiteren besteht bei über 69 Arbeitsstoffen der begründete Verdacht auf ein krebserzeugendes Potential. Auch die Arbeitsstoffverordnung (1982 "Verordnung über gefährliche Arbeitsstoffe - Arbeitsstoffverordnung - ArbstoffV - in der Fassung vom 11.02.1982") enthält über 41 ausgewiesene krebserzeugende Arbeitsstoffe. Wie lang jedoch bei den einzelnen krebserzeugenden Noxen die Expositionszeit im Mittel der Beschäftigungszeit war, ist schwer zu sagen. Nach VALENTIN/ TRIEBIG beträgt die Expositionszeit bei der überwiegenden Zahl der Noxen "mindestens 10 Jahre" (VALENTIN/ TRIEBIG (1985) S. 376), wobei während dieser Zeit die Konzentrationshöhe eine unterschiedliche Rolle spielt, um zu Krebsgeschwüren zu führen.

2.2.2 Berufsbedingte Erkrankungen im Zusammenhang mit inhalativen NoxenIn fast allen Bereichen der Arbeitswelt gibt es Arbeitsplätze, an denen inhalative Noxen in Form von Stäuben, Rauch, Dämpfen oder Gasen auftreten. Insbesondere bei den bronchopulmonalen Erkrankungen (Tab. 30) kommt den Stäuben eine besondere Bedeutung zu.

Tab. 30: Äthiologie berufsbedingter bronchopulmonaler Erkrankungen. Quelle: VALENTIN et al. (1985) S. 173

	Exogene Ursache	Wirkung
1.	Staub, Rauch, oder Dampf von Arsen, Asbest, Alkalichromaten, Haloäthern, Holzstaub von Buche und Eiche, Nickel; Pyrolyseprodukte aus organischem Material; radioaktive Stäube	Insbesondere Malignome der Lunge der Pleura, der Nasennebenhöhlen und des Kehlkopfes
2.	Quarzfeinstaub und quarzhaltige Feinstäube, z.B. Kohlengrubenstaub; Silikatfeinstäube: u.a. Asbest, Talkum, Berylliumoxid. Bauxitfeinstaub; Hartmetallfeinstaub	Lungenfibrose: Silikose, Anthrakosilikose. Asbestose, Talkose. Berylliose. Aluminose. Hartmetalllunge
3.	u.a. Staub von Mehl, Holz, Federn, Haaren, Rizinusschrot	allergisch verursachte obstruktive Atemwegserkrankungen
4.	u.a. Staub von verschimmeltem Heu, Stroh, Getreide, Gemüse	allergisch verursachteAlveolitis z.B.als „Farmer-(Drescher)Lunge"
5.	u.a. Staub, Rauch oder Dampfd von Arsen, Beryllium, Cadmium, Chrom, Dlisocyanaten, Fluorverbindungen, Mangan, Thomasphosphat, Vanadium sowie zahlreiche sog. Reizgase	chemisch-irraitv oder toxisch verursachte, akute oder chronische obstruktive Atemwegserkrankungen, sog. Bronchopneumonie und / oder Lungenödem, sog. Bronchopneuopathie
6.	u.a. Staub von Rohbaumwolle oder Flachs	vorwiegend toxisch verursachte akute obstruktive Atemwegserkrangungen mit Übergang in das chronische unspezifische respiratorische Syndrom (CURS) als „Byssinose" bzw. „Flachslunge"
7.	u.a. Staub oder Rauch von Barium, Eisen, Ruß, Zinn	sog. Speicherkrankheiten : Barytose, Siderose, Rußlunge, Zinnoxidlunge

Lungenveränderungen nach Ablagerungen von eingeatmetem Staub (Pneumokoniosis) spielen demnach eine bedeutende Rolle. "Weit über die Hälfte der Aufwendungen der Berufsgenossenschaften" (VALENTIN et al. (1985) S. 177) entfielen auf Erkrankungen durch Staub.
Betrachtet man die einzelnen Erkrankungen, ergeben sich recht detaillierte Angaben über berufsspezifische Schadstoffexpositionen.

So tritt die Silikose (Quarzstaublungenerkrankung) überwiegend bei Arbeitern im Bergbau und in der Stein-, Gies- und Sandindustrie, in denen Materialien mit Quarzanteil be- und verarbeitet werden (Kohle- und Erzgewinnung, Gießereien, Glasherstellung sowie bei der Verwendung von Quarzsand als Strahlmittel), auf. 1981 entfielen dabei von 28.000 entschädigungspflichtigen Silikosefällen ca. 24.000 auf Bergbauarbeiter.

Bei der Asbestose (Asbeststaublungenerkrankung) sind überwiegend Arbeiter der Asbestindustrie (Asbest-, Zement-, Papier-, Pappen-, Dichtungen-, Filter-, Textilien- und Kunststoffherstellung) aber auch weiterverarbeitende und anwendende Gewerbezweige (Hoch-, Tiefbau-, Kfz-, Gewerbe-, Lüftung-, Klima- und Heizungsbaugewerbe) betroffen (VALENTIN et al. (1985) S. 237).

Andere Lungenfibrosen können bei der Herstellung und Verarbeitung von Hartmetallen (Dreher, Bohrer, Schleifer) entstehen. Chemisch irritativ oder toxisch wirkende Arbeitsstoffe kommen wiederum an zahlreichen Arbeitsplätzen vor, an denen atembare Stoffe organischer oder anorganischer Zusammensetzung (Dämpfe, Rauch, Gase) vorhanden sind.

Es läßt sich festhalten, daß nach VALENTIN et al., VIEFHUES und EWERS im Bergbau, in der Steine- und Erdenindustrie, in der Eisen- und Metallindustrie in der chemischen und Elektroindustrie sowie in den Gewerbezweigen Bau, Nahrungsmittel, Textil und Holz schwerpunktmäßig höher belastete Arbeitsplätze vorliegen.

2.2.3 Räumliche Verteilung der Berufe mit hoher Arbeitsplatzexposition

Die berufsspezifische Schadstoffexposition soll im folgenden in den Untersuchungsgebieten Bundesrepublik Deutschland und Frankreich näher analysiert werden.

2.2.3.1 Untersuchungsgebiet Bundesrepublik Deutschland

Zunächst soll die Datenbasis in der Bundesrepublik Deutschland analysiert werden, bevor das französische Untersuchungsgebiet mit einbezogen wird.

2.2.3.1.1 Ergebnisse des Mikrozensus 1978

Für das Untersuchungsgebiet Bundesrepublik Deutschland läßt sich aufgrund des Mikrozensus von 1978 bereits eine grobe Untergliederung der einzelnen Regierungsbezirke vornehmen (Vgl. Kapitel 2.1 Rauchen). Alle die Berufsgruppen, die in einer der o. g. Industriezweige tätig sind, wurden zusammengefaßt zur Gruppe der potentiellen durch inhalative Noxen gefährdeten Arbeitsplätze: Bergleute, Betonbauer, Dreher, Gießer, Straßen- und Tiefbauer, Bauhilfsarbeiter, Metallarbeiter, Vulkaniseur, Schweißer, Papierhersteller, Kunststoffverarbeiter, Glaser, Brauer, Schornsteinfeger, Straßen- und Gebäudereiniger, Gastwirt, Kellner, Lager- und Transportarbeiter, Zimmerer und Kfz-Führer. Typisch für diese Berufe ist körperlich anstrengende Arbeit, physische Belastungsfaktoren (Schadstoffe, Wetter usw.) sowie Akkordarbeit. Diese Gruppierung umfaßt dabei die selben Arbeitsbereiche, die auch von BORGERS/ MENZEL ((1984) S. 1094) als die Bereiche gekennzeichnet wurden, die einen überdurchschnittlich hohen

Raucheranteil aufwiesen. In diesen Arbeitsbereichen können somit berufliche Schadstoffexpositionen sowie zusätzlich höherer Zigarettenkonsum (nach VALENTIN et al. (1985) S. 253) weniger additive als vielmehr multiplikative Effekte hervorrufen.
Diese Berufsgruppen, die ca. 17 % aller Berufe umfassen, können somit als besonders mit inhalativen Noxen belastet angesehen werden.
Anhand dieser Gruppierung können zwar nur näherungsweise Aussagen über die tatsächliche Anzahl belasteter Arbeitsplätze in den einzelnen Gebieten gemacht werden, detailliertere Datengrundlagen bestehen jedoch z. Z. auch bei den Berufskrankenkassen noch nicht.

Aufgrund dieser Gruppierung ergibt sich für das Untersuchungsgebiet Deutschland folgendes Bild:
Der Regierungsbezirk Arnsberg weist durch die Industriestandorte im "Ruhrgebiet Ost" den höchsten Anteil (22,4 %) von hoch belasteten Arbeitsplätzen auf. Auch die hohen Anteile im Regierungsbezirk Münster (21 %) und Düsseldorf (18,9 %) weisen bedingt durch die Industriestandorte im "Ruhrgebiet Mitte" und "Ruhrgebiet Ost" sowie in der Rheinschiene hohe Anteile von Berufstätigen in den gefährdeten Arbeitsbereichen auf.

Aber auch der Regierungsbezirk Trier (20,4 %) sowie das Saarland (19,4 %) und der Regierungsbezirk Koblenz (19,5 %) verzeichnen noch über dem Bundesdurchschnitt (17,5 %) liegende Anteile hoch belasteter Arbeitsplätze auf. Die anderen Regierungsbezirke, insbesondere Köln (14,8 %) und Darmstadt (15,0 %) weisen alle unter dem Bundesdurchschnitt liegende Anteile in dieser Beschäftigtengruppe auf.

Diese Aussagen, die nur für die Regierungsbezirke quantifizierbar sind, liefern jedoch nur eine sehr grobe Aussage, die aufgrund der Mikrozensusfallzahlen nicht statistisch auf Kreisebene abgesichert sind.
Im folgenden soll dementsprechend geprüft werden, ob diese Aussagen über die amtlichen Beschäftigtenstatistiken für die einzelnen Kreise quantifizierbar sind.

2.2.3.1.2 Ergebnisse der Beschäftigtenstatistik

Um einen detaillierteren Vergleich der Berufsstruktur in den einzelnen Kreisen zu erhalten, wurde zusätzlich die amtliche Statistik der "Versicherungspflichtig Beschäftigten" herangezogen. Aus dieser Statistik wurde für jeden einzelnen Kreis die Beschäftigtenstruktur analysiert. Die Daten bezüglich der Beschäftigten im Bergbau und verarbeitenden Gewerbe, die berufsbedingt nach der durchgeführten Literaturanalyse der höchsten Schadstoffexposition ausgesetzt sind, wurden je Kreis für die Jahre 1979 bis 1985 ausgewertet.

Der Anteil der Beschäftigten in Berufen mit höherer Arbeitsplatzexposition liegt im Bundesmittel bei 46 % Anteil an den Gesamtbeschäftigten.
Es war nicht möglich die sehr hoch mit inhalativen Noxen belasteten Beschäftigten - die in etwa 17 % an den Gesamtbeschäftigten ausmachen- gesondert zu erfassen. Somit stellen die hier erfaßbaren Beschäftigten nicht die extremstbelastete Beschäftigungsgruppe dar, sondern die Beschäftigtengruppe mit zu erwartender höherer Arbeitsplatzexposition.

Der Beschäftigtenanteil im produzierenden Gewerbe ist im Verhältnis zu Gesamtbevölkerung besonders in Leverkusen, Ludwigshafen, Mannheim, Frankenthal, Pirmasens, Darmstadt und Groß-Gerau sehr hoch. In Frankfurt, Offenbach, Saarbrücken, Saar-Pfalz-Kreis, Kaiserslautern, Remscheid und Krefeld liegt der Anteil dieser Beschäftigtengruppen im Mittel der Jahre 1979 bis 1986 noch bei 20 bis 25 % Anteil an der Gesamtbevölkerung. Im Kreis Coesfeld und Münster liegt der Beschäftigtenanteil der Arbeiter mit höherer Berufsbelastung durch inhalative Noxen dagegen extrem niedrig.
Im Vergleich zu den Gesamtbeschäftigten (Karte 18) ergibt sich ein ähnliches Bild, allerdings treten hier nun deutlich auch die Randbereiche um die Kernstädte hervor, so beispielsweise die Kreise Pirmasens (78 %), Kassel (61,5 %), Saarlouis (63,7 %) und Merzig-Wadern (65 %). Das Ruhrgebiet weist im Mittel der Jahre 1979 bis 1986 einen erhöhten Beschäftigtenanteil im verarbeitenden Gewerbe von 50%, jedoch nicht die höchsten Anteile auf.

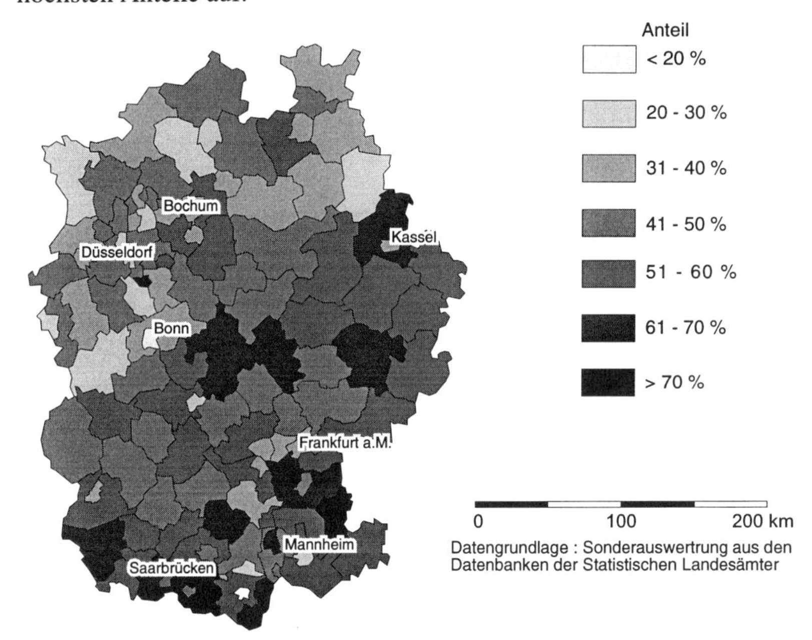

Karte 18: Arbeitsplätze mit hoher Immissionsbelastung durch inhalative Noxen (Mittel 1979-86).

Sehr hohe Übereinstimmungen (Karte 18) mit diesem Bundesgebietsmittel sind in Pirmasens (78 %), Ludwigshafen (71 %), Frankenthal (67 %) sowie in Merzig-Wadern (65 %) zu verzeichnen. Die niedrigsten Beschäftigtenzahlen in Berufen mit höherer Arbeitsplatzexposition gegenüber Umweltnoxen sind in Coesfeld, Koblenz, Düsseldorf (26 %), Trier (32 %) und insbesondere Bonn (14 %) zu verzeichnen, die im Falle von Bonn einen deutlichen Schwerpunkt im tertiären Sektor aufweisen.

2.2.3.2 Untersuchungsgebiet Frankreich

Der Pariser Ballungsraum bildet die stärkste Arbeitskonzentration Frankreichs: mit ca. 2,6 Millionen Beschäftigten im tertiären Sektor und 1,4 Millionen Beschäftigten in der Industrie. Der Anteil der Erwerbstätigen liegt im Pariser Ballungsraum (49,3 %) deutlich höher als in den anderen Teilen Frankreichs (40 %). Dies gilt für alle Altersschichten, außer dem Bereich der Jugendlichen unter 18 Jahren. Nach Beschäftigungsklassen gliedert sich die Pariser Erwerbsbevölkerung wie folgt: Arbeiter (1,375 Mio; 33,1 %), Angestellte (1,041 Mio; 24,6 %), mittlere Angestellte (726.000; 17 %), leitende Angestellte (500.000; 12 %), Dienstpersonal (320.000; 7,6 %) und Arbeitgeber (243.000; 5,7%) (TUPPEN (1983) S. 40). Der Prozentsatz der Arbeiter schwankt dabei von 22 % in Paris bis zu 41 % im Departement Seine St Denis. Wie aus der Abb. 16 Entwicklung der Industriebeschäftigten im Gebiet Ile de France zu entnehmen ist, ist dabei der stärkste Anstieg der industriebeschäftigten Arbeiter in Paris gefolgt von dem Departement Hauts de Seine und Val de Marne zu verzeichnen, wobei insbesondere das Departement Val de Marne den stärksten prozentualen Zuwachs zu verzeichnen hat.

Der Anteil der Arbeiter, die stärker mit inhalativen Noxen an ihrem Arbeitsplatz belastet sind, liegt in dem französischen Untersuchungsgebiet nirgends unter 50 % des Anteils an den Gesamtbeschäftigten (vgl. Karte 16). Die Klasse unter 20 % und 20 - 30 % wurde dementsprechend in der graphischen Darstellung gegenüber dem Gebiet der Bundesrepublik Deutschland zusammengefaßt. In Paris liegt der Anteil am höchsten - im gesamten französischen Untersuchungsgebiet - mit einem Anteil von über 70 % an den Gesamtbeschäftigten. Die Departements Hauts de Seine, Val de Marne und Essonne weisen Beschäftigtenanteile von 60 bis 70% im produzierenden Gewerbe auf und liegen damit auf dem Niveau der am meisten Arbeitsplätze mit erhöhten inhalativen Umweltnoxen aufweisenden Kreise des Untersuchungsgebietes der Bundesrepublik Deutschland.

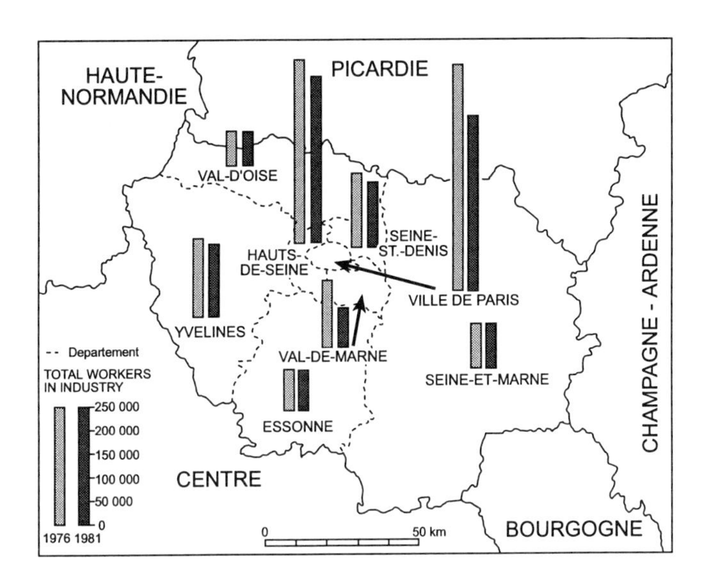

Abb. 16: Entwicklung der Industriebeschäftigten 1976 und 1981 im Raum Ile de France Quelle: TUPPEN (1983) S. 49

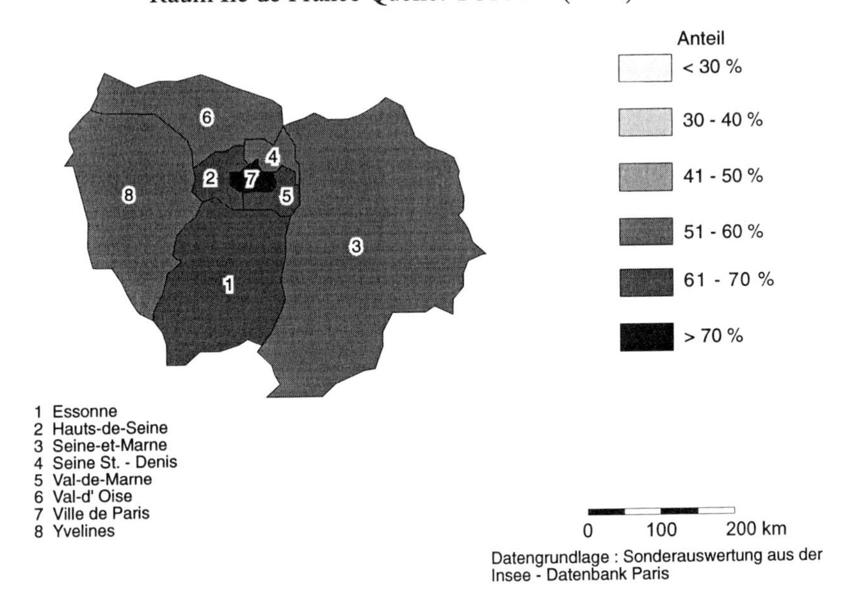

Karte 19: Arbeitsplätze mit höherer Immissionsbelastung durch Inhalative Noxen (Mittel 1979 - 86) Beschäftitge Anteile im verarbeitenden Gewerbe an Gesamtbeschäftigten

Es konnte festgestellt werden, daß die vorhandene Datenbasis für die Untersuchungsräume der Bundesrepublik Deutschland wie auch von Frankreich nur diese näherungsweise Bewertung der Arbeitsplätze mit erhöhten Belastungen durch inhalative Noxen ermöglicht. Allerdings liegt der Bezugsparameter sehr detailliert auf Kreisebene vor, so daß eine Rangfolgensortierung mit Auswertung nach dem Ansatz B möglich ist.

Die Arbeitshypothese, daß dieser Parameter in seiner regional-räumlichen Struktur in die Analyse mit einfließen kann, ist somit wenn auch nur grob machbar.

2.3 Urbanisierungsindex

In diese Untersuchung mit einbezogen wurde die Urbanität, da bis 1979/80 unter anderem dieser Faktor auch als Indikator für die Benzo(a)pyren-Konzentration herangezogen werden kann. Die Berücksichtigung dieses Parameters stellt dabei entgegen den anderen Parametern einen Summenparameter dar.

Unter Urbanisierung (Verstädterung) sind die durch städtebauliche Erschließung entstandenen Stadtsiedlungen mit einer hohen Bevölkerungsdichte zu verstehen.
Von der Ministerkonferenz für Raumordnung wurden die Kriterien für stark urban geprägte Räume (Verdichtungsräume) bereits 1968 festgelegt und wurden anschließend im Raumordnungsgesetz auch so niedergelegt. Danach sind Verdichtungsräume Gebiete, in denen die Einwohnerzahl pro km^2 bei über 1.000, bei einer Gesamteinwohnerzahl von über 150.000 Einwohnern liegt und eine Einwohnerarbeitsplatzdichte von 1.250 vorliegt (MINISTERKONFERENZ FÜR RAUMORDNUNG (1968), S. 2).

Um diesen Verdichtungsraum stärker zu gliedern, wurden darüber hinaus Kernstädte ausgewiesen. Es handelt sich dabei um die kreisfreien Städte sowie auch zum Teil um nicht kreisfreie Städte mit übergeordneten Funktionen. Die Randzonen um die Verdichtungsräume zeichnen sich durch eine Einwohnerzahl von über 240 Einwohnern pro km^2 aus. Im Rahmen dieser Studie wird eine Analyse nur auf Kreisebene durchgeführt, so daß eine weitere Zuordnung von einzelnen Gemeinden hier nicht weiter ausgeführt werden muß.

2.3.1 Untersuchungsgebiet Bundesrepublik Deutschland

Da die Bevölkerungsdichte für das Untersuchungsgebiet der Bundesrepublik Deutschland bereits ausführlich unter Kapitel III 3.3 beschrieben und auch graphisch dargestellt wurde, sollen hier nur die Schwerpunkte nochmals erwähnt werden.
Nach den Kriterien eines Verdichtungsraumes kann das gesamte Rhein-Ruhr-Gebiet als Verdichtungsraum bezeichnet werden. Allein 20 Kreise

weisen über 1.000 Einwohner pro km² auf. Düsseldorf, Essen, Oberhausen, Gelsenkirchen, Bochum, Dortmund, Herne, Leverkusen, Köln und Bonn weisen sogar über 2.000 Einwohner pro km2 auf. In Hessen weisen die Kreise Frankfurt am Main, Offenbach, Kassel, Wiesbaden und Darmstadt Einwohnerdichten über 1.000 Einwohner pro km2 und in Rheinland-Pfalz Ludwigshafen, Mainz, Koblenz, Frankenthal und Speyer. Dies trifft ebenfalls für Mannheim und Heidelberg zu. Nur das Saarland hat keinen Kreis mit einer Einwohnerdichte über 1.000 Einwohner pro km^2 (Maximalwert Saarbrücken = 887 Einwohner pro km^2).

Da die Siedlungs- und Verkehrsflächen ebenfalls einen Indikator für die Urbanisierung darstellen, wurde dieser Parameter zusätzlich in die Analyse mit einbezogen.
Angaben über die Flächennutzung der Bundesrepublik Deutschland bestehen seit 1979, als zum ersten Mal eine tatsächliche Bodennutzungsflächenerhebung stattfand, die 1981 und 1984 während des Untersuchungszeitraumes wiederholt wurde. Die Fläche wurde in dieser Flächennutzungserhebung gemäß § 3 des Gesetzes über Bodennutzung und Erntestatistik vom 21.08.1978 (Bundesgesetzblatt I, S. 1509) nach dem "Belegenheitsprinzip" erhoben. Dies bedeutet, daß nur die Flächen in den Gemeinden nachgewiesen werden, in deren Gemarkung sie liegen. Da die erste Flächennutzungserhebung 1979 nach Auskunft des Statistischen Landesamtes noch sehr viele Anlauffehler enthielt, wurde für diese Studie nur die 1981 und 1984er Flächennutzungserhebung herangezogen.

Als Indikator wird für diese Studie die Siedlungsfläche (Karte 20) herangezogen. Diese Siedlungsfläche setzt sich zusammen aus der Gebäude- und Freifläche unter die auch "Vorgärten, Hausgärten, Spielplätze oder Stellplätze" (STAATSMINISTERIUM BADEN-WÜRTTEMBERG (1986), S. 8) und die Verkehrsflächen fallen. Die Anteile der Verkehrsflächen können dabei zum Teil sehr erheblich sein. So war 1981 von 15 % der Siedlungsfläche in Heidelberg annähernd 8 % Verkehrsfläche (STADT HEIDELBERG (1982), S. 21).
Aufgrund dieser Bedeutung wurden die Verkehrsflächenanteile in Karte 21 graphisch gesondert nochmals dargestellt.

In die Korrelationsanalyse fließt jedoch nur der Summenparameter Siedlungsfläche mit ein. Die detaillierte Datengrundlage läßt dabei auch eine Analyse nach dem Ansatz B zu.

Einen Siedlungsflächenanteil an der Gesamtfläche (hohe Urbanität) von über 45 % weisen die Kreise Ludwigshafen, Kassel, Dortmund, Bochum, Leverkusen, Köln und Oberhausen auf. Die höchste Verdichtung mit über 55 % weisen die Kreise Essen, Duisburg, Düsseldorf, Gelsenkirchen und Herne auf.
Zieht man zusätzlich die Verkehrsflächenanteile (Karte 21) heran, so weist das gesamte Ruhrgebiet einen Anteil von über 10% Verkehrsflächen an der

Gesamtfläche auf. Zusätzlich zu den Gebieten mit bereits sehr hohem Siedlungsflächenanteil kommen nun aber auch Gebiete wie Frankfurt, Darmstadt, Offenbach, Mannheim, Frankenthal und Worms hinzu, die aufgrund ihres hohen Verkehrsflächenanteils näherungsweise auch eine hohe Belastung durch Kfz-Verkehr aufweisen.
Sehr niedrige Siedlungsflächenanteile weisen die Kreise Coesfeld, Hochsauerland-Kreis, Vogelsberg-Kreis und der Donnersberg-Kreis auf.

Die Berücksichtigung des Urbanisierungsindex ermöglichte eine sehr deutliche regionale Differenzierung, wie sie in keiner anderen Einflußvariable gegeben ist.

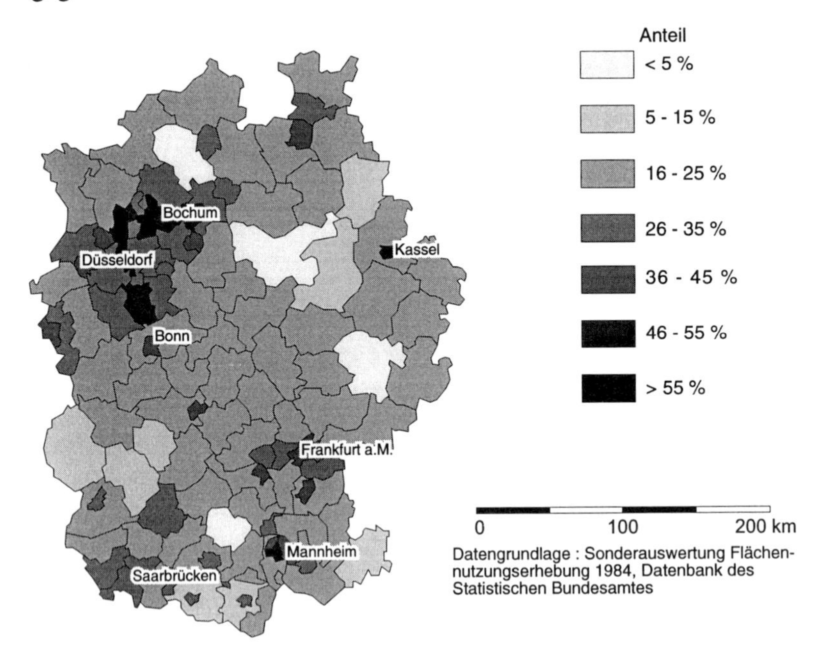

Karte 20: Siedlungflächenanteil 1984. Untersuchungsgebiet Bundesrepublik Deutschland

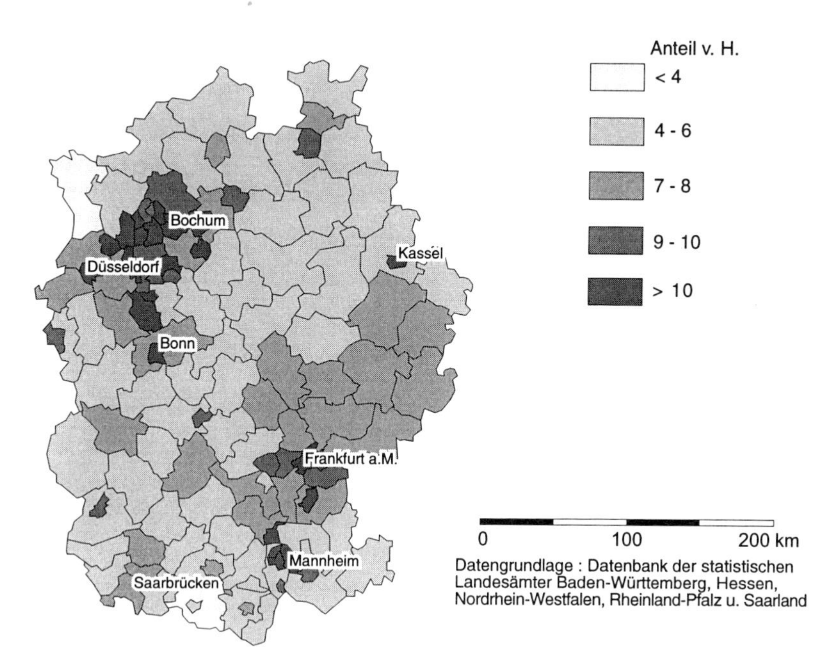

Karte 21: Verkehrflächenanteil (1984) an der Gesamtfläche. Untersuchungsgebiet Bundesrepublik Deutschland

2.3.2 Untersuchungsgebiet Frankreich

Zur Quantifizierung des allgemeinen Urbanitätsindexes für das französische Untersuchungsgebiet wurde analog zum Untersuchungsgebiet Bundesrepublik Deutschland die Bevölkerungsdichte (Einwohner(E)/km^2) (Karte 22) herangezogen. Die Bevölkerungsdichte liegt in den Umlanddepartements von Paris in Seine et Marne (128 E/km^2), Val d'Oise (675 E/km^2), Essonne (512 E/km^2) und Yvelines (447 E/km^2 weit unter 1000 E/km^2). Im engeren Verdichtungsraum der sogenannten "proche banlieue" mit den Departements Val de Marne (4961 E/km^2) Seine St Denis (5597 E/km^2) und Hauts de Seine (8193 E/km^2) ist eine deutlich höhere Einwohnerdichte zu verzeichnen. Die absolut höchste Verdichtung ist in Paris selbst mit 21.820 E/km2 (BASTIÉ (1980) S. 15) festzustellen. Aufgrund der hohen Übereinstimmung mit der Flächennutzung wurde auf eine gesonderte Auswertung hier verzichtet.

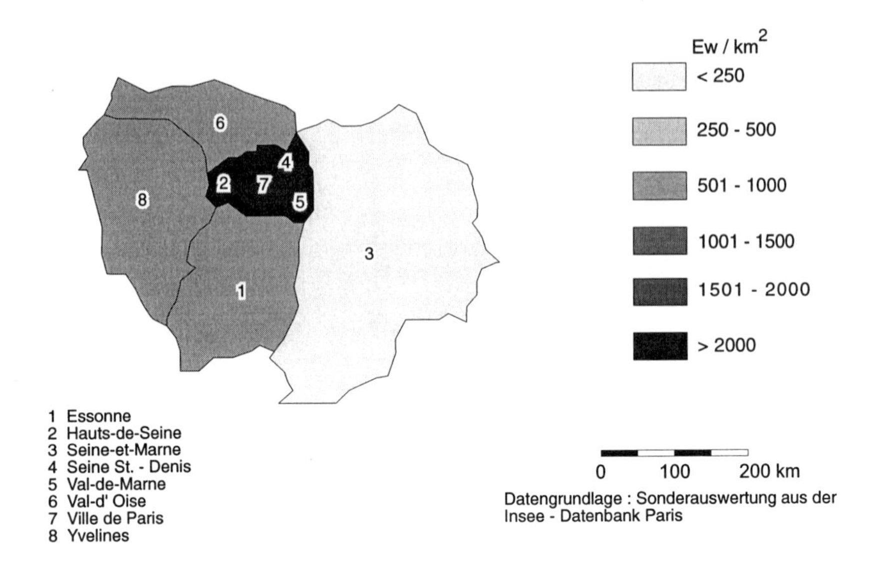

Karte 22: Bevölkerungsdichte der Gebiete Einwohner/km^2 . Untersuchungsgebiet Frankreich

2.4 Indexwerte der Ziel- und Störvariablenanalyse

Im folgenden sind die Indexwerte der Ziel- und Störvariablenanalyse tabellarisch wiedergegeben.
Es wird jeweils nach dem Ansatz A (Tab. 32) und B (Tab. 31) unterschieden.

Tab. 31: Zielvariablenindex der Luftschadtstoffbelastung je Kreis, Untersuchungsgebiet Bundesrepublik Deutschland, Ansatz B. Quelle: Eigene Bearbeitung

Belastungsindex von 1 (niedrig) bis 7 (hoch)

Kreis	KFZ	Hochbelastete Berufe / Bevölkerung	SO_2	NO_2	Staub	Siedlungsfläche
KS Düsseldorf	7	1	7	6	5	7
KS Duisburg	7	2	7	3	7	7
KS Essen	7	1	7	6	1	7
KS Krefeld	7	4	6	2	7	6
KS Mönchen-Gladbach	6	2	5	3	5	6
KS Mühlheim	7	2	7	3	7	6
KS Oberhausen	7	3	7	6	7	7
KS Remscheid	6	5	4	5	6	6
KS Solingen	6	3	5	5	6	6
KS Wuppertal	7	3	6	5	6	7
Kleve	3	1	4	3	6	1
Mettmann	6	4	6	5	7	6
Neuss	5	3	3	4	6	6
Viersen	4	2	4	2	6	5
Wesel	4	4	5	2	6	3
KS Aachen	6	1	4	1	3	6
KS Bonn	7	1	6	5	6	7
KS Köln	7	1	3	7	6	7
KS Leverkusen	7	7	6	5	6	7
Aachen	4	4	3	1	4	4
Düren	3	2	4	4	5	2
Erftkreis	5	3	4	3	6	5
Euskirchen	2	1	2	2	2	1
Heinsberg	4	3	4	3	6	4
Oberbergischer Kreis	3	4	5		3	3
Rheinisch-Berg.-Kreis	5	1	5	6	6	4
Rhein-Sieg-Kreis	4	2	5	5	5	3
KS Bottrop	7	3	7	3	7	6
KS Gelsenkirchen	7	3	7	6	7	7
KS Münster	5	1	7	4	7	5
Borken	3	2	5	3	7	2
Coesfeld	2	1	3	5	7	1
Recklinghausen	5	3	7	3	7	5
Steinfurt	3	3	3	3	6	2
Warendorf	2	4	5	4	7	2
KS Bielefeld	6	2	7	1	5	6
Gütersloh	4	5	5	3	5	3
Herford	4	3	6	3	4	5
Hoexter	1	1	3	1	5	1
Lippe	3	2	3	1	4	2
Minden-Luebbecke	3	2	2	2	2	2
Paderborn	2	2	3	1	5	2
KS Bochum	7	2	6	7	7	7
KS Dortmund	7	1	6	4	7	7
KS Hagen	6	1	4	3	6	6
KS Hamm	5	2	4	3	7	5
KS Herne	7	3	7	7	7	7
Ennepe-Ruhr-Kreis	5	5	4	4	6	6
Hochsauerland Kreis	1	3	1	2	4	1
Märkischer Kreis	4	6	1	4	5	3
Olpe	5	6	1	1	1	3
Siegen	3	4	2	1	1	3
Soest	3	3	5	3	7	1
Unna	5	5	4	4	7	5
KS Darmstadt	6	3	5	6	6	7
KS Frankfurt a. M.	7	1	7	6	5	7
KS Offenbach a .M.	7	5	7	7	5	7
KS Wiesbaden	6	1	6	7	5	6
Bergstrasse	4	6	5	4	4	3
Darmstadt-Dieburg	4	7	4	6	1	5
Gross-Gerau	5	7	4	6	5	4
Hochtaunuskreis	4	3	3	7	1	4
Limburg-Weilburg	2	4	2	5	2	5

Belastungsindex von 1 (niedrig) bis 7 (hoch)

Kreis	KFZ	Hochbelastete Berufe / Bevölkerung	SO_2	NO_2	Staub	Siedlungsfläche
Main-Kinzig-Kreis	3	5	5	6	2	1
Main-Taunus-Kreis	5	1	7	7	4	2
Odenwaldkreis	2	7	5	2	2	2
Offenbach	4	6	6	7	4	5
Rheingau-Taunus-Kr.	3	6	7	7	4	4
Vogelsbergkreis	1	7	3	2	4	1
Wetteraukreis	3	5	4	6	1	4
Giessen	3	4	3	6	5	4
Lahn-Dill-Kreis	3	7	6	4	5	2
KS Kassel	6	2	6	7	4	7
Fulda	2	6	5	5	3	4
Hersfeld-Rotenburg	1	6	3	2	3	4
Kassel	2	7	5	5	4	3
Marburg-Biedenkopf	2	5	7	2	3	2
Schwalm-Eder-Kreis	1	6	6	2	3	3
Waldeck-Frankenberg	1	6	4	2	3	1
Werra-Meissner-Kreis	1	7	3	2	3	2
KS Koblenz	6	1	2	5	4	6
Ahrweiler	1	4	4	5	5	1
Altenkirchen	2	6	6	1	2	2
Bad Kreuznach	2	5	1	5	2	2
Birkenfeld	1	4	1	1	1	4
Cochem-Zell	1	3	1	5	2	1
Mayen-Koblenz	3	7	1	5	5	2
Neuwied	2	6	2	4	4	3
Rhein-Hunsrück-Kreis	1	5	1	4	2	4
Rhein-Lahn-Kreis	1	5	3	6	3	2
Westerwaldkreis	2	7	6	2	3	1
KS Trier	5	2	1	7	3	5
Bernkastel-Wittlich	1	4	1	1	1	1
Bitburg-Prüm-Kreis	1	5	1	1	1	1
Daun	1	5	1	1	1	4
Trier-Saarburg	1	6	2	7	3	2
KS Frankenthal	5	7	3	6	3	6
KS Kaiserslautern	5	4	2	6	2	5
KS Landau Pfalz	4	3	1	3	2	6
KS Ludwigshafen	6	7	3	7	4	7
KS Mainz	6	2	5	5	5	6
KS Neustadt	4	2	1	7	2	3
KS Primasens	5	5	1	1	1	5
KS Speyer	6	4	1	6	2	1
KS Worms	6	5	3	4	5	6
KS Zweibrücken	4	6	6	5	3	5
Alzey-Worms	2	2	2	7	4	4
Bad Dürkheim	3	4	2	7	2	3
Donnersberg-Kreis	1	7	2	6	2	1
Germersheim	3	7	2	3	1	3
Kaiserslautern	2	5	3	4	2	3
Kusel	1	6	1	1	1	2
Süd. Weinstrasse	2	5	2	1	1	1
Ludwigshafen	4	4	2	7	3	3
Mainz-Bingen	3	6	2	4	4	4
Pirmasens	1	7	1	1	1	1
KS Heidelberg	6	1	2	4	1	4
KS Mannheim	7	4	6	6	3	7
Rhein-Neckar-Kreis	4	6	2	2	1	3
SV Saarbrücken	5	5	5	7	4	3
Merzig-Wadern	2	7	4	2	3	2
Neunkirchen	6	6	7	1	1	5
Saarlouis	5	7	7	4	2	5
Saar-Pfalz-Kreis	5	7	6	2	2	3
Sankt Wendel	2	5	2	2	2	4

Tab. 32: Indexwerte Ziel- und Störvariablen auf Kreisebene - Untersuchungsgebiet Bundesrepublik Deutschland -Ansatz A und B. Quelle: Eigene Bearbeitung

Belastungsindex von 1 (niedrig) bis 7 (hoch)

Kreis	KFZ	Schwer-metalle	SO_2	NO_2	Staub	männl. Raucher 30-50 Jahre	weibl. Raucher 30-50 Jahre	männl. Berufe über 65% Raucher	weibl. Berufe über 35% Raucher	hoch belastete Berufe / Bevölkerung	Siedl-ungs-fläche
KS Düsseldorf	7	5	5	5	5	4	7	4	6	2	7
KS Duisburg	7	6	6	5	6	4	7	4	6	2	7
KS Essen	7	5	5	4	4	4	7	4	6	2	7
KS Krefeld	7	5	6	5	5	4	7	4	6	4	5
KS Mönchen-Gladbach	7	5	5	5	5	4	7	4	6	3	5
KS Mühlheim	7	5	7	5	5	4	7	4	6	3	5
KS Oberhausen	7	5	5	6	5	4	7	4	6	4	6
KS Remscheid	7	5	3	5	5	4	7	4	6	5	5
KS Solingen	7	5	3	5	5	4	7	4	6	4	5
KS Wuppertal	4	5	4	5	5	4	7	4	6	4	5
Kleve	2	3	5	5	4	4	7	4	6	2	3
Mettmann	7	5	4	5	4	4	7	4	6	4	5
Neuss	7	5	5	4	5	4	7	4	6	4	4
Viersen	4	5	4	5	4	4	7	4	6	3	4
Wesel	4	3	4	3	5	4	7	4	6	4	3
KS Aachen	7	5	4	5	4	4	7	4	6	2	5
KS Bonn	7	3	3	2	4	4	4	3	4	1	5
KS Köln	7	5	4	4	5	4	4	3	4	2	6
KS Leverkusen	7	5	4	5	5	4	4	3	4	6	6
Aachen	5	5	2	1	3	4	4	3	4	4	4
Düren	2	3	3	1	4	4	4	3	4	3	3
Erftkreis	5	4	3	3	4	4	4	3	4	4	4
Euskirchen	1	3	2	1	4	4	4	3	4	2	3
Heinsberg	3	2	3	1	4	4	4	3	4	4	3
Oberbergischer Kreis	2	4	3	2	4	4	4	3	4	4	3
Rheinisch-Berg.-Kreis	5	4	4	4	5	4	4	3	4	3	4
Rhein-Sieg-Kreis	4	4	3	2	4	4	4	3	4	3	3
KS Bottrop	7	5	7	5	7	4	4	6	4	3	5
KS Gelsenkirchen	7	5	7	5	7	4	4	6	4	4	7
KS Münster	7	2	3	2	5	4	4	6	4	2	4
Borken	2	3	4	5	4	4	4	6	4	3	3
Coesfeld	1	2	4	5	4	4	4	6	4	2	1
Recklinghausen	7	5	6	7	5	4	4	6	4	4	4
Steinfurt	2	4	3	4	4	4	4	6	4	4	3
Warendorf	1	3	3	3	4	4	4	6	4	4	3
KS Bielefeld	7	3	3	3	4	4	4	4	4	3	5
Gütersloh	2	3	3	3	4	4	4	4	4	5	3
Herford	5	4	3	2	4	4	4	4	4	4	4
Hoexter	1	2	4	2	4	4	4	4	4	3	2
Lippe	2	3	3	2	4	4	4	4	4	3	3
Minden-Luebbecke	2	4	3	2	4	4	4	4	4	3	3
Paderborn	1	2	4	2	4	4	4	4	4	3	3
KS Bochum	7	5	6	4	6	4	4	6	6	3	6
KS Dortmund	7	5	6	5	6	4	4	6	6	3	6
KS Hagen	7	5	7	5	4	4	4	6	6	3	5
KS Hamm	7	5	4	5	4	4	4	6	6	3	4
KS Herne	7	5	7	5	6	4	4	6	6	5	7
Ennepe-Ruhr-Kreis	7	5	4	4	6	4	4	6	6	5	4
Hochsauerland Kreis	1	5	1	2	4	4	4	6	6	4	1
Märkischer Kreis	4	5	3	2	4	4	4	6	6	5	3
Olpe	1	4	3	2	4	4	4	6	6	4	3
Siegen	2	5	4	4	4	4	4	6	6	4	3
Soest	2	4	4	3	4	4	4	6	6	3	3
Unna	7	5	6	4	5	4	4	6	6	5	4
KS Darmstadt	7	4	5	3	4	5	4	3	6	4	5
KS Frankfurt a. M.	7	5	6	4	6	5	4	3	6	3	5
KS Offenbach a .M.	7	5	5	4	5	5	4	3	6	4	5
KS Wiesbaden	7	4	5	3	6	5	4	3	6	3	4
Bergstrasse	3	3	4	4	5	5	4	3	6	5	3
Darmstadt-Dieburg	3	4	5	3	5	5	4	3	6	6	3
Gross-Gerau	5	3	4	5	5	5	4	3	6	6	3
Hochtaunuskreis	4	5	4	5	5	5	4	3	6	4	3
Limburg-Weilburg	2	5	6	5	7	5	4	3	6	4	3

Tab. 32 (Fortsetzung): Indexwerte Ziel- und Störvariablen auf Kreisebene - Untersuchungsgebiet Bundesrepublik Deutschland - Ansatz A und B. Quelle: Eigene Bearbeitung

Belastungsindex von 1 (niedrig) bis 7 (hoch)

Kreis	KFZ	Schwermetalle	SO_2	NO_2	Staub	männl. Raucher 30-50 Jahre	weibl. Raucher 30-50 Jahre	männl. Berufe über 65% Raucher	weibl. Berufe über 35% Raucher	hoch belastete Berufe/Bevölkerung	Siedlungsfläche
Main-Kinzig-Kreis	2	4	5	5	5	5	4	3	6	5	3
Main-Taunus-Kreis	7	5	4	4	4	5	4	3	6	3	4
Odenwaldkreis	1	2	3	4	4	5	4	3	6	7	3
Offenbach	7	4	5	4	5	5	4	3	6	5	5
Rheingau-Taunus-Kr.	2	3	5	4	4	5	4	3	6	6	3
Vogelsbergkreis	1	4	5	3	5	5	4	3	6	6	1
Wetteraukreis	2	3	4	2	5	5	4	3	6	4	3
Giessen	2	4	4	3	4	5	4	3	6	4	3
Lahn-Dill-Kreis	2	4	4	2	4	5	4	3	6	6	3
KS Kassel	7	3	7	3	5	4	3	4	1	3	6
Fulda	1	4	2	2	3	4	3	4	1	5	3
Hersfeld-Rotenburg	1	3	2	2	3	4	3	4	1	5	3
Kassel	1	3	6	3	5	4	3	4	1	6	3
Marburg-Biedenkopf	1	4	5	4	5	4	3	4	1	4	3
Schwalm-Eder-Kreis	1	3	4	3	5	4	3	4	1	4	3
Waldeck-Frankenberg	1	3	4	3	5	4	3	4	1	5	2
Werra-Meissner-Kreis	7	4	2	2	3	4	3	4	1	5	3
KS Koblenz	1	3	2	2	4	4	1	4	4	2	5
Ahrweiler	1	3	4	4	2	4	1	4	4	4	3
Altenkirchen	1	3	2	1	4	4	1	4	4	6	3
Bad Kreuznach	1	3	3	1	5	4	1	4	4	4	3
Birkenfeld	1	2	2	2	5	4	1	4	4	4	4
Cochem-Zell	1	1	2	2	4	4	1	4	4	4	2
Mayen-Koblenz	2	3	2	2	4	4	1	4	4	5	3
Neuwied	2	3	3	2	5	4	1	4	4	5	3
Rhein-Hunsrück-Kreis	1	2	3	2	5	4	1	4	4	5	3
Rhein-Lahn-Kreis	1	3	3	2	5	4	1	4	4	4	3
Westerwaldkreis	1	5	3	2	5	4	1	4	4	6	3
KS Trier	7	3	3	3	5	3	1	5	1	3	4
Bernkastel-Wittlich	1	2	3	2	4	3	1	5	1	4	2
Bitburg-Prüm-Kreis	1	2	2	2	4	3	1	5	1	4	2
Daun	1	2	2	1	4	3	1	5	1	5	3
Trier-Saarburg	1	3	3	2	4	3	1	5	1	5	3
KS Frankenthal	7	5	4	6	5	2	2	4	4	6	5
KS Kaiserslautern	7	3	4	3	5	2	2	4	4	4	4
KS Landau Pfalz	4	2	4	5	5	2	2	4	4	3	5
KS Ludwigshafen	7	5	5	7	6	2	2	4	4	7	6
KS Mainz	7	5	5	6	4	2	2	4	4	3	5
KS Neustadt	4	2	4	5	5	2	2	4	4	2	3
KS Primasens	7	2	3	2	4	2	2	4	4	5	4
KS Speyer	7	5	4	6	5	2	2	4	4	4	3
KS Worms	6	3	4	5	5	2	2	4	4	5	4
KS Zweibrücken	4	3	3	4	5	2	2	4	4	5	4
Alzey-Worms	1	2	4	5	5	2	2	4	4	3	3
Bad Dürkheim	1	2	4	4	5	2	2	4	4	4	3
Donnersberg-Kreis	1	3	4	2	5	2	2	4	4	6	1
Germersheim	2	2	4	4	4	2	2	4	4	6	3
Kaiserslautern	1	3	3	2	4	2	2	4	4	5	3
Kusel	1	1	2	2	2	2	2	4	4	5	3
Süd. Weinstrasse	1	2	4	4	5	2	2	4	4	5	2
Ludwigshafen	4	3	3	5	5	2	2	4	4	4	3
Mainz-Bingen	2	3	5	6	5	2	2	4	4	5	3
Pirmasens	1	2	3	2	5	2	2	4	4	7	2
KS Heidelberg	7	5	4	4	6	4	4	1	3	2	4
KS Mannheim	7	5	5	5	7	4	4	1	3	4	5
Rhein-Neckar-Kreis	4	5	4	4	3	4	4	1	3	5	3
SV Saarbrücken	7	3	5	4	7	4	3	4	6	5	4
Merzig-Wadern	1	2	4	4	5	4	3	4	6	6	3
Neunkirchen	6	2	6	4	7	4	3	4	6	5	4
Saarlouis	4	3	6	6	7	4	3	4	6	6	4
Saar-Pfalz-Kreis	3	2	4	4	5	4	3	4	6	6	3
Sankt Wendel	1	2	4	4	5	4	3	4	6	5	3

V. MORTALITÄTSANALYSE DER UNTERSUCHUNGS GEBIETE

1. Mortalitätsdatenbasis

Die amtliche Todesursachenstatistik ist die einzige flächendeckende zur Verfügung stehende Datenquelle, die - wie unter Kapitel II 3.1 eingehend erörtert - für eine regionale Vergleichsanalyse der Untersuchungsgebiete in der Bundesrepublik Deutschland und Frankreich in Frage kommt.

Aus dieser Todesursachenstatistik wurden die Todesursachengruppen - wie unter Kapitel III 3.1 ausgeführt - herausgefiltert, die im möglichen Zusammenhang mit der regionalen Luftschadstoffsituation stehen könnten.

Es handelt sich hierbei um die Positionen der

- **bösartigen Neubildung** (ICD 140 - 208) mit den Untergruppen der bösartigen Neubildungen der Atmungsorgane (ICD 160 - 163) und den bösartigen Neubildungen der Luftröhre, der Bronchien und der Lunge (ICD 162);

- **Krankheiten des Kreislaufsystems** (ICD 390 - 459)

- **Krankheiten der Atmungsorgane** (ICD 460 - 519) mit den Untergruppen der chronischen Bronchitis (ICD 490 - 491), Emphysem (ICD 492) und Asthma (ICD 493).

Wie in Abbildung 18 dargestellt, werden die Todesfallzahlen dieser ICD-Positionen auf der Basis der Volkszählungsdaten von 1987 im Fünfjahres-Intervall nach dem - in Kapitel III 3.2 beschriebenen Verfahren - neu berechneten Standard der Bundesrepublik Deutschland 1987 gewichtet (vgl. Wichtungsstandards in Tab. 4), um eine Gebietsvergleichbarkeit zu erreichen.

Die Fünfjahres-Altersgruppen wurden anschließend zu drei Altersklassen (unter 35 Jahre, 35 - 65 Jahre und über 65 Jahre) zusammengefaßt, wobei der Schwerpunkt bei der Altersklasse der 35 - 65jährigen (der im Berufsleben stehenden Personengruppe = Rumpfbevölkerung) - wie unter Kapitel III 3.2 begründet - liegen soll.

Wie aus Abb. 17 zu entnehmen ist, sollen diese Altersklassen der jeweiligen ICD-Position nach ihrer Standardisierung überprüft werden auf die Arbeitshypothesen, nämlich inwieweit

- regional-räumliche Disparitäten feststellbar sind und diese
- statistisch gesicherte Ergebnisse auf der Grundlage der Fallzahlen ermöglichen.

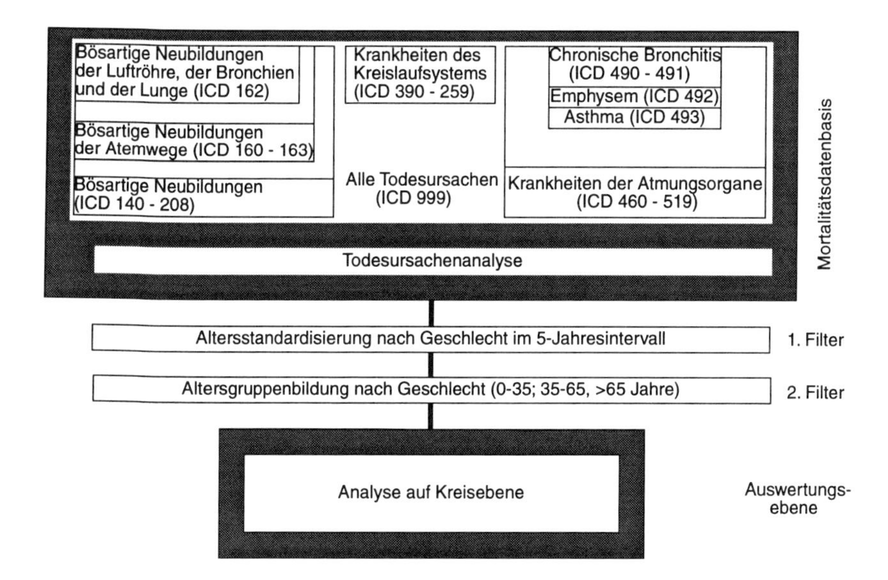

Abb. 17: Filterung der Mortalitätsfallzahlen. Quelle: Eigene Bearbeitung

In diesem Zusammenhang muß nochmals - wie unter Kapitel I bereits erläutert - betont werden, daß durch die Berücksichtigung von über 2.8 Mio Todesfällen nicht die individuelle Exposition sowie auch nicht die individuelle Vorbelastung (genetische Vorbelastung, angeborene Fehlbildung oder erworbene Schädigung) (vgl. Abb. 1) erfaßt werden kann.

Der Untersuchungsansatz, der dieser Studie zugrunde liegt, geht vielmehr davon aus, daß ein großes Kollektiv von Personen mit regional-räumlichen ähnlichen Strukturen auch ähnliche Todesfallzahlen aufweisen müßte oder falls nicht, ob diese Veränderung mit höheren oder niedrigeren Luftschadstoffbelastungen korrellieren.

2. Mortalitätsanalyse der Todesursachenklassen

2.1 Gesamtmortalität (ICD 999)

Zunächst ist die Gesamtmortalität zu analysieren, um die Einzelpositionen im Anschluß daran quantifizieren zu können.
Um eine vergleichende Analyse der unterschiedlichen Mortalitätsstruktur durchführen zu können, wurden bei der Kartendarstellung jeweils equidistante Klassen - nach dem Ansatz A - gebildet, die von dem Medianwert ausgehen, da nur so eine statistische Verzerrung durch Extremwerte vermieden werden konnte.
Als Medianwert wurde bei den 125 berücksichtigten Kreisen jeweils die Position 63 bei einer Rangfolgensortierung als Medianwert - wie unter Ka-

2.1.1.2 Regional-räumliche Analyse

Die regional-räumlichen Analysen wurden im folgenden immer auf die Rumpfbevölkerung in dem Untersuchungsgebiet Bundesrepublik Deutschland bezogen, die im Mittel der Jahre 1979 - 1986 in ihrer regional-räumlichen Struktur analysiert wurden.

Wie aus Tab. 10 (Kapitel III 5) zu entnehmen, liegen bei der Gesamtmortalität über 40 % bei den Männern im geringen Schwankungsbereich +/- 10 %, bei den Frauen sogar 56 %. Ähnliche Strukturen ergeben sich auch bei den bösartigen Neubildungen, allerdings sind hier bereits bei denen der Luftröhre, der Bronchien und der Lunge über 34 % in den Klassen über +/- 30 % vertreten.

Tab 33: Mortalitätsraten im Mittel aller Kreise - Untersuchungsgebiet Bundesrepublik Deutschland und Frankreich -. Quelle: Auswertung aus den Mortalitätsdatenbanken der STATISTISCHEN LANDESÄMTER und der INSEE- Datenbank (Institut National de la Santé et de la Recherche Medical)

	ICD-Position	Mittelwerte der Mortalitätsraten								Medianwert	
		Männer 0-35	Männer 35-65	Männer > 65	Männer Insg.	Frauen 0-35	Frauen 35-65	Frauen > 65	Frauen Insg.	Männer 35-65	Frauen 35-65
Untersuchungsgebiet Bundesrep. Deutschland	140-208	12.189	102.284	265.893	380.967	3.140	66.992	150.442	220.575	95.448	66.362
	160-163	4.484	44.803	105.003	154.292	0.207	4.845	14.229	19.281	35.601	4.258
	162	2.392	31.316	69.493	103.207	0.179	4.366	13.094	17.641	29.310	3.922
	390-459	3.061	101.841	472.360	577.263	1.834	43.641	494.593	540.068	111.80	42.469
	460-519	1.482	18.756	105.995	126.233	1.559	6.824	30.608	38.991	13.236	3.928
	490-491	0.450	5.779	37.379	43.608	0.237	1.457	12.758	14.453	4.874	0.981
	492	0.403	3.392	29.173	32.968	0.353	0.997	5.448	6.839	1.414	0.199
	493	0.455	7.052	31.183	38.691	0.793	2.920	8.202	11.916	3.297	2.160
	999	50.599	326.010	1257.19	1633.79	27.627	157.511	811.955	997.094	321.77	154.96
Untersuchungs-gebiet Frankreich	140-208	3.943	121.271	279.767	404.982	3.205	57.409	122.865	183.480	95.448	66.362
	162	0.246	30.312	63.889	94.447	0.102	4.148	14.754	19.005	29.310	3.922
	390-459	2.418	63.296	366.866	432.581	1.440	19.830	279.781	301.052	111.90	42.469
	460-519	0.881	9.745	84.070	94.998	0.676	3.239	43.487	47.403	13.236	3.928
	999	53.519	304.130	1018.90	1376.54	28.929	131.186	670.764	830.880	321.77	154.96

Auch bei den Krankheiten des Kreislaufsystems zeigen sich bei den Männern starke Abweichungen vom Median in den Kreisen. Bei den Krankheiten der Atmungsorgane wird mitbedingt durch die geringe Fallzahl eine sehr heterogene Struktur mit starken Spitzenwerten deutlich, weshalb es in dieser Mortalitätsklasse zu den stärksten Medianabweichungen kommt. Derartig starke Unterschiede könnten durchaus auch mitbedingt durch die Luftschadstoffsituation oder das Rauchverhalten oder eines der anderen berücksichtigten Kriterien sein, wobei aber die geringe Todesratenanzahl von unter 5 % bei den Männern und bei den Frauen sogar von 1,1 % nur eine äußerst vorsichtige Interpretation in diesem Bereich zulassen. Dies gilt insbesondere auch, deshalb weil bereits zu starke Schwankungen durch die Mittelwertbildung der Jahre 1979 - 1986 reduziert werden konnten. Eine Einzeljahresbetrachtung wäre für diese Gruppe aufgrund der geringen Fallzahl äußerst fragwürdig.

Bei der Betrachtung der räumlichen Struktur der Gesamtbevölkerung treten Teile des Ruhrgebiets deutlich in den Vordergrund.

Die Kreise mit den höchsten Medianabweichungen sind Kleve (42 %), Herne (23 %), Pirmasens (19 %), Gelsenkirchen (18 %), Oberhausen (15 %), Krefeld (15%), Bochum (14 %), Unna (15 %), Saarlouis (13 %) und St. Wendel (13 %).
Sehr geringe Mortalitätsraten der Gesamtbevölkerung sind im Hoch-Taunus-Kreis (- 19 %), im Main-Kinzig-Kreis (- 15 %), Lippe (-14 %), im Lahn-Dill-Kreis (- 12 %), in Offenbach (- 13 %), Gütersloh (- 12 %) und Ahrweiler (- 10 %) zu verzeichnen.

Bei der in dieser Studie schwerpunktmäßig betrachteten Rumpfbevölkerung (Karte 23) ist jedoch eine etwas differenziertere Aussage zu treffen. So sind in dieser Altersklasse die höchsten Medianabweichungen in Gelsenkirchen (36 %), Herne (36 %), Bochum (30 %), Dortmund (28 %), Bottrop (25 %), Pirmasens (24 %), Hamm (24 %), Essen (24 %), Krefeld (23 %) und Duisburg zu verzeichnen.

Die Kreise Unna, Saarlouis, St. Wendel aber insbesondere auch der Kreis Kleve weisen zwar immer noch überdurchschnittliche Mortalitätsraten, die 10 % bis 20 % über den Medianwerten liegen, auf, vertreten aber nicht mehr die extremen Kreise.

Bei der Betrachtung der Rumpfbevölkerung in den Gebieten mit geringeren Mortalitätsraten sind repräsentativ immer noch der Hoch-Taunus-Kreis und der Main-Kinzig-Kreis die Gebiete mit den eindeutig niedrigsten Mortalitätsraten. Der Kreis Lippe weicht nur um 9% und insbesondere der Kreis Gütersloh nur um - 2% bei der Rumpfbevölkerung von der durchschnittlichen Mortalitätsrate ab.

Bei der Betrachtung der weiblichen Bevölkerung und deren Mortalitätsraten in den unterschiedlichen Kreisen ist die stärkste Gebietsabweichung vom Median in Euskirchen (+ 30 %), Merzig-Wadern (+ 30 %), Heinsberg (+ 27 %), Düren (+ 19 %), Soest (+ 18 %) und im Oberbergischen Kreis (+ 16 %) festzustellen, welches eine grundlegend andere Situation als bei der männlichen Bevölkerung wiederspiegelt Die Kreise mit auffällig niedrigen Mortalitätsraten waren bei der weiblichen Gesamtbevölkerung die Kreise Wesel (Abweichung - 31 %), der Odenwaldkreis (- 13 %), Fulda (- 12 %),

Main-Kinzig-Kreis (- 12 %), der Hoch-Taunus-Kreis (- 12 %) sowie der Kreis Daun (- 10 %).

Im Vergleich mit der Rumpfbevölkerung (Karte 24) weist wiederum Merzig-Wadern sogar wesentlich extremer die höchsten Mortalitätsraten auf, die um 71 % über dem Gebietsmedian liegen. Gleich danach folgen bei der Rumpfbevölkerung der Frauen wie bei den Männern die extremen Gebiete Herne (+ 38 %), Mannheim (+ 30 %), Gelsenkirchen (+ 28 %), Pirmasens (+ 28 %), Dortmund (+ 25 %) und Bottrop (+ 21 % Medianabweichung). Mannheim zeigt bei den Männern jedoch nur eine Abweichung vom Gebietsmedian von 2 %. Abgesehen davon ist die Verteilung in der Rumpfbevölkerung wesentlich geschlechtsidentischer als bei der Betrachtung der Gesamtbevölkerung. Dies deutet auf Einflußparameter hin, die durch die höheren Altersklassen und den starken Proporz bei reiner Betrachtung der Gesamtmortalität eine Überlagerung bewirken.

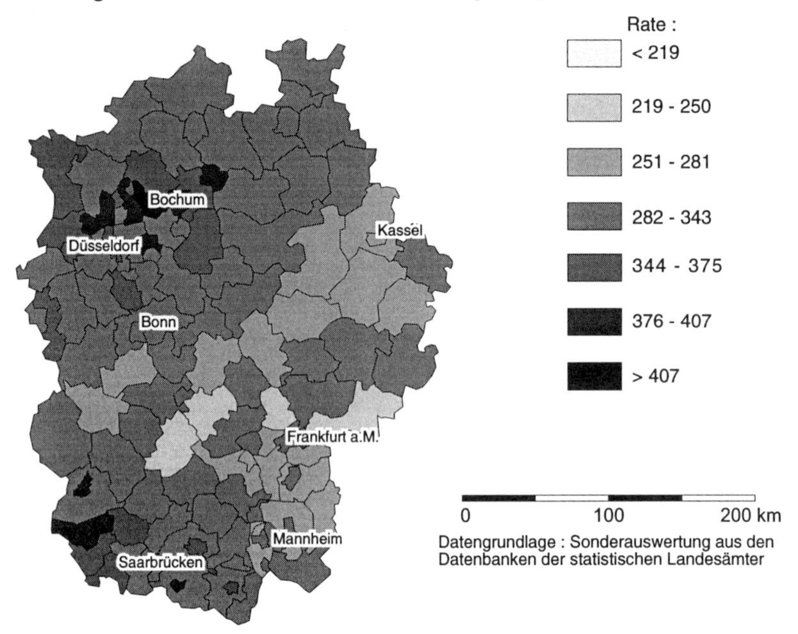

Karte 23: Rumpfbevölkerung Männer (ICD = 999). Im Mittel des Zeitraumes 1979 - 86, Abweichung vom Gebietsmedian (MR = 321,7)

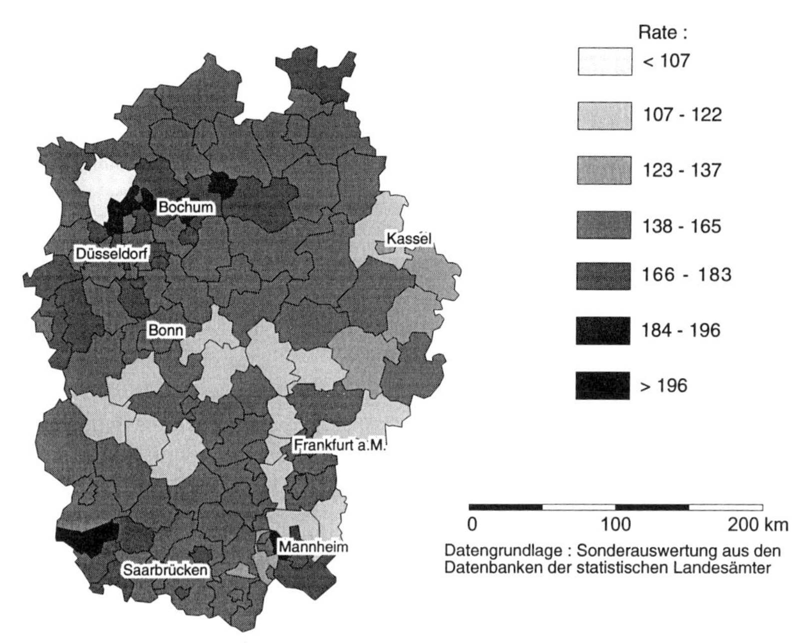

Karte 24: Rumpfbevölkerung Frauen (ICD = 999). Im Mittel des Zeitraumes 1979 - 86, Abweichung vom Gebietsmedian (MR = 154,9)

2.1.2 Gesamtmortalität (ICD 999), Untersuchungsgebiet Frankreich

2.1.2.1 Alter- und geschlechtsspezifische Analyse

Da im französischen Untersuchungsgebiet die tatsächliche Bevölkerungsstruktur - wie aus Tab. 34 zu entnehmen ist - in der Rumpfbevölkerung um fast 5 % niedriger liegt als der verwendete Wichtungsfaktor Bundesrepublik Deutschland 1987, der von dem Untersuchungsgebiet in der Bundesrepublik Deutschland um weniger als 1 % abweicht, ergeben sich zwangsläufig geringfügig höhere Mortalitätsraten, als wenn ein entsprechender französischer Standard herangezogen worden wäre. Die Vergleichbarkeit ist jedoch nur bei einheitlichen Wichtungsstandards gegeben und wurde aufgrund der Größe des Untersuchungsgebiets in der Bundesrepublik Deutschland (125 Kreise/8 Departements Untersuchungsgebiet Frankreich) über den Standard Bundesrepublik Deutschland 1987 gewichtet.

Tab. 34: Anteil der Bevölkerung in den einzelnen Altersklassen in den Gebieten. - im Vergleich mit dem verwendeten Wichtungsstandard Bundesrepublik Deutschland 1987-.Quelle: Datenbank des STATISTISCHEN BUNDESAMTES und INSEE, eigene Bearbeitung

Altersklasse (Jahre)	Bevölkerungsanteile in den Altersklassen als Wichtungsstandard					
	Untwersuchungsgebiete				Verwendeter Wichtungsstandard	
	Frankreich		Bundesrepublik Deutschland		Bundesrepublik Deutschland 1987	
	Standard	%	Standard	%	Standard	%
< 5	0,0587		0,0482		0,05070	
5 - 9	0,0676		0,0475		0,04786	
10 - 14	0,0723		0,0480		0,04884	
15 - 19	0,0724	53.11	0,0712	45.31	0,07174	45.69
20 - 24	0,0823		0,0862		0,08703	
25 - 29	0,0870		0,0804		0,08027	
30 - 34	0,0908		0,0716		0,07047	
35 - 39	0,0772		0,0689		0,06887	
40 - 44	0,0603		0,0602		0,06148	
45 - 49	0,0609		0,0798		0,08026	
50 - 54	0,0611	35.34	0,0683	39.62	0,06640	39.04
55 - 59	0,0539		0,0623		0,05908	
60 - 64	0,0400		0,0567		0,05427	
65 - 69	0,0269		0,0438		0,04329	
70 - 74	0,0313	11.55	0,0375	15.07	0,03793	15.28
> 74	0,0573		0,0694		0,07151	
Summe	1,000	100	1,000	100	1,000	100

Tab. 35: Veränderung der Mortalitätsrate je nach verwendetem Wichtungsstandard am Beispiel des Departements Essonne. Quelle: INSEE - Datenbank, Eigene Bearbeitung

Departement Essonne	Mortalitätsrate der Rumpfbevölkerung Männer ICD 140-208	
	Wichtungsstandard BRD 1987	Wichtungsstandard Ile de France
Alter		
35 - 40	3,3195	3,7218
41 - 45	3,5347	3,6221
46 - 50	18,7386	14,2186
51 - 55	16,8984	15,5496
56 - 60	36,3736	33,1845
61 - 65	53,4725	39,4122
Insgesamt	132,3373	109,7088

Um die Abweichung von den tatsächlichen Mortalitätsraten des Untersuchungsgebietes Ile de France quantifizieren zu können, wurden für das

Departement Essonne exemplarisch die Mortalitätsraten der Rumpfbevölkerung in den ICD-Positionen 140 - 208 vergleichsweise mit dem verwendeten Wichtungsstandard BRD 1987 und nach dem Wichtungsstandard des Gebietes Ile de France berechnet.

Nicht die Gesamthöhe der Mortalitätsrate (Tab. 35), sondern die Abweichung vom Gebietsmedian bei gleichem Wichtungsstandard zeigt somit Gebiete mit erhöhten oder erniedrigten Mortalitätsraten gegenüber dem übrigen Untersuchungsgebiet auf.
Bei der Betrachtung der gesamtgeschlechtsspezifischen Struktur in den Altersklassen der berücksichtigten acht Departements ist auffällig, daß der Anteil der Todesraten in der Rumpfbevölkerung bei den Männern um 7 % und bei den Frauen um 17 % niedriger liegt als in dem Untersuchungsgebiet der Bundesrepublik Deutschland. Die Gesamtmortalitätsrate (Anlage 3) im Mittel aller Departements in der niedrigsten Altersgruppe ist jedoch etwas höher (Männer 6% höher, Frauen 5 % höher) als in der Bundesrepublik Deutschland.

Tab. 36: Mortalitätsraten im Mittel aller Altersklassen (ICD 999). Quelle: Eigene Bearbeitung

Variable	N	Mean	STD DEV	minimum	maximum
Mann 1	8	53,5191656	5,6627353	48,6099000	66,3586500
Mann 2	8	304,1307187	25,8540883	268,4137500	356,0862500
Mann 3	8	1018,90	58,2516993	925,7650000	1100,26
Frau 1	8	28,929297562	4,0519499	26,1668250	38,5350750
Frau 2	8	131,1867188	10,3336271	118,5665000	147,9790000
Frau 3	8	670,7643437	38,7304064	611,3602500	730,1442500

[21]

Das Verteilungsmuster der Mortalitätsraten ist in den beiden Großräumen jedoch weitgehend - bei geringfügig niedrigen Werten im französischen Untersuchungsgebiet - identisch.
Die Gesamtmortalitätsrate bei den Frauen erreicht dabei im französischen Untersuchungsgebiet 60 % und im Untersuchungsgebiet der Bundesrepublik Deutschland 61 %.

[21] Mann 1 = Männer 0 - 35 Jahre Frau 1 = Frauen 0 - 35 Jahre
Mann 2 = Männer 35 - 65 Jahre Frau 2 = Frauen 35 - 65 Jahre
Mann 3 = Männer über 65 Jahre Frau 3 = Frauen über 65 Jahre

Prozm2=Männer 35-65Jahre Prozentuale Abweichung vom Gebietsmittel
Prozf2=Frauen 35-65Jahre Prozentuale Abweichung vom Gebietsmittel
Medm2=Männer 35-65 Jahre Prozentuale Abweichumg vom Medianwert
Medf2=Frauen 35-65 Jahre Prozentuale Abweichung vom Medianwert
Indm2=Männer 35-65 Jahre Indexwert
Indf2=Frauen 35-65 Jahre Indexwert

2.1.2.2 Regional-räumliche Analyse

Beim Vergleich der regional-räumlichen Unterschiede weist bei den Männern besonders der Großraum Paris die eindeutig höchsten Mortalitätsraten in der Rumpfbevölkerung auf (Karte 25).

Die Mortalitätsraten liegen im Bereich des Medianwertes (MR=321). Nur noch Seine St'Denis liegt mit 10 % (MR=356) Medianwertüberschreitung deutlicher über dem Median. Die Departements mit den niedrigsten Mortalitätsraten sind Val d'Oise (- 8 %), Essonne (- 12 %) und insbesondere Ivelines (- 17 %).

Diese Struktur bei den Departements mit niedrigen Mortalitätsraten im Gebietsvergleich ist analog auch bei der weiblichen Rumpfbevölkerung festzustellen (Karte 26), wobei das Departement Ivelines mit einer Medianabweichung von - 23 % (MR=118) nun noch deutlicher hervortritt. Auch Paris weist wie bei den Männern die eindeutig höchste Mortalitätsrate von 147 auf, die aber dennoch unter dem Medianwert von MR=154 liegt. (Tab. 40) Das Departement Seine et Marne weist hingegen die zweithöchste Mortalitätsrate (MR=137) (- 12 %) auf und nicht, wie bei den Männern, das Departement Seine St'Denis.

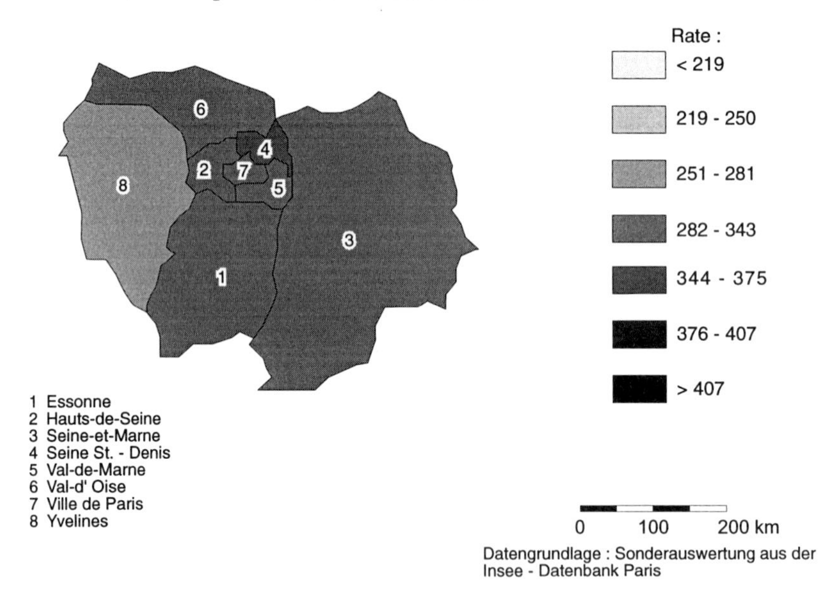

Karte 25: Rumpfbevölkerung Männer (ICD = 999). Im Mittel des Zeitraumes 1979 - 86, Abweichung vom Gebietsmedian in Frankreich

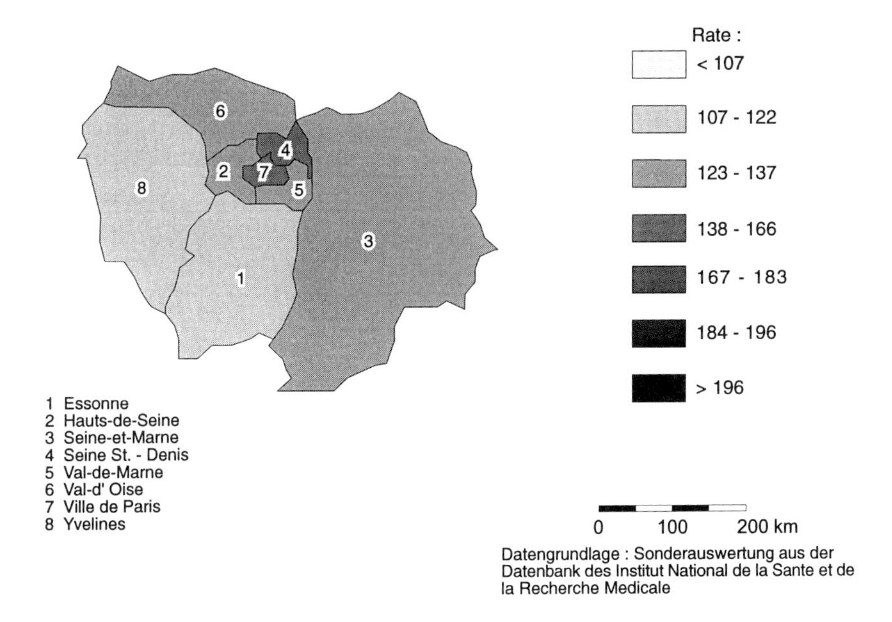

Karte 26: Rumpfbevölkerung Frauen (ICD = 999). Im Mittel des Zeitraumes 1979 - 86, Abweichung vom Gebietsmedian in Frankreich

2.2 Bösartige Neubildung (ICD 140 - 208)

Die zweithäufigste Todesursache in den Untersuchungsgebieten sind die bösartigen Neubildungen. Ihr Anteil an der Gesamtsterblichkeit liegt in der Bundesrepublik Deutschland sowohl bei 23 % bei den Männern als auch bei 23 % bei den Frauen.

2.2.1 Bösartige Neubildung, Untersuchungsgebiet Bundesrepublik Deutschland

2.2.1.1 Alters- und geschlechtsspezifische Analyse

Der Anteil an der Gesamtmortalität ist bei den Männern und Frauen nahezu identisch, wobei die Gesamtmortalitätsrate in allen Altersklassen bei den Frauen bei 219 und bei den Männern bei 379 und damit wesentlich höher liegt. Der Anteil (Tab. 36) in der Altersgruppe bis 35 Jahre (Mann 1) ist mit 3 % bei den Männern und 1 % bei den Frauen äußerst gering.

Tab. 36: Mittelwert mit Standardabweichung (ICD-Position 140 - 208)
Quelle: Eigene Bearbeitung

Variable	N	Mean	STD DEV	minimum	maximum
Mann 1	125	12,1897617	13,7142104	0,8657250	55,4552708
Mann 2	125	102,2841008	26,4135101	36,4320833	192,6598036
Mann 3	125	265,8937501	92,4452654	105,9310000	613,5240972
Frau 1	125	3,1400123	1,3180647	0,3707375	12,9962222
Frau 2	125	66,9927693	6,8717677	38,9296446	86,9592000
Frau 3	125	150,4427914	20,9652751	102,47211071	252,6780000

Die Rumpfbevölkerung hat dagegen bei den Männern einen Anteil von nur 26 %, bei den Frauen hingegen einen von 44 % an der Gesamtmortalität an bösartigen Neubildungen.

2.2.1.2 Regional-räumliche Analyse

Bei der Betrachtung der räumlichen Struktur der männlichen Rumpfbevöl kerung treten Teile des Ruhrgebietes sowie des Saarlandes mit Mortalitätsraten über 110 deutlich hervor. Aus Übersichtlichkeitsgründen sind im folgenden nur noch die weiblichen Bevölkerungsangaben kartographisch dargestellt. Die Abweichungen vom Median (MR=95) sind wesentlich größer als bei der Gesamtmortalitätsbetrachtung. Abweichungen von + 101 % vom Median sind in Gelsenkirchen dicht gefolgt von Wuppertal (93 %), Bochum (85 %), Herne (82 %), Kleve (72 %), Krefeld (65 %), Unna (63 %), Märkischer Kreis (63 %), Hamm (54 %) und Bottrop (53 %) festzustellen. Die absolut niedrigsten Mortalitätsraten in bezug auf bösartige Neubildungen weist der Kreis Coesfeld mit Abweichungen vom Median um - 62 % auf, gefolgt vom Kreis Lippe (- 38 %), Kreis Kassel (28 %), Hagen (27), dem Hoch-Taunus-Kreis (27 %), der Stadt Kassel (25 %), dem Rhein-Lahn-Kreis (22 %) sowie dem Rhein-Hundsrück-Kreis (22 %). Die Struktur weist erhöhte Krebsraten nicht unbedingt in den direkten Ballungszentren, sondern vielmehr in den Randlagen der Ballungszentren bei den Männern auf.
Bei der Betrachtung der räumlichen Struktur der weiblichen Mortalitätsraten an bösartigen Neubildungen zeigt sich hingegen eine relativ homogene Verteilung (Karte 27). Es sind nur zwei Kreise in der Klasse der höchsten und niedrigsten Medianabweichung. Auch der Kreis Offenbach weicht als der Kreis mit der höchsten Frauen-Mortalitätsrate nur um 31 % vom Median ab, gefolgt von den Kreisen Mannheim (29 %), Koblenz (23 %), Neunkirchen (22 %), Trier (21 %) und Herne (21 %), alle anderen liegen unter 20 % Abweichung nach oben.

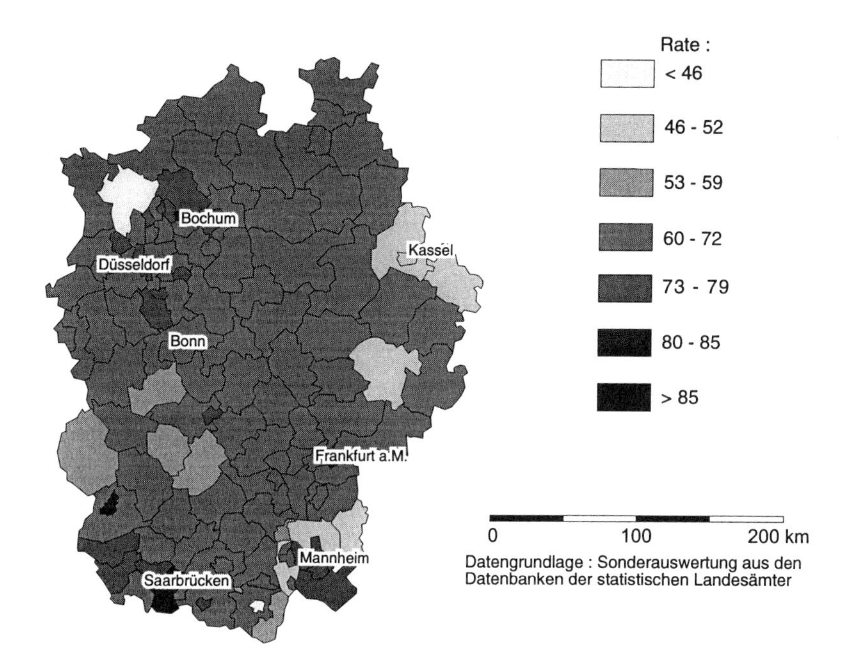

Karte 27: Rumpfbevölkerung Frauen (ICD = 140-208). Im Mittel des Zeitraumes 1979 - 86, Abweichung vom Gebietsmedian (MR=66,3)

Kreise mit niedrigen Mortalitätsraten (unter 50) sind insbesondere in Wesel (Medianabweichung - 42 %) aber auch in Landau (- 20 %), Kreis Kassel (- 19 %), Ludwigshafen (- 14 %), im Werra-Meissner-Kreis (- 14 %), in Cochem/Zell (- 13 %) und im Kreis Bergstraße mit - 13 % festzustellen.
Die starken Schwankungen der Mortalitätsraten bei den Männern wurden keineswegs auch bei den Frauen festgestellt.

2.2.2 Bösartige Neubildungen, Untersuchungsgebiet Frankreich

2.2.2.1 Alters- und geschlechtsspezifische Analyse

Interessant ist, daß die Mortalitätsraten (Tab. 40) im französischen Untersuchungsgebiet leicht höher - bei den Männern wie auch bei den Frauen - als im Untersuchungsgebiet Bundesrepublik Deutschland liegen.

Im französischen Untersuchungsgebiet ist der Anteil der Mortalitätsraten in den geschlechtsspezifischen Altersklassen nicht so identisch wie im Untersuchungsgebiet Bundesrepublik Deutschland.
So beläuft sich der Mortalitätsanteil in der Rumpfbevölkerung der männlichen Bevölkerung auf 30 %, bei den Frauen auf 31 %. Der Anteil liegt bei den Männern sogar über dem des bundesdeutschen Untersuchungsgebietes (MR=102).

Tab. 37: Mortalitätsraten im Mittel aller Altersklassen (ICD 140 - 208). Quelle: Eigene Bearbeitung

Variable	N	Mean	STD DEV	minimum	maximum
Mann 1	8	3,9432250	0,3055808	3,3943500	4,3189000
Mann 2	8	121,2715000	11,2958425	108,9070000	146,4500000
Mann 3	8	279,7678125	14,6162943	256,3825000	302,495000
Frau 1	8	3,2058969	0,3724086	2,7760500	3,8043000
Frau 2	8	57,4094687	3,4602525	52,1175000	63,7437500
Frau 3	8	122,8653125	3,9713024	117,4662500	129,4880000

Der Anteil in der Altersgruppe unter 35 Jahren fällt insbesondere bei den Männern deutlich geringer aus (mit unter 1 %) als im Untersuchungsgebiet Bundesrepublik Deutschland (Anteil=3 %). Die Schwankungen zwischen den einzelnen Kreisen sind auch wesentlich geringer als im Untersuchungsgebiet Bundesrepublik.

2.2.2.2 Regional-räumliche Analyse

Durch die geringen Schwankungen in den Mortalitätsraten sind die regional-räumlichen Unterschiede nicht so stark differenziert. Interessanterweise tritt das Departement Paris, das die weitaus größte Gesamtmortalität zu verzeichnen hat, bei den bösartigen Neubildungen der Männer nicht mehr in den Vordergrund. Nur das Departement Seine St'Denis weist eine Mortalitätsrate von MR=146 auf und liegt damit um 53 % über dem Medianwert (MR=95).

Die Departements Val d'Oise, Hauts de Seine und Seine et Marne schwanken um 24% über dem Medianwert. Das Departement Ivelines weist wiederum die niedrigste Mortalitätsrate von MR=108 auf.

Bei der Betrachtung der räumlichen weiblichen Mortalitätsraten sind die Unterschiede geringer als bei den Männern (Karte 28). Bis auf das Departement Seine et Marne mit 22 % Unterschreitung des Medians (MR=66) liegen alle anderen Departements im Schwankungsbereich von +/- 15 %.

Die höheren Mortalitätsraten bei den Frauen mit 5% Unterschreitung des Medians sind in den Departements Seine St Denis und Paris zu verzeichnen.

Das Departement Paris liegt im mittleren Schwankungsbereich. Es bleibt festzuhalten, daß die Mortalitätsraten bei den bösartigen Neubildungen im französischen Untersuchungsgebiet deutlich höher liegen als sich aus der Gesamtmortalität erwarten läßt.

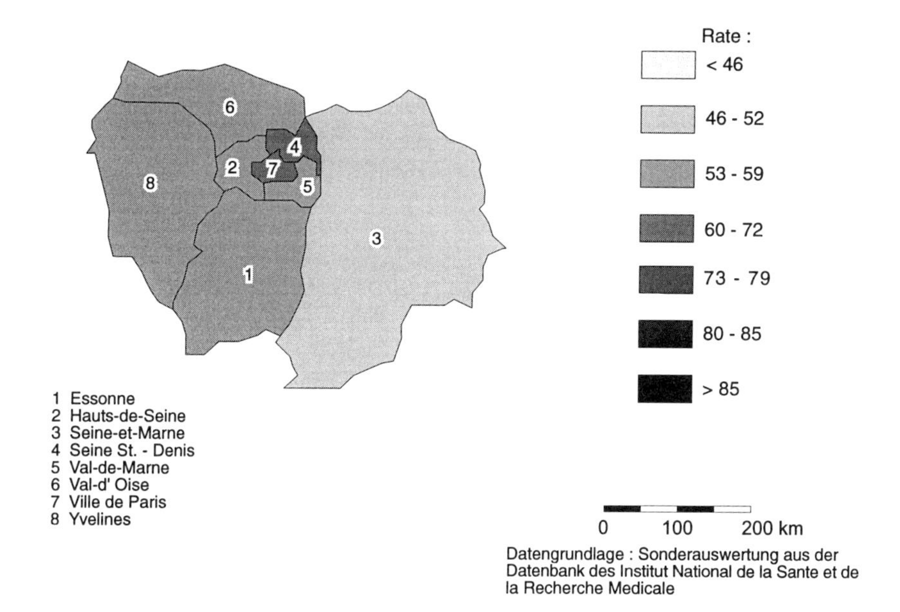

Karte 28: Rumpfbevölkerung Frauen (ICD = 140-208). Im Mittel des Zeitraumes 1979 - 86, Abweichung vom Gebietsmedian Frankreich

2.3 Bösartige Neubildungen der Atmungsorgane (ICD 160-163)

Um die Gruppe der bösartigen Neubildungen differenzierter betrachten zu können, wurden die bösartigen Neubildungen der Atmungsorgane im Detail mit herangezogen. Die bösartigen Neubildungen der Atmungsorgane haben bei den Männern im Untersuchungsgebiet Bundesrepublik Deutschland einen Anteil von 40 % an allen bösartigen Neubildungen, bei den Frauen hingegen nur einen Anteil von 8,6 %. Für das französische Untersuchungsgebiet konnten für diese ICD-Abgrenzung vom INSTITUT NATIONALE DE LA SANTE ET DE LA RECHERCHE MEDICAL keine Mortalitätsdaten zur Verfügung gestellt werden.

2.3.1 Bösartige Neubildungen der Atmungsorgane, Untersuchungsgebiet Bundesrepublik Deutschland

2.3.1.1 Alters- und geschlechtsspezifische Analyse

Die krasse Diskrepanz zwischen den Mortalitätsraten (Tab. 38) bei den Frauen und Männern ist sehr deutlich festzustellen. So beläuft sich die Mortalitätshöhe der Frauen auf nur 11 % der der Männer.

Tab. 38: Mortalitätsraten in den drei Altersklassen (ICD 160 - 163). Quelle: Eigene Bearbeitung

Variable	N	Mean	STD DEV	minimum	maximum
Mann 1	125	4,4848198	9,1308302	0	43,6910275
Mann 2	125	44,8033429	23,7952373	20,8354000	161,9895833
Mann 3	125	105,0039557	72,3243470	23,2280000	443,0527222
Frau 1	125	0,2071538	0,5578391	0	4,3239444
Frau 2	125	4,8452444	2,0386911	1,2715000	15,5057306
Frau 3	125	14,2293952	11,5740286	3,1748750	64,6029167

Die Mortalitätsraten liegen in der Altersklasse unter 35 Jahren bei den Männern bei nur 2,6 %, bei den Frauen sogar nur bei 1,1 %. Auch die Mortalitätsraten bei den Männern in der Rumpfbevölkerung sind mit 28 % und bei den Frauen mit 35 % wesentlich niedriger als bei der Gesamtgruppe aller bösartigen Neubildungen (Männer = 26 %, Frauen = 44 %) und zudem noch geschlechtsspezifisch verschoben.

2.3.1.2 Regional-räumliche Analyse

Bei den Männern treten Kreise mit deutlich erhöhten Mortalitätsraten bei den bösartigen Neubildungen der Atmungsorgane in Nordrhein-Westfalen und im Saarland hervor.
Die Abweichungen vom Median (MR=35) liegen sehr extrem und betragen in Wuppertal, welcher eine sehr hohe Mortalität in dieser ICD-Position aufweist, 355 % Überschreitung des Medianwertes. Auch die Kreise Hamm (265 %), Herne (233 %), Paderborn (228 %), Viersen (168%), Siegen (165 %), Neuss (144 %) und Solingen (140 %) weisen noch sehr starke Überschreitungen des Medianwertes auf. Gebiete mit besonders niedrigen Mortalitätsraten sind in den Kreisen Kassel (-42 %), Marburg-Biedenkopf (-38 %), in der Stadt Kassel (-34 %), im Kreis südliche Weinstraße (-33 %), Main-Taunus-Kreis (-33 %), Rhein-Lahn-Kreis (-32 %), Hoch-Taunus-Kreis (-32 %) sowie in Hersfeld-Rotenburg (-32 %) festzustellen. Auch bei den Frauen sind sehr starke räumliche Unterschiede der Mortalitätsraten, mit bedingt durch die geringeren Fallzahlen, festzustellen (Karte 29). Die höchsten Mortalitätsraten mit Medianwertüberschreitungen (MR=4.2) von 264 % weist der Kreis Leverkusen auf. Auch auf die Kreise Herne (136 %), Neunkirchen (135 %), Remscheid (107 %) und Offenbach (101 %) weisen noch Medianwertüberschreitungen von über 100%. Geringe Mortalitätsraten weisen bei den Frauen die Kreise Daun (-71 %), Ludwigshafen (-70 %), der Werra-Meissner-Kreis (57 %), Bitburg-Prüm (57 %), der Rhein-Hunsrück-Kreis (54 %), Germersheim (53 %) sowie der Kreis Bergstraße (-51 %) auf.

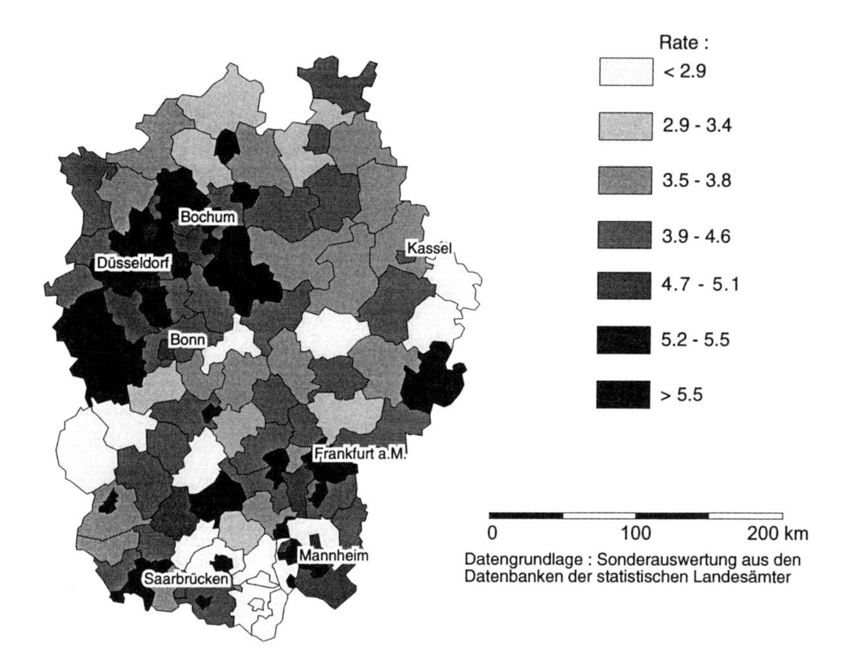

Karte 29: Rumpfbevölkerung Frauen (ICD = 160-163). Im Mittel des Zeitraumes 1979 - 86, Abweichung vom Gebietsmedian (MR=4,2)

Die bereits in der Gesamtklasse bösartiger Neubildungen sichtbaren Unterschiede sind in der ICD-Position bösartige Neubildungen der Atmungsorgane noch deutlicher in den Vordergrund getreten, wobei bei den Frauen Leverkusen, Herne und Neunkirchen, bei den Männern Wuppertal und Hamm aber auch Herne sehr stark erhöhte Mortalitätsraten aufweisen.

2.3.2 Bösartige Neubildungen der Atmungsorgane, Untersuchungsgebiet Frankreich ICD 160-163

Angaben zu dieser ICD-Position konnten vom INSTITUT NATIONALE DE LA SANTE ET DE LA RECHERCHE MEDICAL nicht zur Verfügung gestellt werden.

2.4 Bösartige Neubildungen der Luftröhre, der Bronchien und der Lunge (ICD 162)

Unter den bösartigen Neubildungen der Atmungsorgane repräsentieren die bösartigen Neubildungen der Luftröhre, der Bronchien und der Lunge die größte Gruppe. Sie beläuft sich bei den Männern auf 66 % innerhalb des Untersuchungsgebietes Bundesrepublik Deutschland, bei den Frauen sogar auf 89 %. Diese ICD-Position hat zudem - wie bereits geschildert - in den letzten Jahren die absolut größten Steigerungsraten erfahren.

2.4.1 Bösartige Neubildungen der Luftröhre, der Bronchien und der Lunge, Untersuchungsgebiet Bundesrepublik Deutschland

2.4.1.1 Alters- und geschlechtsspezifische Analyse

Auffällig ist auch bei dieser ICD-Position die große Diskrepanz (Tab. 39) zwischen der männlichen und weiblichen Bevölkerung. Die Mortalitätsrate bei den Frauen beläuft sich nur auf 16 % der der Männer. Die jüngste Altersklasse ist mit 1,9 % Anteil an der Gesamtmortalität bei den Männern und 1 % bei den Frauen wiederum äußerst gering.

Tab. 39: Mittelwerte der Mortalitätsraten in den drei Altersgruppen (ICD 162). Quelle: Eigene Bearbeitung

Variable	N	Mean	STD DEV	minimum	maximum
Mann 1	125	2,3925491	6,0524652	0	32,5610750
Mann 2	125	31,3169030	13,2891935	2,4320000	79,5048750
Mann 3	125	69,4980619	34,7715295	4,0942500	169,0297500
Frau 1	125	0,1795841	0,5086130	0	3,5335000
Frau 2	125	4,3666406	1,7921537	1,1272500	9,3266250
Frau 3	125	13,0949880	10,2643103	2,902500	38,8290000

Auch die Rumpfbevölkerung ist bei den Männern mit 30 % und bei den Frauen sogar nur mit 23 % in Relation relativ gering belegt. Die dadurch stärkere Belegung der höchsten Altersklasse ist mit durch die lange Inkubationszeit zwischen Einwirkung und Krebsentstehung (ca. 20 Jahre, wie bereits geschildert) bedingt.

2.4.1.2 Regional-räumliche Analyse

Bei der Betrachtung der regional-räumlichen Mortalitätsstruktur der Männer treten wiederum Teile von Nordrhein-Westfalen und das Saarland deutlich hervor. Interessant ist, daß in Nordrhein-Westfalen Kreise mit höherer Mortalität direkt an Kreisen mit niedriger Mortalität angrenzen.

Die Kreise mit den höchsten Mortalitätsraten mit über 70 % Überschreitung des Medianwertes (MR=29) sind Minden-Lübbecke (172 % Medianwertüberschreitung), Aachen (163 %), Paderborn (160 %), Solingen (123 %), Kreis Aachen (116 %), Wuppertal (100 %), Euskirchen (93 %) und Hamm (90 %).
Sehr niedrige Mortalitätsraten waren bei den Männern im Merkischen Kreis (-92 %), in Unna (-91 %), im Kreis Bochum (-89 %), im Kreis

Gelsenkirchen (-82 %) und im Kreis Höxter (-82 %) zu verzeichnen. Alle anderen Kreise hatten höhere Mortalitätsraten, die über 65 % Abweichung vom Medianwert aufweisen.

Bei den Frauen treten wiederum stärker die Hauptballungsgebiete, Saarbrücken, Mannheim, Frankfurt und das Ruhrgebiet in den Vordergrund (Karte 20), wobei die Mortalitätsraten wesentlich niedriger als bei den Männern liegen.
Die höchsten Mortalitätsraten wurden im Saarpfalz-Kreis mit einer Medianwertabweichung (MR=3.9) von 137 % festgestellt, gefolgt vom Kreis Neunkirchen (132 %), Herne (132 %),Kreis Offenbach (110 %), Remscheid (104 %), Köln (95 %), Leverkusen (94 %), Aachen (93 %) und Offenbach (92 %). Kreise mit niedrigeren Mortalitätsraten sind Ludwigshafen (-72 %), Daun (-68 %), Neustadt (-61 %), der Rhein-Hunsrück-Kreis (-59 %), der Kreis Hersfeld-Rotenburg (-56 %), der Kreis Bergstraße (-56 %), Altenkirchen (-56 %) und Germersheim (-55 % Medianwertabweichung).

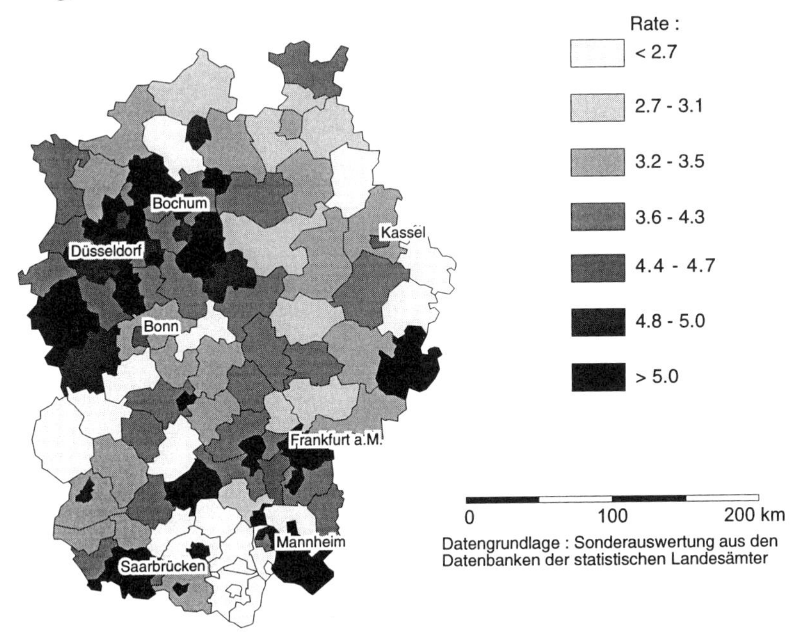

Karte 30: Rumpfbevölkerung Frauen (ICD = 162). Im Mittel des Zeitraumes 1979 - 86, Abweichung vom Gebietsmedian (MR=3,92)

Bei den Frauen entspricht diese Struktur der Gesamtmortalitätsstruktur bei den bösartigen Neubildungen der Atmungsorgane. Eine deutliche Ausnahme bildet hier der Saarpfalz-Kreis, der die mit Abstand höchste Mortalitätsrate bei den bösartigen Neubildungen der Luftröhre, der Bronchien und der Lunge aufweist, bei der Obergruppe der bösartigen Neubildungen jedoch sogar unter dem Medianwert (-13 %) lag.

Bei den Männern ist die Struktur der Gesamt-ICD-Position bösartige Neubildungen der Atmungsorgane sehr ähnlich. Es gibt hier nur leichte Unterschreitungen in den Bereichen der höchsten Mortalitätsraten in Minden-Lübbecke, Aachen und Paderborn.

2.4.2 Bösartige Neubildungen der Luftröhre, der Bronchien und der Lunge, Untersuchungsgebiet Frankreich

2.4.2.1 Alters- und geschlechtsspezifische Analyse

Im französischen Untersuchungsgebiet ist die Mortalitätsrate bei den Männern wie auch bei den Frauen in der höchsten Altersgruppe am stärksten. Der Mortalitätsanteil liegt bei den Männern bei 47 % und bei den Frauen bei 27 %.

Tab. 40: Mortalitätsraten im Mittel aller Altersklassen (ICD 162). Quelle: Eigene Bearbeitung

Variable	N	Mean	STD DEV	minimum	maximum
Mann 1	8	0,2462156	0,2377847	0	0,7134500
Mann 2	8	30,3120000	4,4292347	23,2682500	39,3742500
Mann 3	8	63,8890625	24,2000260	40,8100000	121,4425000
Frau 1	8	0,1029000	0,1716711	0	0,5214750
Frau 2	8	4,1481250	1,3528260	3,1610000	7,2800000
Frau 3	8	14,7546562	24,8149441	4,8870000	76,1562500

Die Altersklasse unter 35 Jahren ist mit einem Anteil von unter 1 % unbedeutend. Interessant ist jedoch, daß die Abweichung vom Mittelwert, insbesondere in der höchsten Altersklasse sehr stark ist. Die Einzelraten je Departement und Altersklasse sind in Anlage 8 enthalten.

2.4.2.2 Regional-räumliche Analyse

Bei der Betrachtung der regional-räumlichen Struktur der Mortalitätsraten weist Paris erstaunlicherweise die niedrigsten Mortalitätsraten bei den Männern mit Abweichungen vom Median von -21 % auf. Das direkt angrenzende Departement Val de Marne repräsentiert hingegen den Medianwert. Die Departements Val d'Oise, Seine et Marne und Ivelines liegen ebenfalls im Bereich des Medianwertes (±1 %). Seine St'Denise weist die höchsten Mortalitätsraten mit Abweichung vom Medianwert um 34 % auf.

Bei den Frauen zeigt sich eine deutlich andere Struktur mit größeren Schwankungen. Diese stärkeren Schwankungen sind mit dadurch hervorgerufen, daß die Gesamtmortalitätsraten nur 10-15 % der Mortalitätsraten der Männer erreichen. Essonne, Seine et Marne aber insbesondere auch Paris weisen auch bei den Frauen Unterschreitungen des Medians (MR=3.9) bis zu 20 % (Karte 31) auf. Die Umlanddepartements von Paris Seine St'Denise aber auch Val de Marne weisen Medianüberschreitung um 7 % auf. Die stärksten Überschreitungen weist das Departement Ivelines (MR=7.4) mit 84 % auf.

Diese nicht auf Ballungsbereiche zugespitzte Mortalitätsstruktur entspricht der Struktur in der Bundesrepublik Deutschland. Die Mortalitätsraten an bösartigen Neubildungen der Atmungsorgane sind insbesondere in den Gebieten erhöht, in denen die gesamten bösartigen Neubildungen eher reduziert sind. Deutlich wird dies insbesondere am Departement Ivelines.

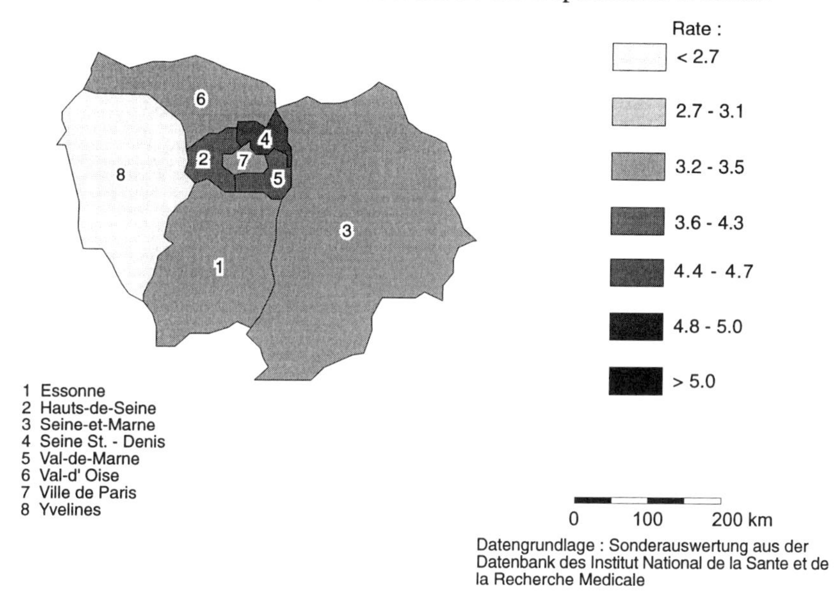

Karte 31: Rumpfbevölkerung Frauen (ICD = 162). Im Mittel des Zeitraumes 1979 - 86, Abweichung vom Gebietsmedian in Frankreich

2.5 Krankheiten des Kreislaufsystems (ICD 390-459)

Die Krankheiten des Kreislaufsystems stellen den weitaus höchsten Anteil bei den Männern (35 %) und bei den Frauen (54 %) im Bereich der Mortalitätsraten dar. Wie hoch dieser Anteil in den einzelnen Kreisen und Departements liegt, soll im folgenden auch in der feingliedrigen Struktur analysiert werden.

2.5.1 Krankheiten des Kreislaufsystems, Untersuchungsgebiet Bundesrepublik Deutschland

2.5.1.1 Alters- und geschlechtsspezifische Analyse

Die alters- und geschlechtsspezifische Struktur der Krankheiten des Kreislaufsystems (Tab. 41) spiegelt die Struktur der Gesamtmortalität wieder. Die höchsten Mortalitätsraten weist die Altersklasse der über 65jährigen mit 82 % bei den Männern und 91 % bei den Frauen auf.

Tab. 41: Mittelwerte der Mortalitätsraten in den drei Altersgruppen (ICD 390 - 459). Quelle: Eigene Bearbeitung

Variable	N	Mean	STD DEV	minimum	maximum
Mann 1	125	3,0616650	3,4672154	0	30,6031750
Mann 2	125	101,8414268	35,3223034	7,1191250	165,7703750
Mann 3	125	472,3609156	237,5972295	16,8800000	832,9600000
Frau 1	125	1,8342861	1,9581931	0	21,9840000
Frau 2	125	43,6414784	9,3602527	25,4802000	108,1667778
Frau 3	125	494,5932741	100,5348253	296,3060000	686,8960000

In der Altersklasse unter 35 Jahren beläuft sich die Mortalitätsrate bei den Männern wie auch bei den Frauen auf deutlich unter 1 %, der Rest entfällt auf die Rumpfbevölkerung.

2.5.1.2 Regional-räumliche Analyse

Schwerpunkte von Gebieten mit stark erhöhten Mortalitätsraten an Krankheiten des Kreislaufsystems befinden sich - bei den Männern - im Saarland und in einzelnen Großstädten des Ruhrgebiets. Die höchsten Medianabweichungen (MR=111) wurden im Kreis Merzig-Wadern (48 %), gefolgt vom Kreis Dortmund (46 %), Saarbrücken (45 %), Kreis Pirmasens (43 %), Essen (40 %), Kaiserslautern (39 %) und Saarlouis (35 %) festgestellt. Äußerst niedrige Mortalitätsraten an Krankheiten des Kreislaufsystems wurden in Wuppertal (-94 %), Leverkusen (-77 %), Kleve (-74 %), Neuss (-71 %), im Märkischen Kreis (-71 %), Unna (-69 %) und Paderborn (-66 % Medianwertabweichung) festgestellt.

Beim Vergleich der Mortalitätsstruktur der Frauen zeigen sich hingegen typische Schwerpunkte in den Kernbereichen. Der Kreis Neunkirchen weist bei den Frauen mit einer Überschreitung des Medians (MR=42) von 154 % die weitaus höchsten Mortalitätsraten auf (Karte 32). Weitere Kreise mit hohen weiblichen Mortalitätsraten bei den Krankheiten des Kreislaufsystems sind die Kreise St. Wendel (Medianwertabweichung 63 %), Oberhausen (42 %), Bottrop (37 %), Mannheim (36 %), Dortmund (35 %), Gelsenkirchen (32 %) und Saarbrücken (31 %).

Die geringsten Mortalitätsraten verzeichnet der Kreis Wesel (-41 %), der Hoch-Taunus-Kreis (-37 %), der Kreis Darmstadt (-37 %), der Vogelsbergkreis (-36 %), der Odenwaldkreis (-33 %) und der Kreis Cochem-Zell (-31 %).

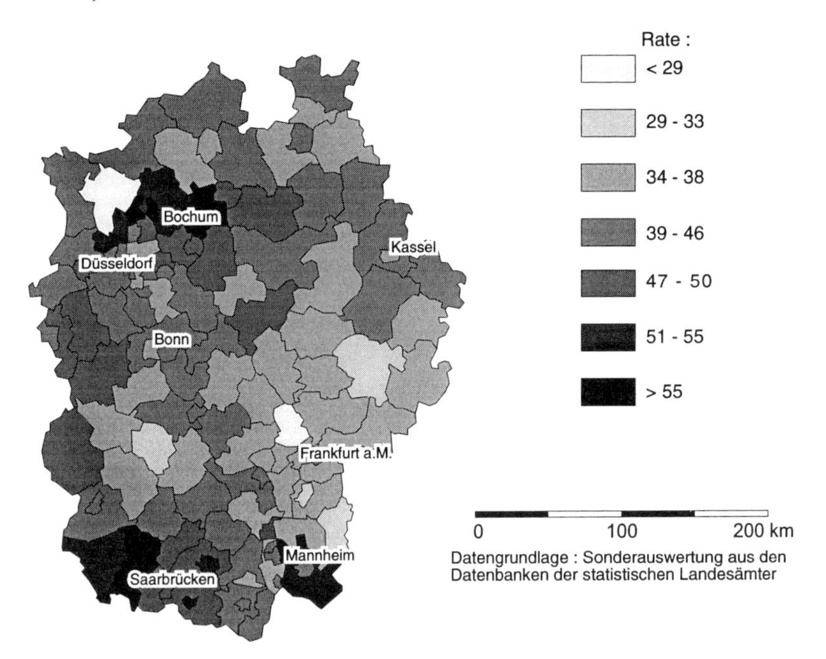

Karte 32: Rumpfbevölkerung Frauen (ICD = 390-459). Im Mittel des Zeitraumes 1979 - 86, Abweichung vom Gebietsmedian (MR=42,4)

2.5.2 Krankheiten des Kreislaufsystems, Untersuchungsgebiet Frankreich

2.5.2.1 Alters- und geschlechtsspezifische Analyse

Bei der Betrachtung der alters- und geschlechtsspezifischen Struktur fällt auf, daß die Rumpfbevölkerung bei den Männern (Tab. 45) wesentlich niedrigere Mortalitätsraten im französischen Untersuchungsgebiet (MR=63) als im Untersuchungsgebiet der Bundesrepublik Deutschland (MR=101) aufweist.

Der Mortalitätsratenanteil an der Gesamtmortalität liegt bei den Männern bei nur 14 % und bei den Frauen bei 3 %. Der Anteil der Mortalitätsraten in der Altersgruppe unter 35 Jahren liegt wie im Untersuchungsgebiet Bundesrepublik Deutschland unter 1 %.
Die Mortalitätsraten bei den Frauen in dieser ICD-Position liegen bei nur 30 % deren der Männer, anders als in der Bundesrepublik Deutschland.

Tab. 42: Mortalitätsraten im Mittel aller Altersklassen (ICD 390 - 459). Quelle: Eigene Bearbeitung

Variable	N	Mean	STD DEV	minimum	maximum
Mann 1	8	2,4183063	0,3092454	1,7036500	2,7125000
Mann 2	8	63,2965312	8,2658552	46,0357500	74,2777500
Mann 3	8	366,8668750	33,8730356	306,7075000	417,1325000
Frau 1	8	1,4401062	0,2587448	0,99899250	1,7361750
Frau 2	8	19,8308750	3,0599447	14,3512500	23,5562500
Frau 3	8	279,7811875	26,9630139	236,4675000	317,0082500

2.5.2.2 Regional-räumliche Analyse

Die regional-räumliche Analyse der Krankheiten der Kreislaufsysteme spiegelt ein deutlich anderes Bild als die Verteilung der bösartigen Neubildungen wieder. Auf eine graphische Wiedergabe wurde hier verzichtet, da alle Departements in der niedrigsten Klasse bedingt durch die niedrigen Mortalitätsraten liegen. Das einheitliche Klassensystem sollte auch hier beibehalten werden. Bis auf das Departement Seine St Denise (Medianwertabweichung -34 %) und Ivelines (-59 %) schwanken alle anderen Departements bei den Männern im Bereich - 40 % des Medianwertes (MR=111).

Die Mortalitätsrate für Frauen im Departement Paris entspricht fast dem Medianwert, was auch nahezu für die Mortalitätsstruktur der männlichen Bevölkerung zutrifft. Bei den Frauen weist jedoch das Departement Seine et Marne die höchsten Mortalitätswerte (MR=23) sowie wiederum das Departement Ivelines (-66 %) sehr geringe Mortalitätsraten auf.

2.6 Krankheiten der Atmungsorgane (ICD 460-519)

Die Krankheiten der Atmungsorgane haben einen Anteil an der Gesamtmortalität von 7,7 % bei den Männern und 3,5 % bei den Frauen im Untersuchungsgebiet Bundesrepublik Deutschland. Ihr Anteil liegt somit, zumindest bei den Frauen, über dem Anteil der bösartigen Neubildungen der Atmungsorgane. Der Anteil bei den Männern liegt nur geringfügig darunter.

2.6.1 Krankheiten der Atmungsorgane, Untersuchungsgebiet Bundesrepublik Deutschland

2.6.1.1 Alters- und geschlechtsspezifische Analyse

Bei der Betrachtung der Altersstruktur fällt der Überhang an höheren Mortalitätsraten (Tab. 43) in der höchsten Altersklasse über 65 Jahren deutlich auf. Die Mortalitätsrate liegt in dieser Altersklasse bei 84 % und bei den Frauen sogar bei 90 %. Die Mortalitätsraten in der Rumpfbevölkerung haben somit nur noch einen Anteil von 14% bei den Männern und 10 % bei den Frauen.

Tab. 43: Mittelwerte der Mortalitätsraten in den drei Altersklassen (ICD 460 - 519). Quelle: Eigene Bearbeitung

Variable	N	Mean	STD DEV	minimum	maximum
Mann 1	125	1,1824026	1,0113293	0	6,7482500
Mann 2	125	18,7561605	12,8740020	2,3968125	48,1365174
Mann 3	125	105,9925370	57,6121712	21,2690000	279,4225590
Frau 1	125	0,9595188	0,7272896	0	4,7613750
Frau 2	125	3,8247776	1,9532820	0,6969500	13,5086250
Frau 3	125	30,6088431	16,2390641	5,9321250	72,2020000

Der Anteil der Mortalitätsraten in der jüngsten Altersgruppe liegt bei 1 % (Männer) und 3 % (Frauen).

2.6.1.2 Regional-räumliche Analyse

Die höchsten Mortalitätsraten (Medianwert MR=13) bei den Männern weisen der Kreis Coesfeld (263 % Medianwertüberschreitung), Hagen (262 %), Herne (261 %), Bochum (259 %), Wuppertal (254 %), Gelsenkirchen (251 %) und Aachen (250 %) auf. Sehr niedrige Mortalitätsraten weisen hingegen die Kreise Bonn (-82 %), der Rhein-Sieg-Kreis (-82 %), der Erftkreis (-78%), Münster (-76 %) und der Kreis Köln (-72 %) auf.

Bei der Betrachtung der regional-räumlichen Struktur zeigt das Saarland, das Rhein-Neckar-Gebiet und erstmals auch der Großraum Kassel erhöhte Mortalitätsraten bei den Frauen auf. Die höchsten Mortalitätsraten mit Medianwertüberschreitungen (Medianwert MR=3.9) von 243 % sind in Neunkirchen, gefolgt von Pirmasens (96 %), Saarbrücken (92 %), Mannheim (80 %), Landau (79 %), Herne (78 %) und im Kreis St. Wendel (76 %) zu verzeichnen.
Geringe Mortalitätsraten weisen die Kreise Wesel (-83 %), der Main-Taunus-Kreis (-78 %), Steinfurt (-78 %), der Hoch-Sauerland-Kreis (-76 %) und der Rhein-Sieg-Kreis (-72%) auf. Bei den Männern sieht die Situation etwas anders aus mit einem extremen Schwerpunkt in Nordrhein-

Westfalen, aber interessanterweise nicht in allen Kreisen, sowie dem Saarland.

2.6.2 Krankheiten der Atmungsorgane, Untersuchungsgebiet Frankreich

2.6.2.1 Alters- und geschlechtsspezifische Analyse

Im französischen Untersuchungsgebiet sind die Mortalitätsraten (Tab. 44) in der mittleren Altersklasse zwar auch nicht am niedrigsten (Männer 10 %, Frauen 6 %), jedoch geringer als im Untersuchungsgebiet Bundesrepublik Deutschland (Männer 14 %, Frauen 8 %).

Tab. 44: Mortalitätsraten in den drei Altersklassen (ICD 460 - 519). Quelle: Eigene Bearbeitung

Variable	N	Mean	STD DEV	minimum	maximum
Mann 1	8	0,8813437	0,0889414	0,7398250	0,9931000
Mann 2	8	9,7458750	0,9378424	7,9392500	10,8990000
Mann 3	8	84,0700000	12,5961240	69,7800000	108,2125000
Frau 1	8	0,6765406	0,1284715	0,5009750	0,8435000
Frau 2	8	3,2398750	0,5319441	2,5165000	3,9385000
Frau 3	8	43,4871250	5,9475173	37,1090000	51,2717500

Die Mortalitätsraten bei den Frauen erreichen dabei gerade 50 % (MR=47) der Mortalitätsraten der Männer (MR= 94).

2.6.2.2 Regional-räumliche Analyse

Bei der Analyse der regional-räumlichen Struktur der Mortalitätsraten weist bei den Männern insbesondere der Raum Paris höhere Mortalitätsraten (MR=10) (-20 % Medianwertunterschreitung) auf. Auch das Departement Seine St'Denis weist noch höhere Mortalitätsraten (-17 % Medianwertunterschreitung) auf.
Die niedrigsten Mortalitätsraten weisen die Departements Seine et Marne (-27 % Medianwertabweichung), Ivelines (-33 %) und insbesondere Essonne (-39 %) auf.

Bei den Frauen ergibt sich eine völlig andere Struktur mit höheren Mortalitätsraten in der ICD-Position Krankheiten der Atmungsorgane in Val d'Oise und Ivelines im Bereich des Medianwertes.
Paris und das Departement Seine St'Denise, die bei den Männern höhere Mortalitätsraten aufweisen, weisen bei den Frauen unterdurchschnittliche Werte (MR=2.5-2.8) auf.
Sehr niedrige Mortalitätsraten sind im Departement Hauts de Seine (-36 %) sowie insbesondere - analog zur männlichen Struktur - im Departement Essonne (-24 %) zu verzeichnen.

2.7 Krankheiten der Atmungsorgane -Chronische Bronchitis (ICD 490 - 491)

Der Anteil der Mortalitätsraten an chronischer Bronchitis beläuft sich in dem Untersuchungsgebiet Bundesrepublik Deutschland bei den Männern auf 2,6 % und bei den Frauen auf 1,4 % Anteil an der Gesamtmortalität je Geschlecht.
Es handelt sich damit um die signifikanteste Gruppe im Bereich der Krankheiten der Atmungsorgane.

2.7.1 Chronische Bronchitis, Untersuchungsgebiet Bundesrepublik Deutschland

2.7.1.1 Alters- und geschlechtsspezifische Analyse

Bei der Betrachtung der Mortalitätsraten an chronischer Bronchitis (Tab. 45) treten wiederum die Schwerpunkte in der höchsten Altersklasse deutlich hervor. Die Mortalitätsanteile belaufen sich in dieser Altersklasse bei den Männern auf 85 % und bei den Frauen sogar auf 92 %.

Tab. 45: Mortalitätsraten in den drei Altersklassen ICD 490 - 491. Quelle: Eigene Bearbeitung

Variable	N	Mean	STD DEV	minimum	maximum
Mann 1	125	0,4500747	1,2202838	0	9,0398444
Mann 2	125	5,7791548	20,2977811	0	126,9888750
Mann 3	125	37,3798317	91,2013389	10,4070000	614,8405000
Frau 1	125	0,2375395	0,6010039	0	2,6372111
Frau 2	125	1,4572644	1,5308621	0	7,7022333
Frau 3	125	12,7583202	7,0763972	2,9027500	33,3194444

Der übrige Anteil entfällt auf die Rumpfbevölkerung.

2.7.1.2 Regional-räumliche Analyse

Schwerpunkte mit hohen Mortalitätsraten in der Rumpfbevölkerung sind bei den Männern im Saarland sowie im Umland des Ruhrgebietes zu verzeichnen.
Die höchsten Mortalitätsraten an chronischer Bronchitis sind in Wuppertal, Siegen, Viersen, Paderborn, Hamm und Solingen zu verzeichnen. Geringe Mortalitätsraten mit Medianwertunterschreitung von 60 % weisen bei den Männern die Kreise Daun, Frankenthal, Fulda, Heidelberg und Landau auf.
Bei den Frauen zeigt sich eine geringfügig andere Struktur, es treten nun auch Mortalitätsschwerpunkte in Mannheim und im Raum Kassel auf.

Die höchsten Mortalitätsraten sind bei den Frauen in Hamm, Herne, Hagen, Minden, Lübbecke, Saarbrücken und Remscheid zu verzeichnen. Äußerst geringe Mortalitätsraten weisen bei den Frauen die Kreise Kaiserslautern, Germersheim, Zweibrücken, Speyer, Rheingau-Taunus-Kreis und der Main-Taunus-Kreis auf.

Aufgrund der zum Teil sehr geringen Fallzahlen dürfen die extremen Schwankungen bei dieser Mortalitätsklasse jedoch nicht überinterpretiert werden und wurden deshalb auch nicht kartographisch aufgezeigt.

2.7.2 Chronische Bronchitis, Untersuchungsgebiet Frankreich

Die für die Auswertung benötigten Mortalitätsdaten konnten für diese ICD-Position nicht vom INSTITUT NATIONAL DE LA SANTE DE LA RECHERCHE MEDICAL zur Verfügung gestellt werden.

2.8 Krankheiten der Atmungsorgane - Emphysem (ICD 492)

Die Todesfälle an Emphysem bilden die schwächste Gruppe der berücksichtigten Klassen bei den Krankheiten der Atmungsorgane sowohl bei den Männern als auch bei den Frauen. Der Anteil an der Gesamtsterblichkeit ist mit 1,0 % bei den Männern und nur 0,6 % bei den Frauen so gering, daß eine Interpretation der Ergebnisse durch die fehlende statistische Absicherung nicht gegeben ist. Die nachfolgende Analyse soll somit nur einen Überblick liefern. Auf eine räumliche Darstellung wurde dem zu folge auch hier verzichtet.

2.8.1 Emphysem, Untersuchungsgebiet Bundesrepublik Deutschland

2.8.1.1 Alters- und geschlechtsspezifische Analyse

Die Schwerpunkte in dieser Mortalitätsklasse liegen deutlich in der höchsten Altersklasse (Tab. 46). Ihr Anteil liegt bei den Männern bei 83 % und bei den Frauen bei 81 %.

Tab. 46: Mortalitätsraten in den drei Alterklassen ICD 492. Quelle: Eigene Bearbeitung

Variable	N	Mean	STD DEV	minimum	maximum
Mann 1	125	0,4034969	1,8611483	0	18,3693667
Mann 2	125	3,3920768	21,0172963	0	121,0791429
Mann 3	125	29,1734053	99,7949483	1,1450000	637,3140000
Frau 1	125	0,3538693	0,8701627	0	3,7194500
Frau 2	125	0,9976920	1,9385622	0	8,1311000
Frau 3	125	5,4885079	7,5656013	0	36,7862500

Die Mortalitätsrate in der Rumpfbevölkerung hat dementsprechend nur einen Anteil von 10 % bei den Männern und 15 % bei den Frauen.

2.8.1.2 Regional-räumliche Analyse

Erhöhte Mortalitätsraten in der Rumpfbevölkerung sind im Saarland sowie in Nordrhein-Westfalen zu verzeichnen. Hohe Mortalitätsraten bei den Männern weist der Kreis Aachen, gefolgt von Herne, Solingen, Minden-Lübbecke, Euskirchen, Paderborn, Olpe und der Kreis Aachen auf. Geringe Mortalitätsraten in der Rumpfbevölkerung sind bei den Männern im Schwalm-Eder-Kreis, im Hoch-Taunus-Kreis, in Heidelberg, Frankenthal und im Werra-Meissner-Kreis zu verzeichnen.
Bei den Frauen ist die Struktur wesentlich heterogener. Höhere Mortalitätsraten treten bei den Frauen in Bottrop, Aachen, Hamm, Düren, Herne und Remscheid auf.
Wie bereits erwähnt, sind durch die geringen Fallzahlen speziell in dieser Position zum Teil sehr starke Schwankungen festzustellen, die nicht überinterpretiert werden dürfen.

2.8.2 Emphysem, Untersuchungsgebiet Frankreich

Wie auch für die ICD-Position chronische Bronchitis, konnten für diese ICD-Position keine Rohdaten vom INSTITUT NATIONAL DE LA SANTE DE LA RECHERCHE MEDICAL zur Verfügung gestellt werden.

2.9 Krankheiten der Atmungsorgane - Asthma (ICD 493)

In der Klasse der Krankheiten der Atmungsorgane bilden die Mortalitätsraten an Asthma die Gruppe mit den zweithöchsten Mortalitätsraten. Auch hier liegt der Anteil an der Gesamtmortalität mit 2,4 % bei den Männern und 1,1 % bei den Frauen sehr gering.

2.9.1 Asthma, Untersuchungsgebiet Bundesrepublik Deutschland

2.9.1.1 Alters- und geschlechtsspezifische Analyse

Die höchste Altersklasse weist auch in der Mortalitätsgruppe Asthma (Tab. 50) die höchsten Mortalitätsraten mit 79% bei den Männern und 69% bei den Frauen auf. Demnach ist auch die Rumpfbevölkerung noch stärker vertreten als in der Position der chronischen Bronchitis.

Tab. 47: Mortalitätsraten in den drei Altersklassen ICD 493. Quelle: Eigene Bearbeitung

Variable	N	Mean	STD DEV	minimum	maximum
Mann 1	125	0,4553569	0,7603363	0	5,9562000
Mann 2	125	7,0524371	12,9392175	0,5882500	86,7951111
Mann 3	125	31,1835082	67,4227494	3,3940000	483,5520000
Frau 1	125	0,7935227	0,8558520	0	3,0369889
Frau 2	125	2,9207162	1,8444824	0,5202000	7,7328333
Frau 3	125	8,2020410	6,9500687	1,5905000	24,4575556

Die Rumpfbevölkerung hat einen Anteil von 18 % bei den Männern und 24,5 % bei den Frauen.

2.9.1.2 Regional-räumliche Analyse

Die regional-räumliche Analyse ergibt ein äußerst heterogenes Bild bei den Männern. Die höchsten Mortalitätsraten an Asthma bei den Männern sind in den Kreisen Leverkusen, Remscheid, Herne, Heinsberg, Lippe, Soest, Hagen und insbesondere Coesfeld mit Mortalitätsraten über 15 zu verzeichnen. Sehr gering sind dagegen die Mortalitätsraten an Asthma in Bochum, Unna, Borken, Gelsenkirchen, im Werra-Meissner-Kreis, im Märkischen Kreis und in Germersheim mit Mortalitätsraten um 1.
Auch bei den Frauen ist die Struktur sehr heterogen, wobei hier das Umland des Ruhrgebietes deutlicher hervortritt.
Die höchsten Mortalitätsraten sind mit Werten um 6 - 8 in Herne, Remscheid, Bielefeld, Aachen, Wuppertal, Solingen, Bottrop, Krefeld und insbesondere im Kreis Hamm festzustellen.
Geringe Mortalitätsraten weisen die Kreise Neuwied, Höxter, Zweibrücken, Cochem-Zell sowie der Main-Taunus-Kreis auf.
Aufgrund der geringen Fallzahl sind die starken Schwankungen, wie bereits bei den beiden vorhergehenden ICD-Positionen, nicht überzuinterpretieren.

2.9.2 Asthma, Untersuchungsgebiet Frankreich

Für das Untersuchungsgebiet Frankreich konnten für diese ICD-Position keine Mortalitätsraten vom INSTITUT NATIONAL DE LA SANTE DE LA RECHERCHE MEDICAL zur Verfügung gestellt werden.

2.10 Zusammenfassung Bei den *bösartigen Neubildungen (ICD 140-208)* spiegelt bei den Frauen die Analyse der Mortalitätsstruktur zunächst eine sehr homogene Struktur mit nur geringen Medianabweichungen ±2 % (Medianwert Männer = 95; Frauen = 66) wieder. Dies sieht bei der Betrachtung der Unterklasse der bösartigen Neubildungen der Atmungsorgane gänzlich anders aus.

Bei den Männern sind insbesondere in Herne (MR=173), Bochum (MR=176), Wuppertal (MR=185) und Gelsenkirchen (MR=192) hohe Mortalitätsraten zu verzeichnen. Bei den Frauen weist interessanterweise auch der Kreis Leverkusen und der Kreis Neunkirchen hohe Mortalitätsraten mit Medianwertüberschreitungen um über 30 % aber auch Koblenz (MR=81), Mannheim (MR=85) und Offenbach (MR=86) auf, die bei den Männern nur mittlere Mortalitätsraten aufweisen. Dies gilt auch für die Unterklasse der bösartigen Neubildungen der Luftröhre, der Bronchien und der Lunge mit den höchsten Mortalitätsraten in Herne (MR=128), Hamm (MR=130) und insbesondere wiederum in Wuppertal (MR=161).
Niedrige Mortalitätsraten sind bei den Frauen analog wie bei den Männern in Coesfeld, aber insbesondere auch im Werra-Meissner-Kreis, Ludwigshafen und Daun bei den bösartigen Neubildungen der Luftröhre, der Bronchien und der Lunge zu verzeichnen.

Im französischen Untersuchungsgebiet sind bei den Männern - in der Klasse der bösartigen Neubildungen) die Departements mit hohen Mortalitätsraten Seine St'Denis (MR=146) und Val d'Oise (MR=125), bei den Frauen hingegen Seine St'Denis (MR=60) und Paris (MR=61) in der Klasse der bösartigen Neubildungen. Dies trifft auch für die Unterklasse der bösartigen Neubildung der Luftröhre, der Bronchien und der Lunge zu, wobei in dieser Unterklasse erstaunlicherweise das Departement Paris, welches erhöhte Mortalitätsraten bei den bösartigen Neubildungen aufweist, die niedrigsten Mortalitätsraten (MR=23) zu verzeichnen hat.
Trotz allgemein niedrigerer Gesamtmortalitätsraten in dem französischen Untersuchungsgebiet liegen die Mortalitätsraten in dieser ICD-Position überdurchschnittlich hoch.

Bei den *Krankheiten des Kreislaufsystems (ICD 390 - 459)* treten völlig andere Kreise mit hohen Mortalitätsraten - als dies bei den bösartigen Neubildungen der Fall ist - in den Vordergrund.

So weisen bei den Männern die Kreise Dortmund (MR=163), Saarbrücken (MR=162), Essen (MR=156), Pirmasens (MR=159) und insbesondere der Kreis Merzig-Wadern (MR=165) hohe Mortalitätsraten mit Medianwertabweichungen (Medianwert Männer=111; Frauen=42) weit über 30 % auf. Die Kreise mit hohen Mortalitätsraten bei den bösartigen Neubildungen wie Herne, Kleve, Bochum und insbesondere Wuppertal zeigen in dieser ICD-Position sehr niedrige Mortalitätsraten (MR um 30) bei den Männern. Dies trifft jedoch nicht für die Frauen zu.

Hohe Mortalitätsraten wurden in den Kreisen St. Wendel (MR=69), Oberhausen (MR=60), Bottrop (MR=58), Saarbrücken (MR=55) und insbesondere Neunkirchen (MR=108) festgestellt, in Kreisen, in denen hohe Mortalitätsraten auch bei den bösartigen Neubildungen festgestellt wurden.

Im französischen Untersuchungsgebiet sind niedrige Mortalitätsraten bei den Männern wie auch bei den Frauen in Ivelines (Männer MR=46; Frauen MR=14) zu verzeichnen, in dem Departement Hauts de Seine (Männer MR=68) jedoch hohe Mortalitätsraten. Das Departement Seine St'Denis (MR=76) weist bei den Männern die höchsten, bei den Frauen hingegen nur mittlere Mortalitätsraten für das französische Untersuchungsgebiet auf. Auch das Departement Seine et Marne, das die höchsten Mortalitätsraten (MR=23) bei den Frauen aufweist, hat niedrigere Mortalitätsraten bei den Männern.

Die Mortalitätsraten liegen in dieser ICD-Position im französischen Untersuchungsgebiet deutlich unter dem Gebietsmittel des Untersuchungsgebietes in der Bundesrepublik Deutschland.

Bei den *Krankheiten der Atmungsorgane (ICD 460 - 519)* spiegeln sich die geringen Fallzahlen deutlich in den starken Schwankungen wieder.
Die Mortalitätsraten in dieser ICD-Oberklasse belaufen sich auf nur ca. 60 % der ICD-Oberklasse bösartige Neubildungen der Luftröhre, der Bronchien und der Lunge.

Bei den Krankheiten der Atmungsorgane weisen wie auch bei den bösartigen Neubildungen der Atmungsorgane bei den Männern die Kreise Gelsenkirchen (MR=46), Wuppertal (MR=46), Bochum (MR=47), Herne (MR=47) und Kleve (MR=41) die höchsten Mortalitätsraten auf. Dies trifft aber nicht für die Kreise Hagen (MR=48) und Coesfeld (MR=49) zu, die die höchsten Mortalitätsraten bei den Krankheiten der Atmungsorgane (Medianwert Männer MR=13; Frauen MR=3) jedoch bei den bösartigen Neubildungen der Atmungsorgane gerade entgegengesetzt äußerst niedrige Mortalitätsraten zu verzeichnen haben.

Diese Struktur der Mortalitätsraten (ICD 460 - 519) findet sich in der Unterklasse Asthma (ICD 493) mit extremen Schwerpunkten in Hagen (MR=69) und Coesfeld (MR=86) wieder.

Deutlich unterschiedlichere Mortalitätsstrukturen sind in der Unterklasse chronische Bronchities (ICD 490 - 491) und Emphysem (ICD 492) festzustellen.
Solingen, Herne und Aachen, weisen die extremsten Mortalitätsraten, beim Emphysem auf, Viersen, Siegen und vor allem Wuppertal, bei der chronischen Bronchitis.
Sehr niedrige Mortalitätsraten wurden bei den Männern in der Rumpfbevölkerung bei der ICD-Position Krankheiten der Atmungsorgane in Bonn

(MR=2.3), Rhein-Sieg-Kreis (MR=2.4), Erftkreis (MR=2.9) und Münster (MR=3.2) festgestellt.
Bei der chronischen Bronchitis hingegen in Frankenthal, Fulda, Heidelberg und Landau ähnlich wie beim Emphysem im Hoch-Taunus-Kreis, Heidelberg, Frankenthal und im Werra-Meissner-Kreis.

Die Mortalitätsraten beim Asthma sind stärker abweichend von denen beim Emphysem und der chronischen Bronchitis mit sehr niedrigen Mortalitätsraten in Gelsenkirchen, Borken, Unna und Bochum.

Bei den Frauen sind die Schwankungen durch die noch geringere Fallzahl (ca. 30 % der der Männer) noch wesentlich größer.
Die höchsten Mortalitätsraten (ICD 460 - 519) sind anders als bei den Männern in Mannheim, Saarbrücken und Neunkirchen zu verzeichnen. Ähnlich sieht die Struktur bei der chronischen Bronchitis, nicht jedoch bei Emphysem und Asthma aus. Bei Emphysem und Asthma sind hohe Mortalitätsstrukturen schwerpunktmäßig in Herne, Hamm, Remscheid, Aachen und Bottrop festzustellen. Die Mortalitätsstruktur bei Asthma ist hierbei der der männlichen Struktur am ähnlichsten.

Sehr niedrige Mortalitätsraten bei den Krankheiten der Atmungsorgane sind bei den Frauen allgemein in den ländlichen Gebieten zu verzeichnen, insbesondere im Hochsauerlandkreis, Steinfurt, im Main-Taunus-Kreis und Wesel. Ähnlich sieht die Struktur bei der chronischen Bronchitis, bei Emphysem und auch bei Asthma aus.
Die Struktur bei Emphysem und der chronischen Bronchitis sind der der Oberklasse der Krankheiten der Atmungsorgane sehr ähnlich. Die Mortalitätsstruktur bei Asthma ist hingegen vergleichbar der der Position der bösartigen Neubildungen der Atmungsorgane.

Betont werden muß, daß die geringen Fallzahlen bei den Krankheiten der Atmungsorgane nur vorsichtige Interpretationen zulassen und nicht überinterpretiert werden dürfen.

Die Mortalitätsanalyse hat gezeigt, daß sich regional-räumliche Unterschiede im Sinne der Arbeitshypothese deutlich herausarbeiten lassen.

Durch die Rangfolgenbildung können dabei auch Extremwerte, wie dies am Beispiel von Herne und Wuppertal sehr deutlich wurde, herausgearbeitet werden.
Die Mortalitätsraten der ICD-Position der bösartigen Neubildungen der Atmungsorgane sowie auch der Krankheiten der Atmungsorgane zeigen in einzelnen Kreisen (wie Herne, Gelsenkirchen) in hoch mit Luftschadstoff belasteten Gebieten auch erhöhte Mortalitätsraten.

Generell ist die räumliche Verteilung der Mortalitätsraten dieser beiden Klassen in der regional-räumlichen Untersuchung scheinbar vergleichbar der Belastungsstruktur. Mit einzelnen Kreisen stimmt dieses Verteilungsmuster zumindest nach der optischen Auswertung jedoch nicht überein.

Die Mortalitätsraten in der ICD-Position Krankheiten des Kreislaufsystems liegen auch in höher belasteten Gebieten wie Dortmund, Essen und Saarbrücken überdurchschnittlich hoch, allerdings in anderen Kreisen als dies bei den ICD-Positionen der bösartigen Neubildungen und Krankheiten der Atmungsorgane der Fall war.

Im französischen Untersuchungsgebiet konnten ähnliche Strukturen der Mortalitätsraten in der ICD-Position bösartige Neubildungen und Krankheiten der Atmungsorgane festgestellt werden. Als deutlicher Belastungsschwerpunkt trat hier das Departement Seine St'Denis auf, wobei grundsätzlich in der ICD-Position bösartige Neubildung überdurchschnittlich hohe Mortalitätsraten in Relation zur Gesamtsterblichkeit in den berücksichtigten Departements auftraten.

Um die festgestellten regionalen Disparitäten auf ihre statistische Übereinstimmung mit den Ziel- und Störvariablen überprüfen zu können, sollen die aus der Mortalitätsanalyse und der Ziel- und Störvariablenanalyse gewonnenen Ergebnisse im folgenden korreliert werden.
Zur besseren Übersicht sind die Ziel- und Störvariablenindexwerte beider Ansätze (Ansatz A und B) in Tab. 48 zusammenfassend dargestellt.
Diese sich aus den Einzelanalysen ergebenden Indexwerte liefern die Grundlage für die folgende Korrelationsanalyse.

Tab. 48: Mortalitäts-, Ziel- und Störvariablenindexwerte der einzelnen Kreise/ Departements. - Untersuchungsgebiet Bundesrepublik Deutschland/ Frankreich -. Quelle: Eigene Bearbeitung

ANSATZ A ANSATZ B

	ID	Kreis	M999	W999	M140	W140	M160	W160	M162	W162	M360	W360	M460	W460	M490	W490	M492	W492	M493	W493	KFZ	SCHW	SO	NO	STA	SIED	MRAUDR	WRAUDR	MBERRAU	WBERURAU	BESCHBES
1	5111	KS Düsseldorf	5	5	5	5	5	7	7	7	5	4	1	1	5	7	6	7	2	4	7	5	5	5	5	7	4	7	4	6	2
2	5112	KS Duisburg	6	6	5	4	6	7	7	7	6	6	1	1	7	4	1	1	3	7	7	6	6	5	6	7	4	7	4	6	2
3	5113	KS Essen	6	5	5	4	6	7	7	7	7	5	1	1	7	6	3	4	4	6	7	5	5	4	4	7	4	7	4	6	2
4	5114	KS Krefeld	6	5	7	5	7	7	1	7	1	6	7	2	7	5	7	7	3	7	7	5	6	5	5	5	4	7	4	6	4
5	5116	KS Mönchen-Gladbach	5	4	6	4	7	7	7	7	3	5	7	1	7	7	7	7	7	7	7	5	5	5	5	5	4	7	4	6	3
6	5117	KS Mühlheim	4	4	4	4	4	6	6	6	7	4	1	1	5	7	4	7	1	4	7	5	7	5	5	5	4	7	4	6	3
7	5119	KS Oberhausen	5	6	7	5	7	7	1	7	1	7	7	1	7	7	7	7	1	6	7	5	5	6	5	6	4	7	4	6	4
8	5120	KS Remscheid	4	5	6	5	7	7	4	7	1	4	7	7	7	7	7	7	7	7	7	5	3	5	5	5	4	7	4	6	5
9	5122	KS Solingen	4	4	5	4	7	4	7	4	1	4	7	3	7	6	7	7	5	7	7	5	3	5	5	5	4	7	4	6	4
10	5124	KS Wuppertal	6	5	7	4	7	6	7	6	1	5	7	1	7	7	7	3	7	7	4	5	4	5	5	5	4	7	4	6	4
11	5154	Kleve	5	4	7	4	7	4	1	4	1	4	7	1	7	4	7	1	4	7	2	3	5	5	4	3	4	7	4	6	2
12	5158	Mettmann	4	4	5	4	6	6	2	7	2	3	5	1	4	4	7	5	3	3	7	5	4	5	4	5	4	7	4	6	4
13	5162	Neuss	4	4	7	4	7	6	4	6	1	4	7	1	7	7	7	2	3	7	7	5	5	4	5	4	4	7	4	6	4
14	5166	Viersen	5	4	7	4	7	4	7	4	1	4	7	1	7	4	7	7	7	7	4	5	4	5	4	4	4	7	4	6	3
15	5170	Wesel	4	1	4	1	3	3	4	3	5	1	1	1	7	1	7	1	1	1	4	3	4	3	5	3	4	7	4	6	4
16	5313	KS Aachen	4	4	4	4	7	7	7	7	2	4	7	3	7	7	7	7	3	7	7	5	4	5	4	5	4	4	3	6	2
17	5314	KS Bonn	4	4	4	4	3	5	4	5	4	3	1	1	2	5	1	1	1	2	7	3	3	2	4	5	4	4	3	6	1
18	5315	KS Köln	5	5	5	5	5	7	7	7	6	4	1	1	7	7	4	1	5	4	7	5	4	4	5	6	4	4	3	6	2
19	5316	KS Leverkusen	4	5	4	5	4	7	5	7	1	4	7	4	7	7	7	7	7	7	7	5	4	5	3	6	4	4	3	6	6
20	5354	Aachen	5	5	4	4	7	7	7	7	1	5	7	4	7	6	7	7	7	7	5	5	2	1	3	4	4	4	3	6	4
21	5358	Düren	4	5	5	4	7	7	7	7	2	5	7	5	7	7	7	7	4	7	2	3	3	1	4	3	4	4	3	4	3
22	5362	Erftkreis	4	4	4	4	5	5	7	5	5	4	1	1	1	3	3	2	4	3	5	4	3	3	4	4	4	4	3	4	4
23	5366	Euskirchen	4	4	4	4	7	7	7	6	1	5	7	3	7	4	7	7	7	7	1	3	2	1	4	3	4	4	3	4	2
24	5370	Heinsberg	4	5	3	4	7	4	3	4	1	4	7	4	7	7	7	7	7	7	3	2	3	1	4	3	4	4	3	4	4
25	5374	Oberbergischer Kreis	4	4	5	4	7	4	6	4	1	4	7	1	7	2	7	1	6	7	2	4	3	2	4	3	4	4	3	4	4
26	5379	Rheinisch-Berg.-Kreis	4	4	7	4	7	4	6	4	1	3	7	1	7	1	7	7	4	7	5	4	4	4	5	4	4	4	3	4	3
27	5392	Rhein-Sieg-Kreis	4	4	4	4	4	4	4	3	4	4	1	1	2	4	1	5	3	4	4	4	3	2	4	3	4	4	3	4	3
28	5512	KS Bottrop	6	6	7	4	7	5	7	4	3	7	7	4	7	7	7	7	7	7	7	5	7	5	7	5	4	1	6	4	3
29	5513	KS Gelsenkirchen	7	6	7	5	7	7	1	7	1	7	7	1	7	7	7	4	1	4	7	5	7	5	7	7	4	1	6	4	4
30	5513	KS Münster	4	4	4	4	2	7	4	6	4	3	1	1	4	3	1	1	4	2	7	2	3	2	5	4	4	1	6	4	2
31	5554	Borken	4	4	5	4	7	3	1	3	2	4	7	1	6	4	7	7	1	3	2	3	4	5	4	3	4	1	6	4	3
32	5558	Coesfeld	4	4	1	4	2	2	3	1	1	3	7	1	7	7	7	4	7	7	1	2	4	5	4	1	4	1	6	4	2
33	5562	Recklinghausen	5	5	7	5	7	7	1	7	2	6	7	1	6	4	7	1	1	3	7	5	6	7	5	4	4	1	6	4	4
34	5566	Steinfurt	4	4	7	4	7	2	1	2	1	4	7	1	5	1	7	7	1	2	2	4	3	4	4	3	4	1	6	4	4
35	5570	Warendorf	4	4	7	4	7	3	4	3	1	4	7	4	7	7	7	7	7	7	1	3	3	3	4	3	4	1	6	4	4
36	5711	KS Bielefeld	4	4	7	4	7	4	1	3	1	4	7	1	7	4	7	5	1	7	7	3	3	3	4	5	4	1	4	4	3
37	5754	Gütersloh	4	4	4	4	7	2	7	2	1	3	7	5	7	7	7	7	7	7	2	3	3	3	4	3	4	1	4	4	5
38	5758	Herford	4	4	4	4	4	2	4	2	6	3	1	1	7	4	7	7	3	1	5	4	3	2	4	4	4	1	4	4	4
39	5762	Höxter	4	4	7	4	7	3	1	1	1	4	7	1	3	7	7	7	1	1	1	2	4	2	4	2	4	1	4	4	3
40	5766	Lippe	4	4	1	4	5	3	7	2	1	3	7	4	7	7	7	7	7	7	2	3	3	2	4	3	4	1	4	4	3
41	5770	Minden-Lübbecke	4	5	4	4	7	4	7	4	1	4	7	6	7	7	7	7	7	7	2	4	3	2	4	3	4	1	4	4	3
42	5774	Paderborn	4	4	7	4	7	4	7	3	1	4	7	4	7	7	7	7	7	7	1	2	4	2	4	3	4	1	4	4	3
43	5911	KS Bochum	7	5	7	4	7	5	1	4	1	6	7	1	7	7	7	5	1	1	7	5	6	4	6	6	4	4	6	6	3
44	5913	KS Dortmund	6	6	5	5	5	7	7	7	7	7	1	1	5	7	1	1	7	6	7	5	6	5	6	6	4	4	6	6	3
45	5914	KS Hagen	4	5	2	4	4	6	2	6	1	5	7	7	7	7	7	7	7	7	7	5	7	5	4	5	4	4	6	6	3
46	5915	KS Hamm	6	6	7	4	7	7	7	7	1	5	7	7	7	7	7	7	7	7	7	5	4	5	4	5	4	4	6	6	3
47	5916	KS Herne	7	7	7	6	7	7	7	7	1	6	7	7	7	7	7	7	7	7	7	5	7	5	6	7	4	4	6	6	5
48	5954	Ennepe-Ruhr-Kreis	4	4	5	4	5	5	1	4	4	5	7	1	4	7	7	4	4	5	7	5	4	4	6	4	4	4	6	6	5
49	5958	Hochsauerland-Kreis	4	4	4	4	3	3	4	2	5	4	1	1	7	5	2	1	4	1	1	5	1	2	4	1	4	4	6	6	4
50	5962	Märkischer Kreis	5	4	7	4	7	7	1	7	1	5	7	1	4	6	7	5	1	4	4	5	3	2	4	3	4	4	6	6	5
51	5966	Olpe	4	4	3	4	1	7	2	6	1	3	7	4	7	7	7	7	7	7	1	4	3	2	4	3	4	4	6	6	4
52	5970	Siegen	4	4	6	4	7	4	7	4	1	5	7	1	7	2	7	1	7	7	2	5	4	4	4	3	4	4	6	6	4
53	5974	Soest	4	5	4	4	7	4	7	4	1	5	7	4	7	7	7	7	7	7	2	4	4	3	4	3	4	4	6	6	3
54	5978	Unna	5	5	7	4	7	4	1	4	1	7	7	1	4	7	7	1	1	4	7	5	6	4	5	4	4	4	6	6	5
55	6111	KS Darmstadt	4	4	4	4	4	7	4	7	5	2	2	7	1	1	1	1	4	7	7	4	5	3	4	5	5	4	3	6	4
56	6112	KS Frankfurt am Main	4	4	4	4	4	7	4	7	5	3	4	7	3	6	2	7	5	6	7	5	6	4	6	5	5	4	3	6	3
57	6115	KS Offenbach am Main	5	5	4	7	4	7	4	7	5	4	6	7	4	4	3	7	7	5	7	5	5	4	5	5	5	4	3	6	4
58	6116	KS Wiesbaden	4	4	4	4	4	7	4	7	4	3	3	5	1	1	1	5	4	5	7	4	5	3	6	4	5	4	3	6	3
59	6171	Bergstrasse	3	3	4	3	4	1	4	1	4	3	2	7	3	1	1	2	3	5	3	3	4	4	5	3	5	4	3	6	5
60	6172	Darmstadt-Dieburg	3	4	4	4	2	4	3	4	4	3	4	5	5	5	1	1	4	2	3	4	5	3	3	3	5	4	3	6	6
61	6173	Gross-Gerau	3	3	3	4	2	5	3	5	4	3	3	4	1	1	4	3	4	4	5	3	4	5	5	3	5	4	3	6	6
62	6176	Hochtaunuskreis	2	3	2	4	1	4	2	2	3	1	2	4	2	1	1	4	3	3	4	5	4	5	5	3	5	4	3	6	4
63	6178	Limburg-Weilburg	4	4	4	4	3	4	4	4	4	3	4	7	3	5	1	1	5	4	2	5	6	5	7	3	5	4	3	6	4
64	6179	Main-Kinzig-Kreis	2	3	3	4	2	4	2	3	3	3	1	4	1	1	1	4	1	6	2	4	5	5	5	3	5	4	3	6	5
65	6180	Main-Taunus-Kreis	3	3	3	4	1	3	2	4	4	3	2	1	4	1	4	1	3	1	7	5	4	4	4	4	5	4	3	6	3
66	6181	Odenwaldkreis	3	3	3	3	2	4	3	4	4	2	1	4	1	1	1	1	2	2	1	2	3	4	4	3	5	4	3	6	2
67	6182	Offenbach	3	4	3	4	3	7	4	7	4	4	2	7	1	4	1	1	4	3	7	4	5	4	5	5	5	4	3	6	2
68	6183	Rheingau-Taunus-Kreis	4	4	3	4	2	4	3	4	4	3	3	5	4	1	1	2	1	2	2	3	5	4	4	3	5	4	3	6	6
69	6184	Vogelsbergkreis	4	3	4	3	4	3	5	3	4	2	1	3	1	1	1	1	2	1	1	4	5	3	5	1	5	4	3	6	6
70	6185	Wetteraukreis	4	4	3	4	3	2	4	2	5	3	3	7	2	5	1	2	2	4	2	3	4	2	5	3	5	4	3	6	4
71	6188	Giessen	4	3	4	4	3	4	4	4	5	3	2	5	2	4	1	1	1	1	2	4	4	3	4	3	5	4	3	6	4
72	6189	Lahn-Dill-Kreis	3	3	3	4	2	3	3	4	4	3	4	4	4	1	1	2	6	1	2	4	4	2	4	3	5	4	3	6	6

73	6212	KS Kassel	3	3	2	3	1	4	1	5	3	3	3	1	1	1	1	1	7	2	7	3	7	3	5	6	4	3	4	1	3
74	6272	Fulda	4	4	4	4	3	7	4	7	5	3	2	7	1	4	1	7	7	7	1	4	2	2	3	3	4	3	4	1	5
75	6273	Hersfeld-Rotenburg	3	3	3	4	1	1	2	1	4	3	4	7	1	1	1	1	7	2	1	3	2	2	3	3	4	3	4	1	5
76	6274	Kassel	3	3	2	3	1	3	2	3	4	4	2	7	1	7	1	7	1	4	1	3	6	3	5	3	4	3	4	1	6
77	6275	Marburg-Biedenkopf	3	4	3	4	1	1	2	2	4	3	4	7	4	1	1	1	6	4	1	4	5	4	5	3	4	3	4	1	4
78	6276	Schwalm-Eder-Kreis	3	4	3	4	2	4	3	4	4	4	2	7	1	3	1	4	1	6	1	3	4	3	5	3	4	3	4	1	4
79	6277	Waldeck-Frankenberg	3	4	2	4	1	3	3	3	4	3	4	3	2	3	1	1	4	1	1	3	4	3	5	2	4	3	4	1	5
80	6278	Werra-Meisner-Kreis	4	3	4	3	2	1	4	1	5	4	2	6	4	1	1	7	1	2	1	4	2	2	3	3	4	3	4	1	5
81	7111	KS Koblenz	4	4	4	6	4	7	4	7	5	4	1	4	3	2	1	1	2	5	7	3	2	2	4	5	4	1	4	4	2
82	7131	Ahrweiler	3	3	2	3	3	2	4	1	4	3	2	6	1	4	4	2	3	2	1	3	4	4	2	3	4	1	4	4	4
83	7132	Altenkirchen	4	3	4	4	4	1	5	1	4	4	4	5	4	2	2	1	6	4	1	3	2	1	4	3	4	1	4	4	6
84	7133	Bad Kreuznach	4	4	4	4	3	7	4	7	4	4	4	4	4	2	2	7	1	1	1	3	3	1	5	3	4	1	4	4	4
85	7134	Birkenfeld	4	4	4	4	3	5	4	4	5	4	4	6	4	2	4	7	5	3	1	2	2	2	5	4	4	1	4	4	4
86	7135	Cochem-Zell	4	3	4	3	4	4	5	4	4	2	3	2	4	7	1	1	4	1	1	1	2	2	4	2	4	1	4	4	4
87	7137	Mayen-Koblenz	4	4	4	4	4	4	5	4	4	4	4	5	4	7	2	4	4	1	2	3	2	2	4	3	4	1	4	4	5
88	7138	Neuwied	4	4	4	4	4	3	4	3	4	4	4	3	1	1	2	1	7	1	2	3	3	2	5	3	4	1	4	4	5
89	7140	Rhein-Hunsrück-Kreis	2	3	2	3	2	1	3	1	4	3	1	4	1	1	4	6	1	3	1	2	3	2	5	3	4	1	4	4	5
90	7141	Rhein-Lahn-Kreis	2	4	2	4	1	3	2	3	4	4	2	2	2	4	2	1	1	1	1	3	3	2	5	3	4	1	4	4	4
91	7143	Westerwaldkreis	3	3	3	4	2	3	3	3	5	3	4	3	5	1	2	1	1	1	1	5	2	3	2	3	4	1	4	4	6
92	7211	KS Trier	6	4	6	6	6	7	7	7	7	4	5	7	5	7	7	3	2	2	7	3	3	3	5	4	3	1	5	1	3
93	7231	Bernkastel-Wittlich	4	4	4	4	4	4	4	3	4	3	4	5	4	6	3	1	7	2	1	2	3	2	4	2	3	1	5	1	4
94	7232	Bitburg-Prüm-Kreis	4	4	5	3	6	1	7	1	6	5	2	4	3	3	6	1	3	1	1	2	2	2	4	2	3	1	5	1	4
95	7233	Daun	3	3	4	4	4	1	4	1	4	3	1	1	1	2	1	1	4	1	1	2	2	1	4	3	3	1	5	1	5
96	7235	Trier-Saarburg	4	4	4	4	4	3	5	3	4	4	4	5	4	7	3	3	1	2	1	3	3	2	4	3	3	1	5	1	5
97	7311	KS Frankenthal	3	4	3	4	3	5	4	6	4	4	4	2	1	4	1	1	7	1	7	5	4	6	5	5	2	2	4	4	6
98	7312	KS Kaiserslautern	5	5	5	4	5	7	6	7	7	6	3	4	3	1	1	7	4	5	7	3	4	3	5	4	2	2	4	4	4
99	7313	KS Landau in der Pfalz	5	4	6	3	4	2	4	1	6	4	3	7	1	5	7	1	5	7	4	2	4	5	5	5	2	2	4	4	3
100	7314	KS Ludwigshafen	4	4	4	4	4	6	4	4	5	4	4	7	2	2	1	2	7	7	7	5	5	7	6	6	2	2	4	4	7
101	7315	KS Mainz	3	4	3	4	3	7	4	7	4	4	3	5	1	2	1	7	7	2	7	5	5	6	4	5	2	2	4	4	3
102	7316	KS Neustadt	4	3	4	4	3	1	4	1	4	3	3	4	1	1	1	7	4	5	4	2	4	5	5	3	2	2	4	4	2
103	7317	KS Pirmasens	6	6	5	5	4	6	5	7	7	7	7	7	5	2	7	7	6	7	7	2	3	2	4	4	2	2	4	4	5
104	7318	KS Speyer	4	4	4	4	3	7	4	7	4	4	3	1	3	1	7	1	4	2	7	5	4	6	5	3	2	2	4	4	4
105	7319	KS Worms	4	4	4	4	4	6	5	7	5	5	7	4	7	1	2	7	5	4	6	3	4	5	5	4	2	2	4	4	5
106	7320	KS Zweibrücken	4	4	2	4	2	4	2	4	6	5	6	1	7	1	7	1	7	1	4	3	3	4	5	4	2	2	4	4	5
107	7331	Alzey-Worms	4	4	3	4	3	3	4	2	4	3	2	3	1	1	1	1	3	3	1	2	4	5	5	3	2	2	4	4	3
108	7332	Bad Dürkheim	4	4	4	4	4	1	4	1	4	4	3	4	4	1	6	3	3	1	1	2	4	4	5	3	2	2	4	4	4
109	7333	Donnersberg-Kreis	4	4	3	4	4	2	4	1	4	4	4	4	1	1	1	1	7	3	1	3	4	2	5	1	2	2	4	4	6
110	7334	Germersheim	4	4	4	3	4	1	4	1	5	4	1	7	1	1	1	7	1	7	2	2	4	4	4	3	2	2	4	4	6
111	7335	Kaiserslautern	4	4	4	4	4	1	4	1	6	5	4	5	2	1	3	5	5	4	1	3	3	2	4	3	2	2	4	4	5
112	7336	Kusel	4	4	4	4	4	1	4	1	5	5	4	4	2	1	1	1	7	1	1	1	2	2	2	3	2	2	4	4	5
113	7337	Südliche Weinstrasse	4	4	4	4	1	1	2	1	4	4	4	5	3	2	4	1	3	4	1	2	4	4	5	2	2	2	4	4	5
114	7338	Ludwigshafen	3	3	3	3	2	1	3	1	4	3	1	3	1	2	1	3	1	1	4	3	3	5	5	3	2	2	4	4	4
115	7339	Mainz-Bingen	3	4	3	4	3	4	4	4	4	4	4	7	2	1	4	1	5	3	2	3	5	6	5	3	2	2	4	4	5
116	7340	Pirmasens	4	4	3	4	4	4	4	3	4	5	2	7	1	4	4	7	3	4	1	2	3	2	5	2	2	2	4	4	7
117	8221	KS Heidelberg	3	5	3	5	2	7	4	7	3	4	1	7	1	1	1	7	4	1	7	5	4	4	6	4	4	4	1	3	2
118	8222	KS Mannheim	4	7	4	6	2	7	4	7	5	7	2	7	1	7	1	7	3	4	7	5	5	5	7	5	4	4	1	3	4
119	9226	Rhein-Neckar-Kreis	4	5	4	5	2	6	4	7	4	6	3	7	3	4	1	1	3	4	4	5	4	4	3	3	4	4	1	3	5
120	10041	Stadtverbund Saarbrücken	5	5	6	4	7	7	7	7	7	7	7	7	7	7	7	7	7	7	7	3	5	4	7	4	4	3	4	6	5
121	10042	Merzig-Wadern	6	7	6	5	7	3	7	3	7	6	4	7	6	7	1	1	1	1	1	2	4	4	5	3	4	3	4	6	6
122	10043	Neunkirchen	4	4	4	6	4	7	5	7	5	7	7	7	7	7	7	7	7	4	6	2	6	4	7	4	4	3	4	6	5
123	10044	Saarlouis	5	5	6	5	6	4	7	4	7	6	7	5	7	2	7	5	1	4	4	3	5	5	7	4	4	3	4	6	6
124	10045	Saar-Pfalz-Kreis	4	4	5	4	5	3	7	7	6	5	7	7	7	7	3	4	5	7	3	2	4	4	5	3	4	3	4	6	6
125	10046	Sankt Wendel	5	5	4	4	4	4	6	3	6	7	7	7	6	7	5	1	4	2	1	2	4	4	5	3	4	3	4	6	5
126	10129	Essonne	4	2	6	3	0	0	4	3	1	1	1	2	0	0	0	0	0	0	2	0	4	4	1	2	0	0	0	0	5
127	10146	Hauts de Seine	4	3	6	3	0	0	4	4	1	1	2	1	0	0	0	0	0	0	7	0	5	6	3	3	0	0	0	0	5
128	10174	Ville de Paris	4	4	5	4	0	0	2	3	1	1	2	3	0	0	0	0	0	0	7	0	5	6	3	4	0	0	0	0	6
129	10183	Seine et Marne	4	3	6	2	0	0	7	3	1	1	2	2	0	0	0	0	0	0	1	0	3	3	1	2	0	0	0	0	4
130	10185	Seine St. Denis	5	4	7	4	0	0	4	5	1	1	3	2	0	0	0	0	0	0	7	0	5	6	2	4	0	0	0	0	4
131	10189	Val d'Ois	4	3	7	3	0	0	4	3	1	1	2	4	0	0	0	0	0	0	2	0	4	4	1	2	0	0	0	0	4
132	10190	Val de Marne	4	3	6	3	0	0	4	4	1	1	2	4	0	0	0	0	0	0	7	0	5	6	2	4	0	0	0	0	5
133	10197	Yvelines	2	2	5	3	0	0	4	7	1	1	1	4	0	0	0	0	0	0	2	0	4	4	1	4	0	0	0	0	4

	ID	Kreis	M999	W999	M140	W140	M160	W160	M162	W162	M360	W360	M460	W460	M490	W490	M492	W492	M493	W493	KFZ	SO	NO	STA	SIED	BESCHBES
1	5111	KS Düsseldorf	7	7	5	7	5	6	6	6	6	4	1	1	5	6	5	6	2	3	7	7	6	6	7	1
2	5112	KS Duisburg	7	7	6	6	5	6	7	6	7	7	1	2	5	4	2	3	3	5	7	7	3	7	7	2
3	5113	KS Essen	7	6	6	5	5	6	6	6	7	6	1	2	6	5	3	4	4	5	7	7	6	1	7	1
4	5114	KS Krefeld	7	7	7	7	7	7	1	6	1	7	7	3	6	5	6	5	3	7	6	6	2	7	6	4
5	5116	KS Mönchen-Gladbach	6	6	6	5	6	7	6	5	3	6	5	2	7	6	5	5	6	7	6	5	2	5	6	2
6	5117	KS Mühlheim	6	5	4	5	5	5	6	7	7	5	1	2	5	6	4	6	2	4	7	7	3	7	6	2
7	5119	KS Oberhausen	7	7	7	7	6	7	1	7	2	7	7	2	5	6	6	6	1	5	7	7	5	7	7	3
8	5120	KS Remscheid	5	7	6	7	7	7	3	4	1	3	6	7	7	7	7	7	7	7	6	4	5	6	6	5
9	5122	KS Solingen	5	5	5	3	7	4	7	5	1	5	7	3	7	5	7	7	5	7	6	5	5	6	6	3
10	5124	KS Wuppertal	7	6	7	4	7	5	7	4	1	6	7	2	7	6	6	4	7	7	7	6	4	6	7	3
11	5154	Kleve	6	6	7	6	7	4	1	5	1	5	7	27	7	4	6	3	4	6	3	4	3	6	1	3
12	5158	Mettmann	4	4	5	6	5	5	2	5	3	3	5	1	4	4	5	4	3	3	6	6	5	7	6	4
13	5162	Neuss	5	5	7	5	7	5	4	5	1	5	6	2	7	6	5	3	3	6	5	3	4	6	5	3
14	5166	Viersen	6	5	7	5	4	7	2	2	5	6	2	7	4	6	5	6	6	4	4	4	2	6	5	2
15	5170	Wesel	5	1	4	1	3	2	4	7	6	1	2	1	5	1	5	2	2	2	4	5	2	6	3	4
16	5313	KS Aachen	5	5	5	4	6	7	7	5	3	4	6	3	7	6	7	7	3	6	6	4	1	3	6	1
17	5314	KS Bonn	2	4	3	5	2	5	4	7	5	2	1	1	2	5	1	3	2	2	7	6	5	6	7	1
18	5315	KS Köln	6	6	5	7	5	7	6	7	7	5	1	1	5	6	4	3	5	4	7	3	7	6	7	1
19	5316	KS Leverkusen	2	6	3	6	4	7	5	6	1	4	7	4	7	7	7	6	7	7	7	6	5	6	7	7
20	5354	Aachen	6	6	4	6	7	6	7	7	2	6	7	4	7	5	7	7	7	7	4	3	1	4	4	4
21	5358	Düren	5	7	5	5	6	7	7	5	3	6	6	5	6	7	7	7	4	7	3	3	4	5	2	2
22	5362	Erftkreis	4	5	4	4	5	5	6	5	6	5	1	1	2	3	4	3	4	3	5	4	3	6	5	3
23	5366	Euskirchen	3	6	2	5	6	6	7	5	2	6	6	3	7	4	7	7	6	6	2	2	2	3	1	1
24	5370	Heinsberg	3	6	1	6	6	4	3	3	2	5	6	5	6	7	6	7	7	6	4	4	3	6	4	3
25	5374	Oberbergischer Kreis	4	4	5	3	6	3	6	4	3	4	6	2	7	2	5	3	5	6	3	5	3	3	3	4
26	5379	Rheinisch-Berg.-Kreis	3	4	6	6	7	4	6	2	2	3	6	3	7	2	7	7	4	6	5	5	6	6	4	1
27	5392	Rhein-Sieg-Kreis	3	3	3	3	3	3	5	4	5	4	1	1	2	4	2	5	3	3	4	5	5	5	3	2
28	5512	KS Bottrop	7	7	7	5	7	5	7	7	3	7	6	4	6	6	5	7	7	7	6	7	3	7	6	2
29	5513	KS Gelsenkirchen	7	7	7	7	7	7	1	5	1	7	7	2	6	6	6	4	1	4	7	7	6	7	7	3
30	5513	KS Münster	5	5	3	5	2	5	3	2	5	1	1	1	4	3	2	3	5	2	5	7	4	7	5	1
31	5554	Borken	4	4	6	6	6	3	1	1	3	5	5	i	5	4	6	5	1	3	3	5	3	7	2	2
32	5558	Coesfeld	4	3	1	3	1	2	2	6	2	2	7	2	6	7	7	4	7	6	2	3	5	7	1	1
33	5562	Recklinghausen	6	6	7	7	6	6	1	2	3	7	6	1	5	4	6	3	2	3	5	7	3	7	5	3
34	5566	Steinfurt	5	7	6	4	6	2	1	3	2	4	6	1	5	1	5	5	1	2	3	3	3	7	2	3
35	5570	Warendorf	5	5	7	4	6	3	4	3	1	5	6	4	6	7	5	7	7	6	2	5	4	7	2	4
36	5711	KS Bielefeld	6	5	7	4	6	3	1	2	1	3	6	2	6	4	6	4	2	7	6	7	1	5	6	2
37	5754	Gütersloh	4	4	4	2	6	1	7	2	3	3	5	5	6	7	7	7	7	7	4	6	3	6	3	5
38	5758	Herford	6	4	4	6	4	2	5	1	7	3	1	1	5	4	5	6	3	1	4	6	2	4	5	3
39	5762	Höxter	5	3	7	3	6	2	1	2	2	4	6	1	3	6	6	5	1	1	1	3	1	5	1	1
40	5766	Lippe	2	5	1	4	5	2	6	4	1	3	7	4	6	7	7	7	7	7	3	3	1	4	2	2
41	5770	Minden-Lübbecke	5	6	5	4	7	3	7	3	2	4	7	6	6	7	7	7	7	7	3	2	2	2	2	2
42	5774	Paderborn	6	5	7	2	7	3	7	5	1	4	7	4	7	6	7	7	6	7	2	3	1	6	2	2
43	5911	KS Bochum	7	6	7	5	7	5	1	6	1	7	7	1	5	7	6	4	1	1	7	6	7	7	7	2
44	5913	KS Dortmund	7	7	5	7	5	6	6	5	7	7	1	2	5	5	2	2	6	5	6	6	5	7	7	1
45	5914	KS Hagen	4	5	2	4	4	6	2	6	1	5	7	7	7	7	7	7	7	7	7	7	5	4	5	3
46	5915	KS Hamm	7	7	7	4	7	6	7	5	1	6	7	7	7	7	7	7	7	7	5	4	3	7	5	2
47	5916	KS Herne	7	7	7	7	7	7	7	6	1	7	7	7	7	7	7	7	7	7	7	7	7	7	7	3
48	5954	Ennepe-Ruhr-Kreis	6	6	5	6	5	5	1	7	4	6	5	2	4	7	5	4	4	5	5	4	4	6	5	5
49	5958	Hochsauerland-Kreis	4	3	3	2	2	2	3	4	6	4	1	1	5	5	3	1	4	1	1	1	2	4	1	3
50	5962	Märkischer Kreis	6	5	7	5	7	6	1	2	1	6	7	1	4	5	6	5	1	4	4	1	4	5	3	6
51	5966	Olpe	4	2	2	3	1	6	2	5	2	2	6	4	6	7	7	6	7	5	5	1	1	2	3	5
52	5970	Siegen	6	5	6	6	7	4	7	4	2	6	6	2	7	3	6	1	6	6	3	2	1	1	3	4
53	5974	Soest	5	7	3	6	6	3	7	4	1	6	7	5	6	7	7	7	7	7	3	6	3	7	1	2
54	5978	Unna	6	6	7	6	6	4	1	3	1	7	7	1	3	5	6	2	1	4	5	4	4	7	5	5
55	6111	KS Darmstadt	4	3	4	5	4	6	4	6	6	1	3	6	1	2	2	1	3	5	6	5	6	6	7	3
56	6112	KS Frankfurt am Main	6	5	4	6	4	7	5	7	6	2	5	7	3	5	3	6	5	5	7	7	6	5	7	1
57	6115	KS Offenbach am Main	6	7	4	7	4	7	5	7	7	5	5	6	3	4	4	5	6	5	7	7	7	5	7	4
58	6116	KS Wiesbaden	3	5	4	5	4	7	5	7	4	1	3	5	2	1	1	5	5	5	6	6	7	5	6	1
59	6171	Bergstrasse	2	2	2	1	3	1	5	1	4	2	2	6	3	1	1	3	3	5	4	5	4	4	3	6
60	6172	Darmstadt-Dieburg	2	2	2	3	1	4	2	4	5	1	5	5	5	5	2	1	4	2	4	3	6	2	4	7
61	6173	Gross-Gerau	3	3	3	4	2	5	3	5	4	3	3	4	1	1	4	3	4	4	5	4	5	5	3	6
62	6176	Hochtaunuskreis	1	2	1	2	1	5	2	5	3	3	3	5	1	2	4	4	4	3	5	4	6	5	4	7
63	6178	Limburg-Weilburg	3	3	3	4	2	4	3	4	5	3	4	6	3	5	3	3	5	5	3	2	5	3	4	4
64	6179	Main-Kinzig-Kreis	1	1	1	2	1	3	2	2	3	1	1	5	1	1	1	4	1	5	3	5	6	3	1	6
65	6180	Main-Taunus-Kreis	1	2	2	4	1	2	1	3	3	2	3	1	3	1	4	1	3	1	6	7	7	5	5	1
66	6181	Odenwaldkreis	1	1	2	2	1	4	2	4	3	1	2	4	2	2	1	1	2	3	2	5	2	2	2	7

67	6182	Offenbach	1	3	2	3	3	7	3	7	3	3	2	7	1	3	3	3	4	3	4	6	7	4	5
68	6183	Rheingau-Taunus-Kreis	2	3	2	3	2	3	2	4	5	3	3	5	4	1	2	1	2	3	3	7	7	5	3
69	6184	Vogelsbergkreis	3	1	3	1	4	2	5	3	4	1	2	3	1	2	2	3	2	1	1	3	2	4	1
70	6185	Wetteraukreis	2	3	2	4	2	2	3	2	6	2	3	7	2	5	3	1	2	3	3	4	6	2	4
71	6188	Giessen	3	2	3	2	3	3	4	3	6	2	2	5	3	4	2	3	1	2	3	3	6	5	4
72	6189	Lahn-Dill-Kreis	1	1	2	2	2	3	2	3	3	2	4	4	4	1	2	1	5	1	3	6	4	5	2
73	6212	KS Kassel	1	1	1	1	1	4	1	5	3	2	3	2	1	1	1	6	6	2	6	6	7	4	7
74	6272	Fulda	4	4	4	3	3	6	4	6	6	3	3	7	1	4	1	1	6	5	2	4	5	3	4
75	6273	Hersfeld-Rotenburg	2	2	1	2	1	1	2	1	5	2	4	6	1	1	2	5	6	3	1	3	2	3	4
76	6274	Kassel	1	2	1	1	1	2	2	2	5	3	2	7	2	6	1	1	2	4	2	5	5	4	2
77	6275	Marburg-Biedenkopf	1	3	1	3	1	1	1	2	4	2	4	6	4	2	3	4	5	4	2	7	2	4	2
78	6276	Schwalm-Eder-Kreis	1	2	1	3	1	3	1	3	4	3	2	7	1	3	1	1	2	5	1	6	2	4	3
79	6277	Waldeck-Frankenberg	1	2	1	3	1	2	2	3	4	1	4	3	3	3	2	5	4	2	1	4	2	4	1
80	6278	Werra-Meisner-Kreis	3	2	2	1	2	1	3	1	6	3	2	6	4	2	1	1	1	2	1	3	2	3	2
81	7111	KS Koblenz	4	5	5	7	4	7	5	7	6	3	2	5	3	3	1	3	2	5	6	2	5	4	6
82	7131	Ahrweiler	1	1	1	1	2	1	3	1	4	2	2	6	2	4	4	1	2	2	2	4	5	5	1
83	7132	Altenkirchen	2	1	3	2	4	1	5	1	5	5	4	6	4	3	3	5	5	4	2	6	1	2	2
84	7133	Bad Kreuznach	4	4	3	6	3	6	3	6	5	4	4	4	4	3	3	6	1	2	2	1	5	2	2
85	7134	Birkenfeld	4	4	3	5	3	5	3	4	6	5	5	6	3	3	4	1	5	3	1	1	1	1	4
86	7135	Cochem-Zell	3	1	4	1	4	4	5	4	5	1	3	3	4	6	1	4	5	1	1	1	5	2	1
87	7137	Mayen-Koblenz	2	4	4	6	4	4	5	4	5	3	4	6	4	5	3	1	3	2	3	1	5	5	2
88	7138	Neuwied	3	3	4	2	3	3	4	3	5	4	4	3	1	2	3	5	6	1	2	2	4	4	3
89	7140	Rhein-Hunsrück-Kreis	1	1	1	1	2	1	2	1	4	2	2	4	1	2	4	1	1	3	1	1	4	3	4
90	7141	Rhein-Lahn-Kreis	1	2	1	2	1	2	2	2	4	4	3	3	2	4	3	3	1	1	1	3	6	4	1
91	7143	Westerwaldkreis	2	1	1	2	1	2	2	2	6	3	4	3	4	2	3	4	1	1	2	6	2	3	1
92	7211	KS Trier	7	6	6	7	5	6	6	6	7	4	5	6	4	5	5	2	2	2	5	1	7	3	5
93	7231	Bernkastel-Wittlich	3	2	4	4	4	3	4	3	5	2	5	5	4	5	4	2	7	2	1	1	1	1	1
94	7232	Bitburg-Prüm-Kreis	6	4	5	1	5	1	7	1	7	6	2	4	3	3	5	2	2	2	1	1	1	1	1
95	7233	Daun	1	1	3	2	3	1	4	1	4	2	1	2	1	3	1	4	4	2	1	1	1	1	4
96	7235	Trier-Saarburg	3	3	5	3	4	2	6	2	5	4	4	5	4	6	4	2	2	2	1	2	7	3	2
97	7311	KS Frankenthal	2	4	2	6	2	5	3	5	5	4	4	3	1	3	1	5	7	1	5	2	6	3	7
98	7312	KS Kaiserslautern	7	6	6	6	5	6	6	6	7	7	4	4	3	1	2	2	4	5	5	2	6	2	5
99	7313	KS Landau in der Pfalz	7	3	6	1	4	1	5	1	7	5	4	7	1	5	5	3	5	7	4	1	3	2	6
100	7314	KS Ludwigshafen	4	5	3	4	3	5	4	5	6	5	4	6	3	3	1	5	6	5	6	3	7	4	7
101	7315	KS Mainz	2	4	2	4	3	6	4	6	4	4	3	5	2	3	2	6	6	3	6	5	5	5	6
102	7316	KS Neustadt	4	2	4	2	3	1	4	1	5	2	5	5	2	3	2	6	4	5	4	1	7	2	3
103	7317	KS Pirmasens	7	7	5	7	4	6	5	5	7	7	3	7	5	3	5	6	5	6	5	1	1	1	5
104	7318	KS Speyer	2	3	4	3	2	6	3	6	4	3	3	2	3	1	5	2	4	2	6	1	6	2	1
105	7319	KS Worms	5	5	5	5	5	5	6	6	6	6	5	4	6	2	3	6	5	3	6	3	4	5	6
106	7320	KS Zweibrücken	2	4	1	5	1	4	2	3	7	6	5	2	6	1	5	2	6	1	4	6	5	3	5
107	7331	Alzey-Worms	3	2	2	4	2	3	3	2	4	2	2	3	2	2	3	2	3	3	2	2	7	4	4
108	7332	Bad Dürkheim	4	2	3	2	4	1	5	1	4	4	3	5	3	2	5	3	3	1	3	2	7	3	3
109	7333	Donnersberg-Kreis	2	4	2	4	3	2	4	1	4	4	4	4	1	1	1	2	6	3	1	2	6	2	1
110	7334	Germersheim	4	3	3	1	3	1	4	1	6	5	1	7	2	1	2	6	1	6	3	2	3	1	3
111	7335	Kaiserslautern	5	3	3	2	3	1	3	1	7	6	4	5	2	1	4	5	5	3	2	2	3	2	3
112	7336	Kusel	4	2	3	2	3	1	5	1	6	6	5	5	2	2	2	3	2	6	1	1	1	1	2
113	7337	Südliche Weinstrasse	5	5	2	3	1	1	1	1	5	5	4	5	3	2	4	2	3	5	2	1	1	1	1
114	7338	Ludwigshafen	1	1	2	1	2	1	2	1	4	2	1	3	1	3	2	4	1	1	4	2	7	3	3
115	7339	Mainz-Bingen	2	4	2	3	2	4	3	4	4	5	4	6	2	2	4	2	5	3	3	2	4	4	4
116	7340	Pirmasens	2	3	2	3	3	3	5	3	5	6	2	7	1	4	4	6	3	3	1	1	1	1	1
117	8221	KS Heidelberg	1	7	1	7	2	7	3	7	3	4	1	6	1	1	1	6	5	1	6	2	4	1	4
118	8222	KS Mannheim	5	7	3	7	2	6	3	6	6	7	3	7	2	6	2	6	3	4	7	6	6	3	7
119	9226	Rhein-Neckar-Kreis	3	7	4	7	2	5	3	6	4	7	3	7	3	4	2	2	3	4	4	2	2	1	3
120	10041	Stadtverbund Saarbrücken	7	6	6	6	6	7	7	7	7	7	6	7	6	7	6	6	6	5	5	5	7	4	5
121	10042	Merzig-Wadern	7	7	6	7	6	2	7	3	7	7	5	6	5	6	3	2	1	1	2	3	2	3	2
122	10043	Neunkirchen	6	4	4	7	4	7	6	7	6	7	5	7	6	7	6	6	6	3	5	7	1	1	5
123	10044	Saarlouis	7	6	6	7	5	4	6	5	7	7	5	6	5	3	5	5	2	3	4	7	3	3	5
124	10045	Saar-Pfalz-Kreis	5	5	5	5	5	2	6	7	7	6	5	7	5	6	4	4	5	5	4	7	2	2	3
125	10046	Sankt Wendel	6	6	5	3	5	3	6	3	7	7	6	7	5	7	4	2	4	3	2	2	1	2	4
126	10129	Essonne	2	1	6	1	0	0	4	3	2	1	1	3	0	0	0	0	0	0	5	4	4	1	3
127	10146	Hauts de Seine	3	1	6	1	0	0	5	4	2	1	2	2	0	0	0	0	0	0	7	5	7	3	5
128	10174	Ville de Paris	4	3	5	3	0	0	2	3	2	1	3	3	0	0	0	0	0	0	7	5	7	3	6
129	10183	Seine et Marne	3	2	6	1	0	0	6	2	2	1	2	3	0	0	0	0	0	0	2	3	3	1	2
130	10185	Seine St. Denis	6	2	7	2	0	0	4	5	3	1	3	3	0	0	0	0	0	0	7	5	6	2	6
131	10189	Val d'Ois	2	1	6	1	0	0	5	2	2	1	2	4	0	0	0	0	0	0	5	4	4	1	4
132	10190	Val de Marne	3	1	6	1	0	0	4	5	2	1	2	4	0	0	0	0	0	0	7	5	6	2	6
133	10197	Yvelines	1	1	5	1	0	0	4	7	1	1	1	4	0	0	0	0	0	0	4	4	4	1	6

VI. KORRELATIONSANALYSE

1. Korrelation der Ziel- und Störvariablen mit dem Mortalitätsindex

Die sich aus der Luftschadstoffsituationsanalyse sowie der Mortalitätsstruktur ergebenden Indexwerte werden im folgenden auf ihre möglichen Zusammenhänge hin überprüft.

Es wird untersucht, inwieweit die festgestellten räumlichen Disparitäten bei den Zielvariablen und den Störvariablen mit den Mortalitätsraten in den berücksichtigten Kreisen/Departements in Beziehung stehen.

Die Arbeitshypothese, "daß es möglich ist, anhand der 125 Kreise im Untersuchungsgebiet der Bundesrepublik Deutschland und 8 Departements im Untersuchungsgebiet Frankreich zu statistisch abgesicherten Ergebnissen zu gelangen", soll im folgenden konkret geprüft werden.
Um diesen möglichen Einfluß quantifizieren zu können, wurde die Korrelation zwischen den Rangordnungsdaten (Indexwerten) mit Hilfe des Rangkorrelationskoeffizienten nach SPEARMAN durchgeführt. Grundlegende Maßzahl für den SPEARMAN - Koeffizienten ist die Summe der Quadrate der Rangdifferenz d_i der einzelnen Wertepaare. Der kleinste Wert erhält jeweils den Rang 1, usw., der Größte den Rang n. Bei Ranggleichheit werden mittlere Rangzahlen entsprechend dem arithmetischen Mittel der Ränge vergeben. Der Rangkorrelationskoeffizient wird wie folgt berechnet,

Berechnungsformel: $r_S = 1 - \frac{6\sum d_i^2}{n \cdot (n^2 - 1)}$

Legende:
d = Differenz zwischen den Rangplätzen der X- (z.B. SO_2-Index) und der Y-Werte (z.B. Frauenindex ICD 492). Es gilt immer, daß $\Sigma\, d_i = 0$ ist. Beispiel: SO_2 = Rangplatz 120 und ICD 492 = Rangplatz 115, dann gilt $d_i = 5$; $d_i^2 = 25$; $\Sigma\, d_i^2 = 25 + d_i^2$ aller übrigen 132 Kreise/ Departements.
n = Zahl der Merkmalsträger (Wertepaare) (= 133 Kreise/ Departements). Es gilt $n * (n^2-1) = 133 * (17689 - 1)$.

Dieser Rangkorrelationskoeffizient nach SPEARMAN ist wie folgt zu interpretieren:

a) Das Vorzeichen ist als Richtung des Zusammenhangs zu interpretieren

+= gleichsinniger Zusammenhang
- = gegensinniger Zusammenhang

b) Der Betrag bedeutet: r = 0: kein Zusammenhang
0 < r <= 0,4 niedriger Zusammenhang
0,4 <r <= 0,7 mittlerer Zusammenhang
0,7 <r <= 1,0 hoher Zusammenhang
r = 1,0 vollständig linearer Zusammenhang
(nach WERNER (1984), S. 51)

Des weiteren wird jeweils ein Signifikanztest durchgeführt, der die Arbeitshypothese verwirft, wenn er größer als 0,05 ist und damit auf dem 5 %-Niveau der Verläßlichkeit liegt.

Die Hypothese, die sich aus dieser Korrelationsberechnung ergibt, wird in dieser Studie nur als signifikant ("überzufällig") bezeichnet, wenn weniger als 5 % aller Kreise von der Hypothese abweichen. Diese Irrtumswahrscheinlichkeit von 5 % wird häufig in derartigen Korrelationsberechnungen verwendet (vgl. WERNER (1984) S. 152).

Diese Korrelationsanalyse wird aufbauend auf den vorhergegangenen Analysen immer auf die Rumpfbevölkerung (35 - 65jährigen) bezogen, wobei auch hier eine geschlechtsspezifische Feingliederung beibehalten wurde.

Diese sich mit dem Berechnungsverfahren ergebenden Korrelationsfaktoren sind gemeinsam für das Untersuchungsgebiet der Bundesrepublik Deutschland und Frankreich errechnet worden, wobei die beiden Ansätze A und B (Tab. 49/ Tab. 50) gegenübergestellt werden.

Um den Einfluß des französischen Untersuchungsgebietes quantifiziern zu können, für das für einzelne Einflußparameter - wie insbesondere das Rauchverhalten - keine auswertbaren Daten zur Verfügung standen, wurde eine Korrelationsberechnung zusätzlich nur für das Untersuchungsgebiet der Bundesrepublik Deutschland - mit dem Ansatz A - durchgeführt. Der Vergleich dieser beiden Korrelationsanalysen spiegelt ein sehr homogenes Bild wieder. Die Abweichungen liegen im Bereich von 0,01 - 0,05 des Korrelationswertes. Um diesen Faktor korrelieren die Kreise in der Bundesrepublik Deutschland höher. Eine Ausnahme bilden die Krankheiten des Kreislaufsystems die mit der Staubbelastung um 0,11 bei den Männern und um 0,14 bei den Frauen niedriger korrelieren.
Aufgrund dieser geringen Schwankung erscheint es nicht notwendig, die beiden Untersuchungsräume weiter getrennt zu behandeln.

Die im weiteren für die einzelnen ICD-Positionen durchgeführten Analysen stützen sich dementsprechend auf die Korrelationswerte des Gesamtgebietes (Untersuchungsgebiet Bundesrepublik Deutschland und Frankreich), die in Tab. 49 und 50 wiedergegeben sind.

Inwieweit unterscheiden sich nun die Korrelationswerte des Ansatzes A von denen des Ansatzes B. Beim Vergleich der Korrelationswerte, die

auch mit dem Ansatz B ermittelbar waren, nämlich der Kfz-, Schwefeldioxid-, Stickoxid-, Staub-, Siedlungs- und Beschäftigtenindexstruktur (für alle anderen war aufgrund der bereits aggregierten Datengrundlage keine exakte Rangfolgensortierung möglich), ergibt sich beim Kfz-Index und beim Siedlungsindex eine annähernd gleiche Korrelationswerthöhe. Beim Kfz-Index hat nur die Mortalitätsposition ICD 492 (Frauen) und beim Siedlungsindex die Mortalitätsindexposition ICD 492 (Männer) eine Korrelationswertabweichung von größer als 0,1.
Die Korrelationswerte bei den Stickoxid- und Staubindexwerten sowie auch bei dem Beschäftigtenindex zeigen hingegen fast überall wesentlich höhere Abweichungen. Im Vergleich der beiden Ansätze liegen allein 12 Korrelationswerte beim Staubindex und 8 bei den Stickoxidindexwerten bei Abweichung über 0,2.
Es zeigt sich hier, daß die Klasseneinteilung nach Wertebereichen im Ansatz A bei den Indexwerten Kfz-, Siedlungs- und Schwefeldioxidbelastung sehr nah an einem möglichen maximalen Korrelationswert liegen, bei den Indexpositionen insbesondere Staub und Beruf jedoch die Klassenwertbildung im Ansatz A zu deutlich niedrigeren Korrelationswerten (positive wie auch negative Verstärkung) im Vergleich zur homogenen Klasseneinteilung des Ansatzes B führten. Eine Korrelationswertinterpretation wird dementsprechend nur bei den Indexwerten, die im Ansatz B oder Ansatz A eine homogene Verteilung aufweisen, durchgeführt. Ansonsten wird nur eine Interpretation der Korrelationswerte des Ansatzes B durchgeführt.
Wie sieht es jedoch in Bereichen aus, die einen Korrelationswert über 0,25 haben, die also eine gleichsinnige Korrelation mindestens auf erhöhtem niedrigem Niveau ergaben. Hier ist festzustellen, daß alle Korrelationswerte über 0,25 im Ansatz B ebenfalls im Ansatz A über 0,25 oder zumindest unter 0,1 Abweichung liegen. Dies trifft auch zu 100 % auf die Extremfälle mit Korrelationswerten über 0,4 respektive 0,5 und damit mit gleichsinniger mittlerer Korrelation zu. Überträgt man dies auf die anderen Indexwerte, die nicht mit dem Ansatz B gegengeprüft werden konnten, könnte man ableiten, daß deutliche Korrelationen über 0,25 auch des Ansatzes A näherungsweise Korrelationen aufzeigen, was gerade für den Faktor Rauchen, der nicht mit dem Ansatz B gegengeprüft werden konnte, bedeutsam wäre.

Tab 49: Korrelationsfaktoren Rumpfbevölkerung. - Untersuchungsgebiet Bundesrepublik Deutschland und Frankreich. ANSATZ A. Quelle: Datenbank der STATISTISCHEN LANDESÄMTER und INSEE, eigene Bearbeitung

	KFZ	SCHW	SO	NO	STA	SIED	Mraudr	Wraudr	Mberrau	Wberrau	Beschbes
M999	0,36723	0,22403	0,21991	0,18915	0,15906	0,39130	-0,13845	0,18669	0,32495	0,28109	-0,16669
	0,0001	0,0120	0,0110	0,0292	0,0674	0,0001	0,1236	0,0371	0,0002	0,0015	0,0551
W999	0,40092	0,34299	0,25992	0,18664	0,33422	0,48260	-0,11895	0,20034	0,17650	0,14706	-0,16731
	0,0001	0,0001	0,0025	0,0315	0,0001	0,0001	0,1864	0,0251	0,0490	0,1017	0,0542
M140	0,33255	0,24747	0,18040	0,24131	-0,02704	0,28897	-0,05368	0,16965	0,32187	0,25511	-0,12224
	0,0001	0,0054	0,0377	0,0051	0,7574	0,0007	0,5521	0,0586	0,0003	0,0041	0,1610
W140	0,37725	0,33084	0,17197	0,15916	0,36156	0,43868	0,01979	0,13545	0,00851	0,10680	-0,07448
	0,0001	0,0002	0,0478	0,0673	0,0001	0,0001	0,8266	0,1320	0,9249	0,2358	0,3942
M160	0,28718	0,21079	0,07088	0,10037	-0,02549	0,29118	-0,06658	0,14843	0,29680	0,26439	-0,20066
	0,0012	0,0183	0,4321	0,2654	0,7778	0,0010	0,4607	0,0985	0,0008	0,0029	0,0248
W160	0,67718	0,52850	0,31724	0,26558	0,26108	0,16369	0,64960	0,40448	-0,07526	0,28583	-0,29547
	0,0001	0,0001	0,0003	0,0028	0,0033	0,0001	0,0681	0,0001	0,4042	0,0012	0,0008
M162	0,05748	0,02766	-0,11810	-0,06607	0,00770	0,11490	-0,11217	0,08913	-0,06688	0,07384	-0,11883
	0,5111	0,7595	0,1758	0,4499	0,9299	0,1879	0,2130	0,3229	0,4587	0,4131	0,1731
W162	0,67207	0,52629	0,33029	0,26469	0,22637	0,64969	0,17952	0,43675	-0,11830	0,29508	-0,22366
	0,0001	0,0001	0,0001	0,0021	0,0088	0,0001	0,0452	0,0001	0,1889	0,0008	0,0097
M360	-0,03607	-0,22848	-0,04392	-0,12703	0,29426	0,06115	-0,15992	-0,13008	-0,15757	-0,07296	0,16858
	0,6802	0,0104	0,6156	0,1451	0,0006	0,4844	0,0748	0,1482	0,0793	0,4188	0,0524
W360	0,22960	0,20078	0,14711	0,08829	0,36443	0,34755	-0,32583	0,07454	0,33336	0,09154	0,01212
	0,0079	0,0248	0,0911	0,3122	0,0001	0,0001	0,0002	0,4087	0,0001	0,3100	0,8899
M460	0,07428	0,10506	0,05953	0,07521	0,09394	0,10527	-0,05258	0,00628	0,31846	0,16320	0,02366
	0,3955	0,2436	0,4961	0,3896	0,2822	0,2278	0,5603	0,9446	0,0003	0,0690	0,7869
W460	-0,18975	-0,23791	0,01545	-0,08602	0,09589	-0,11579	0,02990	-0,13529	-0,22961	-0,11625	0,31465
	0,0287	0,0075	0,8599	0,3249	0,2722	0,1844	0,7406	0,1325	0,0100	0,1967	0,0002
M490	0,22165	0,25898	0,06416	0,10417	-0,03046	0,25784	0,05786	0,21019	0,30503	0,32579	-0,18080
	0,0130	0,0035	0,4772	0,2476	0,7360	0,0037	0,5216	0,0186	0,0005	0,0002	0,0436
W490	0,20923	0,20843	0,14783	0,07284	0,04450	0,25532	0,08113	0,14417	0,30132	0,20179	-0,19509
	0,0192	0,0197	0,0999	0,4195	0,6221	0,0041	0,3684	0,1087	0,0006	0,0240	0,0292
M492	0,20179	0,15220	0,00970	0,13467	-0,03030	0,19204	-0,11087	0,06105	0,38526	0,19976	-0,17996
	0,0240	0,0902	0,9145	0,1343	0,7373	0,0319	0,2184	0,4988	0,0001	0,0255	0,0446
W492	0,18599	0,13004	0,02898	0,05496	0,00112	0,22630	-0,02152	0,07341	0,05747	0,03402	-0,14324
	0,0378	0,1483	0,7484	0,5427	0,9901	0,0112	0,8117	0,4159	0,5244	0,7065	0,1110
M493	0,06290	0,05962	-0,06041	-0,00708	-0,07791	0,10635	-0,13144	0,02422	0,05404	-0,01766	-0,02611
	0,4859	0,5090	0,5033	0,9375	0,3878	0,2378	0,1440	0,7886	0,5494	0,8450	0,7726
W493	0,29262	0,22527	0,19884	0,21511	0,01116	0,31960	0,05423	0,31737	0,03247	0,23332	-0,17869
	0,0009	0,0115	0,0262	0,0160	0,9017	0,0003	0,5480	0,0003	0,7192	0,0088	0,0462

Tab 50: Korrelationsfaktoren Rumpfbevölkerung. - Untersuchungsgebiet Bundesrepublik Deutschland und Frankreich. ANSATZ B. Quelle: Datenbank der STATISTISCHEN LANDESÄMTER und INSEE, eigene Bearbeitung

	KFZ	SO	NO	STA	SIED	ABBESCH
M999	0,39348	0,16552	-0,14398	0,31321	0,39500	-0,36367
	0,0001	0,0569	0,0982	0,0002	0,0001	0,0001
W999	0,43742	0,19412	-0,07666	0,41470	0,40222	-0,40149
	0,0001	0,0729	0,5698	0,0001	0,0001	0,0001
M140	0,38961	0,15602	-0,04971	0,26422	0,33083	-0,22341
	0,0001	0,0729	0,5698	0,0021	0,0001	0,0097
W140	0,46833	0,25387	0,05731	0,36681	0,44909	-0,35799
	0,0001	0,0032	0,5123	0,0001	0,0001	0,0001
M160	0,34684	0,14002	-0,16341	0,47137	0,24502	-0,37577
	0,0001	0,1194	0,0686	0,0001	0,0059	0,0001
W160	0,70659	0,27608	0,26497	0,31777	0,62060	-0,30168
	0,0001	0,0018	0,0028	0,0003	0,0001	0,0006
M162	0,12491	-0,02097	-0,11897	-0,07683	0,11842	-0,15133
	0,1520	0,8106	0,1726	0,3794	0,1746	0,0821
W162	0,59980	0,29393	0,20318	0,25624	0,52107	-0,26080
	0,0001	0,0006	0,0190	0,0029	0,0001	0,0024
M360	-0,12763	-0,11407	0,03344	-0,32813	0,04135	0,10777
	0,1432	0,1911	0,7024	0,0001	0,6365	0,2169
W360	0,1764	0,06205	-0,23432	0,19333	0,21019	-0,14128
	0,0538	0,4780	0,0066	0,058	0,0152	0,1048
M460	0,06307	0,04022	-0,19732	0,33051	0,02068	-0,14876
	0,4708	0,6458	0,0228	0,0001	0,8133	0,0875
W460	-0,20205	-0,16098	-0,02019	-0,37773	-0,09295	0,34108
	0,0197	0,0642	0,8176	0,0001	0,2872	0,0001
M490	0,31928	0,25125	-0,24335	0,37838	0,15397	-0,31469
	0,0003	0,0047	0,0062	0,0001	0,0865	0,0004
W490	0,24770	0,12105	-0,09444	0,33938	0,20563	-0,24059
	0,0054	0,1787	0,2948	0,0001	0,0214	0,0069
M492	0,20072	0,06814	-0,25549	0,35915	0,04490	-0,28984
	0,0248	0,4502	0,0040	0,0001	0,6191	0,0010
W492	0,34192	0,15948	-0,09191	0,24947	0,17902	-0,29901
	0,0001	0,0756	0,3080	0,0050	0,0458	0,0007
M493	0,13147	-0,01108	-0,12336	0,02698	0,12100	-0,09318
	0,1439	0,9024	0,1705	0,7652	0,1789	0,3014
W493	0,34383	0,17945	-0,14847	0,26816	0,26898	-0,26070
	0,0001	0,0452	0,0985	0,0025	0,0024	0,0033

Zwar kann der Einzelwert keine absolute Gültigkeit besitzen, jedoch näherungsweise die relative Höhe des jeweiligen Korrelationswertes. Die gewählte Klasseneinteilung im Ansatz A scheint dementsprechend bei sehr deutlichen Korrelationen eine näherungsweise Wertermittlung zu ermöglichen. Daraus läßt sich ableiten, daß bei einer Beschränkung der Interpretation auf die gleichsinnigen Korrelationswerte auf mindestens mittlerem Niveau (> 0,4) die gewählte Klasseneinteilung des Ansatzes A auch auf andere Untersuchungsgebiete mit ähnlichen Belastungsstrukturen eingeschränkt übertragbar sind.

Wie unter Punkt III 5 bereits ausgeführt, ist in der Korrelationsanalyse der Ansatz B mit einer homogenen Klassenbelegung das exaktere Verfahren. Nur beim Ansatz B ist auch ein Korrelationsfaktor von 1 theoretisch ermittelbar. Dementsprechend wird auch im folgenden immer bei der Ergebnisdiskussion von den Korrelationswerten des Ansatzes B ausgegangen, wobei die Ergebnisse des Ansatzes A zu Vergleichszwecken mit herangezogen werden.

Um diese Korrelationswerte für alle 133 Gebietseinheiten noch detaillierter aufzugliedern, wurde zusätzlich eine Korrelationsberechnung für hoch und niedrig mit Luftschadstoffen belasteten Gebiete durchgeführt. Als Belastungsparameter für diese hoch resp. niedrig mit Luftschadstoffen belasteten Gebiete wurden die Zielvariablen (Schwefeldioxid-, Stickoxid-, Staub- und Kraftfahrzeugbelastung) gemittelt und daraus ein Luftschadstoffbelastungsindexwert errechnet.

Als höher mit Luftschadstoffen belastete Gebiete wurden alle Gebiete herausgefiltert, die bei diesem Luftschadstoffbelastungsindexwert über 5,5 lagen, welches gleichbedeutend ist mit einer Abweichung von der Gebietsmittel-Luftschadstoffbelastung von über 10 %. Insgesamt fielen 28 Kreise in diese Gruppe, die nach dem Belastungsindex sortiert in Tab. 54 wiedergegeben sind.

Zu Vergleichszwecken wurden dabei neben dem Luftschadstoffbelastungsindex auch die Mortalitätsindexwerte der bösartigen Neubildungen der Atmungsorgane mit den Krankheiten der Atmungsorgane ((ICD 140 - 208 + ICD 460 - 519)/2) und die bösartigen Neubildungen der Atmungsorgane mit den Krankheiten der Atmungsorgane sowie den Herz-Kreislauf-Erkrankungen ((ICD 140 - 208 + ICD 360 - 459 + ICD 460 - 519)/3) getrennt nach Geschlecht herangezogen.

Die nach dieser Auswertung eindeutig am höchsten mit Luftschadstoffen belasteten Gebiete (über 20 % über dem Gebietsmittel) sind Oberhausen (Indexwert=6,5), Offenbach (6,5), Bochum (6,75), Gelsenkirchen (6,75) und Herne (7,0). Die im französischen Untersuchungsgebiet am höchsten belasteten Departements Val de Marne (5,0), Haut de Seine (5,5) und Paris (5,5) liegen an Position 99, 111 und 112 nach der Belastungsinderangfolgensortierung der 133 Gebiete (Kreise/Departements) und damit auch z. T. im Bereich > 10 % Gebietsdurchschnittsüberschreitung. Die Korrelationswerte dieser höher mit Luftschadstoffen belasteten Gebiete sind in Tab. 52 wiedergegeben und werden im folgenden in den Einzel-ICD-Positionen analysiert.

Tab. 51: Gebiete mit den höchsten Luftschadstoff-Belastungsindexwerten. - Belastung über 10 % höher als Gebietsmittel -Gesamtuntersuchungsgebiet Deutschland und Frankreich. ANSATZ B. Quelle: Datenbank der STATISTISCHEN LANDESÄMTER und INSEE, eigene Bearbeitung

OBS	Kreis	BEL	BEL1	MOR	MOR1	MOR2	MOR3
1	'KS Solingen	5,50	3	6,0	3,5	4,33333	3,66667
2	Rheinisch-Berg.Kreis	5,50	1	6,0	5,0	4,66667	4,00000
3	Recklinghausen	5,50	3	6,5	6,5	5,33333	5,00000
4	Rheingau-Taunus-Kreis	5,50	6	2,5	3,0	3,33333	3,66667
5	KS Mannheim	5,50	4	3,0	6,5	4,00000	7,00000
6	Hautseine	5,50	7	4,0	0,5	3,33333	1,33333
7	Paris	5,50	7	4,0	1,5	3,33333	2,33333
8	KS Wuppertal	5,75	3	7,0	4,5	5,00000	4,00000
9	KS Köln	5,75	1	3,0	7,0	4,33333	4,33333
10	KS Bottrop	5,75	2	6,5	5,0	5,33333	5,33333
11	KS Münster	5,75	1	2,0	5,0	3,00000	2,33333
12	KS Darmstadt	5,75	3	3,5	5,5	4,33333	4,00000
13	KS Kassel	5,75	2	2,0	2,5	2,33333	1,66667
14	KS Duisburg	6,00	2	3,5	6,0	4,66667	5,00000
15	KS Mühlheim	6,00	2	2,5	5,0	4,00000	4,00000
16	Mettmann	6,00	4	5,0	5,5	4,33333	3,33333
17	KS Bonn	6,00	1	2,0	5,0	3,00000	2,66667
18	KS Leverkusen	6,00	7	5,0	6,5	3,66667	4,66667
19	KS Dortmund	6,00	1	3,0	6,5	4,33333	5,33333
20	KS Wiesbaden	6,00	1	3,5	6,0	3,66667	3,66667
21	KS Frankfurt a. Main	6,25	1	4,5	6,5	5,00000	5,00000
22	Main-Taunus-Kreis	6,25	1	2,5	3,0	2,66667	2,33333
23	KS Düsseldorf	6,50	1	3,0	6,5	4,00000	4,00000
24	KS Oberhausen	6,50	3	7,0	7,0	5,33333	5,33333
25	KS Offenbach a. Main	6,50	4	4,5	7,0	5,33333	6,00000
26	KS Gelsenkirchen	6,75	3	7,0	7,0	5,00000	5,33333
27	KS Bochum	6,75	2	7,0	5,0	5,00000	4,33333
28	KS Herne	7,00	3	7,0	7,0	5,00000	7,00000

Tab. 52: Korrelationsfaktoren Rumpfbevölkerung. - in höher mit Luftschadstoffen belasteten Gebieten -. Belastungsindex über 10% höher als Gebietsmittel. ANSATZ B. Quelle: Datenbank der STATISTISCHEN LANDESÄMTER und INSEE, eigene Bearbeitung

	KFZ	SO	NO	STA	SIED	ABBESCH
M999	0,38938	0,37090	-0,34760	0,62749	0,45088	-0,11142
	0,0406	0,0520	0,0699	0,0004	0,0160	0,5724
W999	0,42449	0,38309	-0,29435	0,46793	0,55947	-0,01614
	0,0244	0,0442	0,1284	0,0120	0,0020	0,9350
M140	0,22784	0,04080	-0,24110	0,55014	0,10126	0,10118
	0,2436	0,8367	0,2165	0,0024	0,6082	0,6084
W140	0,26360	0,31114	-0,16210	0,42217	0,45129	-0,12982
	0,1753	0,1070	0,4099	0,0252	0,0159	0,5103
M162	0,16832	-0,11120	-0,28939	0,13149	0,12430	-0,18451
	0,3919	0,5732	0,1353	0,5048	0,5285	0,3472
W162	0,51744	0,14698	-0,01741	0,08430	0,57247	-0,18659
	0,0048	0,4554	0,9299	0,6698	0,0015	0,3417
M360	-0,02139	0,17452	-0,09768	-0,07183	0,12876	-0,36864
	0,9140	0,3744	0,6210	0,7164	0,5137	0,0536
W360	0,25117	0,34568	-0,35699	0,58461	0,37788	0,08042
	0,1973	0,0716	0,0622	0,0011	0,0474	0,6842
M460	0,04040	0,04774	0,00232	0,17670	0,08647	0,40243
	0,8383	0,8094	0,9906	0,3684	0,6617	0,0337
W460	0,05731	-0,01118	0,21794	-0,36856	0,12052	0,35235
	0,7721	0,9550	0,2652	0,0536	0,5413	0,0659

Ebenfalls sollte überprüft werden, ob in den einzelnen ICD-Positionen auch die Gebiete mit einer niedrigen Luftschadstoffbelastungssituation möglicherweise ebenfalls niedrige Mortalitätsindexwerte ausweisen. Zu diesem Zweck wurden vergleichbar den höher mit Luftschadstoffen belasteten Gebiete alle Gebiete herausgefiltert, deren Luftschadstoffindexwert unter 3,0 und damit um 10% unter dem Gebietsmittel liegen.

Die nach dieser Auswertung eindeutig am niedrigsten mit Luftschadstoffen belasteten Gebiete sind Birkenfeld (Indexwert 1,0), Bernkastel-Wittlich (1,0), Daun (1,0) und Bitburg Prüm (1,0).

Die Korrelationswerte dieser hoch und niedrig mit Luftschadstoffen belasteten Gebiete werden in den einzelnen ICD-Positionen im folgenden interpretiert.

1.1 Korrelation Mortalitätsindex ICD 140 - 208

Die Korrelation der Ziel- und Störvariablen mit den Mortalitätsraten ergab bei der Berücksichtigung aller Kreise/Departements in der ICD-Position 140 - 208 (Bösartige Neubildungen) signifikante Zusammenhänge faßt ausschließlich auf niedrigem Niveau.

Die höchsten gleichsinnigen signifikanten Korrelationen auf niedrigem Niveau ergaben sich mit dem Belastungsfaktor Kraftfahrzeugbelastung (Männer r=0,38961; Frauen r=0,46833). Etwas abgeschwächt gilt dies auch für die Korrelation mit der Schwefeldioxid, der Staubbelastung und dem Urbanisierungsindex (Männer r=0,33084; Frauen r=0,44909).

Die Korrelationswerte liegen dabei bei den Frauen überwiegend leicht über denen der Männer. Die höchste signifikante gleichsinnige Korrelation ergibt sich mit dem Urbanisierungsindex.

Die Stickoxidkorrelation läßt keine signifikanten Aussagen zu. Das Rauchverhalten, das nur bei Korrelationswerten über 0,25 einbezogen werden sollte, ergibt nach dem Ansatz A nur bei den männlichen Berufen mit hohem Raucheranteil eine gleichsinnige - in Relation zu den anderen männlichen Korrelationswerten - hohe Korrelation auf niedrigem Niveau (r=0,32187).

Bei Hinzuziehung der *Gebiete mit höheren Luftschadstoffbelastungen* (Tab. 54) zeigt die Übersicht kein eindeutig homogenes Bild, zumal eine Signifikanz durch die stärkeren Schwankungen häufig nicht gegeben ist. Bei Abweichungen von mehr als zwei Kreisen ist das 5 %-Niveau der Verläßlichkeit bereits überschritten. Die Mortalitätsindexwerte der bösartigen Neubildungen liegen jedoch überwiegend auf hohem Niveau. Dies trifft auch für das weibliche Rauchverhalten und die Berufe mit hohen Anteilen weiblicher Raucher -nach dem Ansatz A- zu. Die durchgeführte Korrelationsanalyse (Tab. 55) erlaubt aufgrund des Signifikanztestes hier keine detaillierten Aussagen. Die Korrelationswerte liegen, mit Ausnahme der Stickoxidwerte, allerdings auch alle auf niedrigem gleichsinnigen Niveau. Eine Ausnahme bilden bei den Frauen die signifikanten Korrelationen der bösartigen Neubildungen mit der Staub- (r=0,42217) und der Urbanitätsbelastung (r=0,45129). Diese auch im Gesamtmittel gefundenen gleichsinnigen mittleren Korrelationen scheinen sich bei den Kreisen mit hoher Luftschadstoffbelastung noch verstärkt zu bestätigen. Beim Staubindex liegen die Korrelationswerte bei den Männern auf noch höherem Niveau (r=0,55014). Eine Überlagerung von Berufsexposition bei gleichzeitig hohem Zigarettenkonsum (über 20 Zigaretten pro Tag) in höher mit Luftschadstoffen belasteten Gebieten scheint -nach dem Ansatz A zu folgern- erhöhte Mortalitätsraten zwar nicht auf hohem aber mittlerem gleichsinnigen Niveau bei den Männern zu bedingen.

Bei der Betrachtung der *niedriger mit Luftschadstoffen belasteten Gebiete* sind überwiegend durchschnittliche Mortalitätsraten und durchschnittliche bis erniedrigte sonstige Störvariablen wie das Rauchverhalten festzustellen. Die Korrelationsanalyse läßt auch hier wieder kaum Hypothesen auf der Grundlage eines Signifikanztestes zu. Nur bei den Frauen scheint eine niedrige gegensinnige Korrelation mit der Stickoxidbelastung (r=-0,37101) aber auch eine mittlere gleichsinnige Korrelation mit der KFZ-Belastung (r=0,40366) zu bestehen. Bei den Gebieten mit niedrigen Luftschadstoff belastungen können Einflußparameter z. T. nicht so deutlich in den Vorder grund treten wie dies in den höher belasteten Gebieten der Fall ist.

1.2 Korrelation Mortalitätsindex ICD 160 - 163

Es ist hier zu prüfen, ob die festgestellten Korrelationen sich in der Klasse der bösartigen Neubildungen der Atmungsorgane bestätigen oder gar andere Schwerpunktbereiche in den Vordergrund treten. Bei der Betrachtung der Korrelationswerte des Gesamtgebietes (Tab. 53) der Unterklassen der bösartigen Neubildungen der Atmungsorgane scheinen sich die in der Klasse der bösartigen Neubildungen getroffenen Feststellungen zu bestätigen. So wurden wiederum bei dem Urbanisierungsindex (Männer r=0,24502; Frauen r=0,62060) und insbesondere der Kraftfahrzeugbelastung (Männer r=0,34684; Frauen r=0,70659) niedrige bei den Frauen sogar hohe signifikante Korrelationen festgestellt. (Die höchste überhaupt festgestellte Wahrscheinlichkeit). Dies trifft in gleicher Größenordnung auch für den Einflußfaktor Staub (Männer r = 0,47137; Frauen r = 0,31777) zu. Die bösartigen Neubildungen der Atmungsorgane korrelieren dabei scheinbar auch -nach dem Ansatz A- auf niedrigem Niveau mit den Berufen mit hohem Raucheranteil (Männer r=0,29680, Frauen r=0,28583) und wesentlich höher als bei der Obergruppe der bösartigen Neubildungen und bei den Frauen zudem auch mit dem Rauchverhalten (r=0,40448) auf mittlerem Niveau, was jedoch durch den Ansatz B nicht überprüft werden konnte.

In den *höher mit Luftschadstoffen belasteten Gebieten* (Tab. 55) ist -nach dem Ansatz A- scheinbar eine deutliche gleichzeitige hohe Belastung durch hohe Anteile an Starkrauchern speziell bei den Frauen zu verzeichnen. Die festgestellten Korrelationen mit den Luftschadstoffparametern, dem KFZ- und Urbanisierungsindex lassen sich in den hoch belasteten Gebieten nach Durchführung der Signifikanztests nicht genauer quantifizieren.
Sehr deutlich korrelieren in dieser Untergruppe - auch in den höher mit Luftschadstoffen belasteten Gebieten - wiederum die Berufe mit hohem Raucheranteil bei den Männern (r=0,57955) und bei den Frauen (r=0,44101) mit den Mortalitätsfallzahlen.
Die Betrachtung der *niedriger mit Luftschadstoffen belasteten Gebiete* zeigt, wie bereits festgestellt, überwiegend niedrigere Korrelationen mit den Störvariablen.
Der Signifikanztest ermöglicht leider kaum eine detaillierte Aussage. Allerdings wurde bei den Frauen (r=0,42840) die festgestellte hohe gleichsinnige Korrelation mit der KFZ-Belastung wenn auch auf mittlerem Niveau bestätigt.

1.3 Korrelationsanalyse ICD 162

Bei der Analyse der bösartigen Neubildungen der Lunge zeigen sich weitgehend identische Verteilungs- und Korrelationswerte wie in der Oberklasse der bösartigen Neubildungen der Atmungsorgane ICD 160 - 163. Dies wird bereits dadurch erklärbar, daß 67 % der Oberklasse bei den Männern und 89% der Oberklasse bei den Frauen auf diese Unterklasse der bösartigen Neubildungen entfallen. Die Mortalitätsraten liegen in dieser ICD-Position geschlechtsspezifisch extrem auseinander (Männer Mortalitätsrate=103, Frauen MR=17). Durch die geringeren Mortalitätsraten bei den Frauen dürfen die Korrelationswerte bei den Frauen auch nicht überinterpretiert werden. Die Korrelationsanalyse des Gesamtgebietes (Tab. 53) ergab die höchsten Korrelationen auf mittlerem Niveau mit der Kraftfahrzeugbelastung sowie mit dem Urbanisierungsindex. Die signifikante Korrelation mit der Kraftfahrzeugbelastung (r=0,59980) sowie mit dem Urbanisierungsindex (r=0,52107) ist allerdings nur bei den Frauen auf diesem Niveau feststellbar. Ebenfalls korreliert -nach dem Ansatz A-scheinbar das Rauchverhalten bei den Frauen auf mittlerem signifikanten Niveau (r=0,43675). Aussagen zu den Berufen mit hohem Raucheranteil sind jedoch auf der Grundlage des Signifikanztestes nicht möglich.

In den *höher belasteten Gebieten* (Tab. 54) ergibt sich eine ähnliche Verteilungsstruktur wie in der Oberklasse der bösartigen Neubildungen der Atmungsorgane. Die Aussagen aus der Gesamtgebietsanalyse lassen sich für die Frauen auf der Grundlage des Signifikanztestes (Tab. 55) für die Kraftfahrzeugbelastung (r=0,51744) und den Faktor Urbanität (r=0,57247) bestätigen.

Auch in den niedriger mit Luftschadstoffen belasteten Gebieten ergibt sich eine ähnliche Struktur wie in der Oberklasse. Die Korrelationsanalyse dieser Gebiete bestätigt dabei den Zusammenhang mit der Kraftfahrzeugbelastung (r=0,34709) allerdings nicht signifikant auf dem 5 %-Niveau.

1.4 Korrelation Mortalitätsindex ICD 390 - 459

Die Korrelationsanalyse mit den Mortalitätsindexwerten der Krankheiten des Kreislaufsystems scheint eine völlig andere Krankheitsgruppe in die Analyse mit einzubeziehen. Wie sich bereits in der Mortalitätsanalyse gezeigt hat, konnten hier jedoch zum Teil enge Verbindungen aufgezeigt werden.

Bei der Betrachtung der Korrelationswerte des Gesamtgebietes wird deutlich, daß wesentlich weniger signifikante Hypothesen möglich sind. Bei den Männern ist dies nur mit der Staubbelastung möglich, die eine niedrige gegensinnige Korrelation aufzeigt. Auch bei den Frauen ist die Aussage durch den Signifikanztest sehr eingeschränkt. Signifikant, wenn auch auf

niedrigem Niveau, bestehen auch in dieser ICD-Position Zusammenhänge mit der Staubbelastung (r=0,19333) wie auch mit dem Urbanisierungsindex (r=0,21019) analog zur Analyse der bösartigen Neubildungen.
In den *höher belasteten Gebieten* mit ebenfalls hoher Belastung anderer Einflußfaktoren ergibt die Korrelationsanalyse ebenfalls bei der Staubbelastung eine mittlere signifikante Korrelation bei den Frauen (r=0,58461), wodurch die Hypothese bestätigt wird. Dies trifft bei den Frauen auch für den Faktor Urbanität (r=0,37788) zu. Alle anderen Korrelationswerte zeigen keine Signifikanz auf.

Bei der Hinzuziehung *niedriger mit Luftschadstoffen belasteter Gebiete* und den dazu errechneten Korrelationswerten kann ebenfalls, zumindest bei den Frauen, ein mittlerer signifikanter Zusammenhang (r=0,40364) mit der KFZ-Belastung festgestellt werden. Die Schwefeldioxidbelastung scheint durch ihre gegensinnigen Korrelationswerte (Männer r= -0,21241, Frauen r= -0,02729) in keinem Zusammenhang mit den Mortalitätsraten zu stehen.

1.5 Korrelationsanalyse Mortalitätsindex ICD 460 - 519

Die Krankheiten der Atmungsorgane (ICD 460 - 519), die den bösartigen Neubildungen der Atmungsorgane wesentlich ähnlicher sind als die Krankheiten des Kreislaufsystems, ermöglichen durch die Fallzahlen eine Analyse (Männer MR=126, Frauen MR=38), welches bei den Unterklassen kaum mehr gegeben ist.

Bei der Betrachtung des Gesamtgebietes (Tab. 53) wird auffällig, daß Korrelationen auf der Grundlage eines Signifikanztestes kaum bestehen. Bei den Frauen bestehen bei den Belastungsfaktoren Urbanität (r= -0,09295) und Kraftfahrzeuge (r= -0,20205), die bei den anderen ICD-Positionen mit die deutlichsten Korrelationen aufwiesen, niedrige sogar gegensinnige Korrelationen. Gleichsinnige Korrelationen bestehen in dieser ICD-Position scheinbar - Ansatz A -nur bei den Frauen mit den Beschäftigten in Berufen mit höherer Arbeitsplatzbelastung (r=0,34108) auf niedrigem Niveau.

In den *höher mit Luftschadstoffen belasteten Gebieten* kann die gegenläufige Korrelation mit der Urbanität und Kraftfahrzeugbelastung auf der Grundlage eines Signifikanztestes jedoch nicht bestätigt werden.
Die Beschäftigten mit hohem Raucheranteil (r=0,48338) wie auch die Beschäftigten in Berufen mit höherer Arbeitsplatzbelastung (r=0,47894) korrelieren -nach dem Ansatz A- scheinbar signifikant auf mittlerem Niveau. In diesem Bereich zeigten im Gesamtgebiet zunächst nur die Frauen Zusammenhänge auf niedrigem Niveau auf.
Die *niedriger belasteten Gebiete* ergeben nach Durchführung des Signifikanztestes keine gegenläufige Korrelation mit dem Faktor Urbanität. In

diesen Gebieten ist sogar eine gleichsinnige mittlere Korrelation festzustellen. Der Faktor Urbanität scheint hier wesentlich bedeutsamer zu sein.

1.6 Korrelation Mortalitätsindex ICD 490 - 491, ICD 492, ICD 493

Die Untergruppen der Krankheiten der Atmungsorgane (ICD 460 - 519), die chronische Bronchitis (ICD 490 - 491), Emphysem (ICD 492) und Asthma (ICD 493) wurden bedingt durch ihre geringen Fallzahlen zusammenfassend bewertet. Die Mortalitätsanalyse ergab für die hier betrachtete Rumpfbevölkerung nur Mortalitätsraten unter 7,1. Bei der chronischen Bronchitis (Männer MR=5,7; Frauen MR=1,4), bei Emphysem (Männer MR=3,3; Frauen MR=0,9) sowie beim Asthma (Männer MR=7,0; Frauen MR=2,9) lagen die Mortalitätsraten bei den Frauen alle unter 3,0. Diese geringen Fallzahlen bedingen starke Schwankungen, die im Zusammenhang mit der Luftschadstoffbelastung nicht überinterpretiert werden dürfen. Der Signifikanztest spielt hier eine bedeutende Rolle.
Die Analyse der Korrelationswerte der *chronischen Bronchitis* (ICD 490 - 491) zeigte vergleichbare Korrelationen wie die bösartigen Neubildungen der Atmungsorgane bei den Einflußfaktoren Urbanität (Männer r=0,15397; Frauen r=0,20563), Kraftfahrzeugbelastung (Männer r=0,31928; Frauen r=0,24770) und der Staubbelastung (Männer r=0,37838; Frauen r=0,33938) auf signifikant niedrigem gleichsinnigem Niveau. Auch die Berufe mit hohem Raucheranteil, die bei den bösartigen Neubildungen der Atmungsorgane gleichsinnig niedrig korrelierten, wiesen -nach dem Ansatz A- scheinbar auch in dieser ICD - Position eine signifikante gleichsinnige niedrige Korrelation (Männer r=0,30503; Frauen r=0,20179) auf.
Die Beschäftigten mit hoher Arbeitsplatzbelastung scheinen nicht in Beziehung mit der chronischen Bronchitis zu stehen (Männer r= -0,31469; Frauen r= -0,24059), da sie gegensinnig korrelieren. Bei den bösartigen Neubildungen der Lunge war dies vergleichbar.

Die Betrachtung der *höher belasteten Gebiete* bestätigt -nach dem Ansatz A- scheinbar die festgestellten Zusammenhänge mit den Berufen mit hohem Raucheranteil bei den Männern (r=0,40688) sogar auf gleichsinnigem mittlerem signifikanten Niveau (Frauen r=0,31388). Die anderen signifikanten Korrelationen des Gesamtgebietes konnten nach Durchführung des Signifikanztestes nicht bestätigt werden, was auch für die Gebiete mit niedrigerer Luftschadstoffbelastung zutrifft.
Bei den *niedriger belasteten Gebieten* korrelierte nur die Beschäftigtenstruktur mit höherer Arbeitsplatzbelastung gegensinnig (Männer r= -0,44400; Frauen r= -0,57308) und bestätigt damit keine Zusammenhänge. Der bei den Männern bereits festgestellte gleichsinnige Zusammenhang mit der KFZ-Belastung konnte darüber hinaus gerade in den niedrig belasteten Gebieten bestätigt werden.

Die Korrelationsanalyse der *Emphysemerkrankungen* (ICD 492) zeigte signifikante gleichsinnige Beziehungen nur mit der Kraftfahrzeugbelastung (Männer r=0,20072; Frauen r=0,34192) und dem Urbanisierungsindex (Männer r=0,35915; Frauen r=0,24947) bei der Betrachtung des Gesamtuntersuchungsgebietes. Die festgestellte niedrige Korrelation liegt dabei noch unter der der chronischen Bronchitis mit Ausnahme der Kraftfahrzeugbelastung bei den Frauen. Ebenfalls korrelierte wieder die Beschäftigtenstruktur gegensinnig (Männer r= -0,28984; Frauen r= -0,29901).
Die Analyse der *höher belasteten Gebiete* bestätigte -nach dem Ansatz A- die Gesamtzusammenhänge mit den Berufen mit hohen Raucheranteilen (r=0,53063) wiederum bei der chronischen Bronchitis signifikant auf mittlerem Niveau.
Bei den *niedriger mit Luftschadstoffen belasteten Gebieten* wurde die im Gesamtgebiet festgestellte Korrelation mit dem KFZ-Index zumindest bei den Männern (r=0,45626) bestätigt. Die Schwerpunkte scheinen je nach Belastungsgrad der Gebiete demnach mehr bei den Berufen mit hohen Raucheranteilen (höher belastete Gebiete) oder mehr bei dem Summenparameter KFZ-Index zu liegen (niedriger belastete Gebiete).

Die Korrelationsanalyse der *Asthmamortalität* (ICD 493) zeigt bei der Betrachtung des Gesamtuntersuchungsgebietes - bei den Männern - keine signifikanten Beziehungen auf. Bei den Frauen hingegen treten wieder die Korrelationen mit der Staubbelastung
(r=0,26816), der Kraftfahrzeugbelastung (r=0,34383) und dem Urbanisierungsindex (r=0,26898) und nach dem Ansatz A mit den Berufen mit hohem Raucheranteil (r=0,23332) auf. Allerdings entgegen den anderen Krankheiten der Atmungsorgane neben dem Rauchverhalten (r=0,31737) auch signifikant auf niedrigem Niveau mit der Schwefeldioxidbelastung (r=0,17945).
Dieser Zusammenhang, wenn auch auf niedrigem Niveau, stimmt mit der Wirkungskette dieser Reizgase durchaus überein.
Dieser niedrige Zusammenhang konnte *in höher mit Luftschadstoffen belasteten Gebieten* nicht bestätigt werden, obwohl sich hier im Einfluß dieser Regionen am ehesten eine derartige Beziehung zeigen müßte. Vielmehr korrelieren hier bei den Frauen -nach dem Ansatz A- wiederum die Berufe mit hohem Raucheranteil (r=0,40277) sowie das weibliche Rauchverhalten (r=0,37991) auf mittlerem gleichsinnigen Niveau, welches somit selbst in höher mit Luftschadstoffen belasteten Gebieten eine scheinbare Dominanz besitzt.

1.7 Zusammenfassung Korrelationsanalyse

Als zusammenfassendes Ergebnis der Korrelationsanalyse kann für die einzelnen ICD-Positionen folgendes festgehalten werden.

Bei den *bösartigen Neubildungen(ICD 140 - 208)* ergaben sich bei den Männern wie auch bei den Frauen auf niedrigem Niveau signifikante gleichsinnige Korrelationen mit den Luftschadstoffbelastungs-Indexparametern (Kraftfahrzeug-, Staub- und Urbanitätsbelastung (r=0,26-0,46)). Auf mittlerem gleichsinnigen Niveau korrelierte nur der Urbanisierungsindex bei den Frauen (r=0,44909). Die Analyse der hoch mit Luftschadstoffen belasteten Gebiete bestätigte interessanterweise die Staub- und Urbanitätsbelastung sowie eine festgestellte niedrige Korrelation (r=0,32187) -nach dem Ansatz A- mit den Beschäftigten mit hohem Raucheranteil auf signifikant mittlerem Niveau (r=0,55230).

Die Analyse der Unterklasse *der bösartigen Neubildungen der Atmungsorgane (ICD 160 - 163)* bestätigte die Korrelation mit der Staub- und der Kraftfahrzeugbelastung zum Teil sogar auf mittlerem gleichsinnigen Niveau. Noch deutlicher wurde in der Unterklasse, daß die Frauen mit diesen Zielvariablen annähernd doppelt so hoch (Kraftfahrzeugbelastung r=0,70699; Staubbelastung r=0,62060) korrelieren wie die Männer. Aber auch die Berufe mit hohem Raucheranteil korrelieren -nach dem Ansatz A- wiederum auf niedrigem Niveau, und ebenfalls das Rauchverhalten bei den Frauen in dieser Untergruppe sogar auf mittlerem Niveau (r = 0,40448), welches in den höher mit Luftschadstoffen belasteten Gebieten auch festgestellt wurde.

Die Analyse der Unterklasse der *bösartigen Neubildungen der Lunge (ICD 162)* prägt scheinbar die gesamte Oberklasse. So ergab die Korrelation insbesondere mit der KFZ-Belastung (r=0,59980) und dem Urbanisierungsindex (r=0,52107) bei den Frauen gleichsinnige signifikante mittlere Zusammenhänge. Ebenfalls ergab sich -nach dem Ansatz A- ein mittlerer Zusammenhang mit dem Rauchverhalten, wobei wiederum die Werte der Frauen deutlich höher korrelierten (r=0,43675) als die der Männer.

Bei der Analyse der *Krankheiten des Kreislaufsystems (ICD 390 - 459)* zeigen sich andere Strukturen im Gesamtgebiet wie bei den bösartigen Neubildungen. Schwerpunkte einer niedrigen signifikanten Korrelation bestehen bei den Frauen mit der Staub- (r=0,19333), Kraftfahrzeug- (r=0,16764) und dem Urbanisierungsgrad (r=0,21019). Die eindeutig höchsten Korrelationen, die insbesondere in den höher mit Luftschadstoffen belasteten Gebieten wie auch in den niedriger belasteten Gebieten festgestellt wurden, bestehen allerdings mit der Staubbelastung (r=0,58461) auf mittlerem Niveau und unterscheiden sich damit von den bösartigen Neubildungen.

Die Klasse der *Krankheiten der Atmungsorgane (ICD 460 - 519)* zeigen trotz ihrer großen Ähnlichkeit zur Klasse der bösartigen Neubildungen der Atmungsorgane zunächst keine vergleichbaren Korrelationswerte auf. Bei den Frauen sind die auf niedrigem Niveau korrelierenden Belastungsparameter Staubbelastung und Kraftfahrzeugbelastung sogar gegensinnig korrelierend. Interessant ist, daß bei dieser ICD-Position die Arbeitsplatzbelastung (Männer r=0,40247; Frauen r=0,35235) sowie die Berufe mit hohen Raucheranteilen (r=0,48338) - nach dem Ansatz A - insbesondere in den höher belasteten Gebieten auf mittlerem Niveau scheinbar signifikant korrelieren.

Die Untergruppen der Krankheiten der Atmungsorgane, die *chronische Bronchitis (ICD 490 - 491), Emphysem (ICD 492)* und *Asthma (ICD 493)* zeigten weitgehend identische Korrelationen wie die Gesamtgruppe der Krankheiten der Atmungsorgane. Auf niedrigem Niveau korrelierten die Mortalitätsraten insbesondere der chronischen Bronchitis und Emphysem mit der Schwermetall- und Kraftfahrzeugbelastung und dem Summenparameter Urbanisierungsindex mit Werten um r=0,17902 - 0,34383.

Auf mittlerem Niveau korrelierten -nach dem Ansatz A- auch wiederum die Berufe mit hohem Raucheranteil insbesondere in den höher mit Luftschadstoffen belasteten Gebieten bei der chronischen Bronchitis (Männer r=0,40688; Frauen r=0,31880), dem Emphysem (Männer r=0,53063) und Asthma (Frauen r=0,23332). Bei den bösartigen Neubildungen der Atmungsorgane korrelierten entgegen diesen Ergebnissen jeweils die Mortalitätsraten der Frauen wesentlich höher als die der Männer.

Nur bei der ICD-Position Asthma korreliert darüber hinaus auch das Rauchverhalten (r=0,31737) und ebenfalls das Reizgas Schwefeldioxid (r=0,17945) gleichsinnig. Ein derartiger für das Gesamtgebiet festgestellter niedriger signifikanter Zusammenhang läßt sich jedoch in den höher mit Luftschadstoffen belasteten Gebieten nicht mehr signifikant nachweisen, welches möglicherweise durch Überlagerung hier stärker ausgeprägter Einflußfaktoren wie vermehrte Berufe mit hohem Raucheranteil bedingt sein kann. Die Korrelationsfaktoren liegen im Bereich der Berufe mit hohen Raucheranteilen doppelt so hoch wie bei den Reizgasen.

VII. DISKUSSION DER ERGEBNISSE IM LITERATURVERGLEICH

Bei den jeweiligen ICD-Positionen wurden folgende regional-räumliche Strukturen und positive respektive negative Korrelationen zu Einflußfaktoren festgestellt, die im folgenden im Literaturvergleich ausführlich diskutiert werden sollen.

Bei den *bösartigen Neubildungen (ICD 140 - 208)* wurden Überschreitungen des Medianwertes von über 75 % in Düsseldorf, Duisburg, Essen, Mettmann, Köln, Recklinghausen, Bochum, Dortmund, dem Märkischen Kreis, Unna und Frankfurt am Main bei beiden Geschlechtern festgestellt. Bei den Frauen bestand diese hohe Übersterblichkeit auch im Raum Saarbrücken. Diese Struktur stimmt für Rheinland-Pfalz und das Saarland mit einer Untersuchung von KRAMER (1986) überein. Die Korrelationsanalyse ergab generell einen niedrigen Zusammenhang mit der Luftschadstoffsituation bei den Männern wie auch bei den Frauen, bei der Staubbelastung und der Kraftfahrzeugbelastung (r=0.26-0.36) jedoch signifikant [22] auf mittlerem Niveau mit dem Summenparameter Urbanität (Männer r=0,33; Frauen r=0,44) im Mittel aller Kreise. Das Rauchverhalten, welches nur im Ansatz A grob spezifiziert werden konnte, korrelierte scheinbar nicht signifikant mit den Mortalitätsraten an bösartigen Neubildungen. Bei den Frauen korrelierte jedoch nach diesem Ansatz der Faktor typische "Frauenberufe" mit hohem Raucheranteil scheinbar signifikant auf mittlerem Niveau (=0.32187).

In den Gebieten mit hohen Krebsraten an bösartigen Neubildungen liegt der Anteil der Frauenberufe mit hohem Raucheranteil (über 65 %) bei 55 - 60 %. Bei den Männern belaufen sich ebenfalls in diesen Gebieten mit hohen Krebsraten an bösartigen Neubildungen die Anteile auf 20 - 30 % (höchster festgestellter Anteil in der Bundesrepublik Deutschland) (Ausnahme: Kreis Düsseldorf mit einem Anteil von Männerberufen mit hohem Raucheranteil von 18,9 % und Frankfurt am Main mit einem Anteil von 15 %). Die Analyse der hoch mit Luftschadstoffen belasteten Gebiete legt nach dem Ansatz A diese festgestellte niedrigere Korrelation (r=0.32187) mit den Beschäftigten mit hohen Raucheranteilen auf signifikant mittlerem Niveau (r=0.55230) nahe. Trotz der nicht festgestellten Korrelation zwischen der Beschäftigtenstruktur im verarbeitenden Gewerbe und der Mortalitätsrate an bösartigen Neubildungen ist festzuhalten, daß gerade die Schwermetallbelastungssituation - die über den Faktor Schwermetallbetriebsanzahl im Ansatz A in die Untersuchung mit eingeflossen ist - einen ursächlichen Zusammenhang zu den bösartigen Neubildungen nahelegt. Dieser sich aus der Analyse ergebende niedrige Zusammenhang der Schwermetallbelastungssituation sowie des Faktors Berufe mit hohem

---

[22] Signifikanzniveau von = 0,05 ermöglichte eine Hypothese auf dem 5 % - Niveau der Verläß lichkeit. Von 100 Fällen riskiert man dabei durchschnittlich nur eine starke Abweichung.

Raucheranteil mit den Mortalitätsraten an bösartigen Neubildungen deckt sich mit zahlreichen anderen Studien. Nach Untersuchungen von KLOIBER (1983) und dem UMWELTBUNDESAMT (1981) konnten gerade bei Rauchern bereits ab Mengen von 100 - 150 µg pro m^3 Gesamtstaub Langzeitwirkungen mit bedingt durch die Anlagerung von Metallen und anderen Verbindungen festgestellt werden. Insbesondere der Faktor Blei wird bereits seit längerem auch als Belastungsindex (durch eine Blutbleibestimmung) bei der Erstellung von Luftreinhalteplänen verwendet [23]. Hinzu kommen aber auch noch andere Schwermetalle, wie beispielsweise das Cadmium, das bei Aufnahme über den Respirationstrakt zur Reduktion von schwerlöslichen Cadmiumverbindungen in der Lunge führt, und die wiederum eine hohe Übereinstimmung mit den Rauchergewohnheiten besitzen (MAGS (1985), S. 176). Auch in einer Studie von MINOWA (1988) wurde insbesondere in bezug auf den Lungenkrebs - in einer Mortalitätsstudie der Jahre 1969 - 1978 in Japan - eine Erhöhung der Mortalität in Kohlefördergebieten aber auch in Fischerhäfen, Gebieten mit niedrigem Sozialstatus und hoch mit Luftschadstoffen belasteten Gebieten festgestellt.
Für dasselbe Untersuchungsgebiet wurden von MURATA et al. (1988) diese hohe Korrelation insbesondere in bezug auf die Industrialisationsfaktoren, wie Fabriken und auch Kraftfahrzeugaufkommen bestätigt.

Daß das Raucherverhalten bei gleichzeitig ungünstigen Arbeitsbedingungen einen bedeutenden Einfluß auf die Mortalitätsstruktur der bösartigen Neubildungen besitzt, wurde in einer Fallkontrollstudie in Taipe (Taiwan) erst kürzlich wieder signifikant von CHEN et al. (1990) belegt, die ebenfalls auch einen hohen Einfluß der Urbanität - wie auch in dieser Studie analysiert - feststellten. Diese Ergebnisse beziehen sich insbesondere auf die bösartigen Neubildungen der Atmungsorgane im allgemeinen und den Lungenkrebs im besonderen, der in der Rumpfbevölkerung im Untersuchungsgebiet Bundesrepublik Deutschland einen Anteil von 27 % bei den Männern und 8 % bei den Frauen an den bösartigen Neubildungen aufweist. Im französischen Untersuchungsgebiet tritt insbesondere das Departement Seine St Denis mit einer 15 %igen Überschreitung des Medianwertes bei den Männern und das Departement Seine et Marne mit 8 % Medianwertüberschreitung bei den Frauen in den Vordergrund. Die Schwankungen sind jedoch lange nicht so deutlich wie im Untersuchungsgebiet der Bundesrepublik Deutschland. Allerdings weisen die berücksichtigten Departements Bevölkerungsdichten von zum Teil 5.597 Einwohner/km^2 (Seine St Denis) bis zu 21.820 Einwohner/km^2 (Paris) (BASTIÉ (1980), S. 15) auf. Im Vergleich dazu liegen die Einwohnerdichten in Frankfurt am Main bei 2.513 Einwohnern/km^2 und in Bochum bei 2.746 pro km^2.

---

[23] Eine gute Zusammenstellung des derzeitigen Kenntisstandes hierüber liefert SCHMIDT (1987), S. 80 - 91

Durch die Standardisierung der Ziel- und Störvariablen sowie der Mortalitätsraten ist es ermöglicht worden, das französische Untersuchungsgebiet mit in die Gesamtkorrelation einfließen zu lassen. Es zeigte sich, daß entgegen der Gesamtmortalitätsrate -die im französischen Untersuchungsgebiet unter der des Untersuchungsgebietes der Bundesrepublik Deutschland lag (Männer -16 %; Frauen -17 %)- bei den bösartigen Neubildungen diese bei den Männern um 6 % höher lagen als im Untersuchungsgebiet der Bundesrepublik Deutschland.

Diese Übereinstimmung wurde durch die Analyse der *bösartigen Neubildungen der Atmungsorgane (ICD 160 - 163)* bestätigt. Schwerpunkte bildeten im Untersuchungsgebiet der Bundesrepublik Deutschland bei den Männern die Kreise Wuppertal, Hamm, Herne, Viersen und Siegen, wobei bei den Frauen die Kreise Leverkusen, Herne, Neunkirchen, Remscheid und Offenbach stark erhöhte Mortalitätsraten aufwiesen. Es hat sich bei dieser verfeinerten Betrachtung gegenüber der Obergruppe bösartige Neubildungen gezeigt, daß trotz weitgehender Übereinstimmung der Korrelationsfaktoren deutlich andere räumliche Schwerpunkte auftraten, die durch andere bösartige Neubildungen in der Obergruppe möglicherweise überlagert wurden.

Die höchsten Korrelationen ergaben sich bei den bösartigen Neubildungen der Atmungsorgane wiederum signifikant mit der Staubbelastung (Männer r=0,47; Frauen r=0,31) und insbesondere der Kraftfahrzeugbelastung (Männer r=0.34; Frauen r=0.70), wobei die Mortalitätsraten der Frauen hier sogar auf hohem Niveau signifikant korrelierten (fast doppelt so hoch wie die Männer). Es handelt sich um den höchsten überhaupt festgestellten gleichsinnigen Korrelationswert. Aber auch die Berufe mit hohem Raucheranteil korrelieren scheinbar nach dem Ansatz A auf niedrigem Niveau und das Rauchverhalten bei den Frauen in dieser Untergruppe sogar auf mittlerem Niveau (r=0.40448) mit den Mortalitätsraten. Die allgemein hoch mit Luftschadstoffen belasteten Gebiete (Luftschadstoffindex über 5.5) [24] mit signifikant mittlerem Zusammenhang wiesen bei allen Faktoren ähnliche allerdings nicht signifikante Zusammenhänge, mit Ausnahme des Faktors Berufe mit hohem Raucheranteil, auf. Allerdings ist die Mortalitätsrate in allen diesen Gebieten überdurchschnittlich hoch. 70 % der Kreise zeigen bei den Frauen sogar extrem hohe Mortalitätsraten an Atemwegserkrankungen (Oberhausen, Herne, Düsseldorf, Duisburg, Dortmund, Frankfurt und Mannheim) auf. Bei Oberhausen, Bochum und Herne ist dies identisch mit der Situation der Mortalität an bösartigen Neubildungen.

Umgekehrt, auch die Kreise mit hohen Mortalitätsraten bei den Männern weisen überdurchschnittlich hohe Luftschadstoffbelastungen auf, die in Hamm, Siegen und Viersen zwischen 3,8 Luftschadstoffindex und 4,4, in

---

[24] insbesondere Duisburg (Luftschadstoffindex= 6.0), Recklinghausen (6.0), Herne (6,1), Ludwigshafen (6.0), Bottrop (6.2) und Gelsenkirchen (6.2)

Wuppertal bei 5 und Herne bei 7,0 liegen. Die Kreise mit hohen Mortalitätsraten bei den Frauen, wie Neunkirchen, Remscheid und Offenbach haben auch überdurchschnittlich hohe Luftschadstoffindexwerte zu verzeichnen (4,0 - 6,5). Leverkusen liegt mit 6,0 und insbesondere Herne mit 7,0 deutlich darüber. Bei allen diesen Kreisen lagen zudem die Staubbelastungen auf einem Niveau über 50 µg pro m^3.

Diese Ergebnisse stimmen weitgehend mit anderen Studien - wie in den Ausführungen zum Punkt bösartige Neubildungen mit ähnlicher Struktur bereits erläutert - überein. Interessant ist bei dieser ICD-Position, daß vor allem die Mortalitätsraten bei den Frauen deutliche Zusammenhänge zur Luftschadstoffbelastung (Staub-, Kraftfahrzeug-, und Urbanisierungsindex) erkennen lassen, die annähernd auf doppelt so hohem Niveau korrelierten. Zudem korrelierten wiederum nach dem Ansatz A die Berufe mit hohem Raucheranteil sowie das Rauchverhalten auf mittlerem Niveau (r=0.40448) mit den Mortalitätsraten der bösartigen Neubildungen der Atmungsorgane. MOHNER et al. (1989) haben in einer Mortalitätsstudie über die ehemalige DDR für den Zeitraum 1978 - 1982 keine großen geschlechtsspezifischen Unterschiede, dafür aber ebenfalls eine positive Korrelation der Krebserkrankungen der Atemwege (speziell Lungenkrebs) mit dem Zigarettenkonsum festgestellt. Entgegen diesen Ergebnissen -und den Ergebnissen dieser Studie- stellten MATOS et al. (1990) in den argentinischen Provinzen und Hauptstädten einen hohen Zusammenhang bei den Männern zum Krebs der Atemwege durch Rauchen fest, der sogar höher war als der der Frauen. Hier könnte allerdings auch eine Erklärung dafür, daß Frauen mehr auf die Luftschadstoffsituation ansprechen, darin liegen, daß die hohe Immissionsbelastung bei den Männern durch höheren Tabakkonsum sowie eine allgemein höhere Berufsexposition mit entsprechend höheren Konzentrationen an Umweltnoxen -welcher deutlich in dieser Studie bei gleichzeitigem Tabakkonsum (r= 0.29650) korrelierte- eine stärkere Verdrängung des ubiquitären Luftschadstoffeinflusses ermöglichen könnte. In einer Studie von SCHLIPKÖTER/ BEYEN (1986) wurde aufgezeigt, daß neben dem Faktor Rauchen gerade auch Luftschadstoffe mit dem Schwerpunkt Staub (incl. Schwermetalle) vor allem auf junge Menschen sowie Frauen deutliche Einflüsse auf die Mortalität ausüben, was mit den Ergebnissen dieser Studie übereinstimmt.

Unter den Gruppen der bösartigen Neubildungen sind die *bösartigen Neubildungen der Luftröhre, der Bronchien und der Lunge (ICD 162)* die am interessantesten und detailliertesten untersuchten Erkrankungen im Zusammenhang mit exogenen Umweltnoxen. Es ist auch die Todesursache, die in den letzten Jahren den stärksten Anstieg zu verzeichnen hat (Männer 1952 - 1981 = + 118 %) und die bei den Frauen in den USA bereits an die zweite Stelle bei den Einzeltodesursachen vorgerückt ist. Die höchsten Mortalitätsraten (über 70 % Medianwertüberschreitung) wiesen in dieser ICD-Position bei den Männern die Kreise Minden-Lübbecke, Aachen, Paderborn, Solingen, und die Städte Aachen, Euskirchen, Hamm sowie wiederum Wuppertal auf. Bei den Frauen lagen die Schwerpunkte wesentlich deutlicher in den klassischen Belastungsgebieten wie dem Saar-Pfalz-Kreis, Neunkirchen, Herne, Offenbach, Remscheid, Köln, Leverkusen, Aachen und dem Kreis Offenbach. Allerdings muß betont werden, daß die Gesamtmortalität dieser ICD-Position sich bei den Frauen (MR= 4,3) auf nur etwa 13 % der der männlichen Rumpfbevölkerung (MR=31,3) beläuft.

Der Vergleich mit der Luftschadstoffsituation ergab bei den Männern allerdings keinen signifikanten Zusammenhang auch in den hoch mit Luftschadstoffen belasteten Gebieten. Die Gebiete mit den höchsten Mortalitätsraten zeigten bis auf Solingen (Luftindex 5,5) und Hamm (Luftindex 4,75) alle keine überdurchschnittlichen Luftschadstoffbelastungen, woraus abgeleitet werden könnte, daß bei den Männern die Luftschadstoffbelastung nicht die entscheidende Rolle bei den Krebserkrankungen insbesondere der Lunge spielt. Dagegen zeigte sich bei den Frauen durchaus ein sogar signifikanter Zusammenhang auf mittlerem Niveau mit dem Kfz-Aufkommen (r = 0.59), der Staub- (r=0.25) und mit der Schwefeldioxidbelastung (r = 29) , die in den Gebieten mit hohen Krebsraten - insbesondere dem Saarland beim Indikator Kohlenmonoxid 2,3 mg/m^3, im Raum Frankfurt bei 1,9 mg/m^3 Kohlenmonoxid sowie im Ruhrgebiet bei 1,2 mg/m^3 Kohlenmonoxid (Mittel 1979 - 1985) lag. Ein signifikanter Zusammenhang auf mittlerem Niveau zeigte sich des weiteren mit dem Urbanisierungsindex (r=0.52) sowie nach dem Ansatz A wiederum mit dem Rauchverhalten (r=0.43) und der Beschäftigtenstruktur mit hohem Frauenraucheranteil (r=0.29). Die Hypothese liegt nahe, daß die sich auf 13 % Anteil an den bösartigen Neubildungen der Atmungsorgane belaufenden Mortalitätsraten bei den Frauen dazu führen, daß neben dem Faktor Rauchen auch die Einflüsse der Luftschadstoffe deutlicher sichtbar, wohingegen sie bei den Männern durch höhere Gesamtbelastungen scheinbar überlagert werden. Ein Zusammenhang wurde auch in einer Fallkontrollstudie von JEDRYCHOWSKI et al. (1990) explizit über den Zusammenhang der Luftschadstoffsituation in Krakau und Lungenkrebs bestätigt, wobei in dieser Studie gerade ein multiplikativer Effekt insbesondere bei Zigarettenkonsum mit gleichzeitig hoher Industrieimmissionsbelastung betont wurde. SMEJOCOVA et al. (1992) konnten in einer Vergleichstudie über die Lungenkrebssterblichkeit in Österreich und der Tschechoslowakei ähnliche Strukturen feststellen. So begründete er die altersstandardisierte Sterberate in der Tschechoslowakei, die z.Z. 1/3 über jener in Österreich liegt, mit früheren Veränderungen des Rauchverhaltens und einer schnelleren Abnahme der Schadstoffgehalte in österreichischen Zigaretten (Trockenkondensat der umsatzgewichteten Durchschnittszigarette 1989 34,4 mg, 1990 10,6 mg), aber "auch weiterer Noxcn" (SMEJOCOVA et al. (1992) 235). Dies umso mehr, da die höchsten Sterberaten nach seiner Untersuchung in jenen Regionen zu finden waren, die Industrie- und Bergbauregionen darstellten.
Keine Zusammenhänge zwischen Luftschadstoffen und Lungenkrebsmortalität wurde in einer Kohortenstudie von KREIGER et al. (1990) in Onta-

rio festgestellt, die in einer Industrieregion im Vergleich zu einer ländlichen Region keine deutlichen Lungenkrebserhöhungen festgestellt haben. Mit Ausnahme dieser neueren Studie sind in nahezu allen anderen aktuelleren Studien Einflüsse von Luftschadstoffen auf die Mortalität allerdings festgestellt worden. So auch in einer Studie von KINNEY/ OZKAYNAK (1991) über Los Angeles, in der sie geringe aber signifikante Zusammenhänge zwischen Tagesmortalität und den Faktoren Temperatur, Kfz-Emission (NO_2, CO_2 usw.) und Photooxidantien nachwiesen. Auch FREEMAN/ CATTEN (1988) haben für Sydney insbesondere in bezug auf Polyzyklische aromatische Kohlenwasserstoffe [25] und HALDENWANG (1991) in einer Untersuchung von 1984 - 1986 in Kapstadt erhöhte Mortalitäten gefunden. Vergleichbar den Ergebnissen dieser Studie lagen alle Zusammenhänge auf niedrigem Niveau. BUFFLER et al. (1988) bezifferten den Anteil an Lungenkrebs, der durch Luftschadstoffe am Beispiel von Harris County verursacht wird, auf weniger als 5 %. PÖNKÄ (1989) stellte in seiner Studie über Helsinki auch bereits bei einer Luftschadstoffbelastung von 125 $\mu g/m^3$ Schwefeldioxid (PÖNKÄ (1989), S. 41) eine Erhöhung der akuten Atemwegserkrankung fest. Die WHO (1987) hat auch entsprechend bereits seit 1987 niedrigere Langzeitwerte für Schwefeldioxid und Staub (50 $\mu g/m^3$) festgelegt.

Für das französische Untersuchungsgebiet wurde bei den Männern wie bereits bei der Obergruppe bösartige Neubildungen der Atmungsorgane die höchste Mortalitätsrate mit 25 % Medianwertüberschreitung des französischen Gebietswertes im Departement Seine St Denis, gefolgt von den Departements Val d'Oise und Val de Marne mit 9 % Überschreitung festgestellt. Bei den Frauen ist es ebenfalls das Departement Seine St Denis sowie Val de Marne, die um 34 % den Mortalitätsmedianwert überschreiten. Die Mortalitätsrate liegt dabei im französischen Untersuchungsgebiet bei 14 % der der Männer und damit vergleichbar dem Untersuchungsgebiet der Bundesrepublik Deutschland. In bezug auf die Luftschadstoffsituation ist dabei auszuführen, daß die Stickoxidemissionen in Frankreich um ca. 50 % niedriger liegen als in der Bundesrepublik Deutschland. Die Staubbelastung, die in dem französischen Gebiet zwischen 40 und 50 $\mu g/m^3$ liegt, stimmt dagegen weitgehend mit dem Untersuchungsgebiet der Bundesrepublik Deutschland (Belastungsgebiet = 50 - 60 $\mu g/m^3$ Staub) überein. Diese tendenziell niedrigeren Luftschadstoffbelastungen stimmen scheinbar mit den vergleichsweise geringeren Mortalitätsraten in der Rumpfbevölkerung der Gesamtmortalität -Männer -6 %, Frauen -16 % und dem Gebietsmittel des Untersuchungsraumes in der Bundesrepublik Deutschland- überein. Eine für das Gebiet von Paris durchgeführte Mortalitätsstudie von LOEWENSTEIN et al. (1983) bestätigte -trotz dieser allgemein etwas geringeren Belastung- während der Smogperioden 1969 - 1976 einen Anstieg um bis zu 74% Todesfälle in der Altersklasse unter 65

[25] FREEMAN/ CATTEN (1988) schätzten für Sydney die Erhöhung durch die Belastung durch Polyzyklische aromatische Kohlenwasserstoffe auf ca. 30 Lungenkrebstote pro Jahr

Jahren bei Werten um 100 µg/m³ NO_2 und 207 µg/m³ SO_2 (LOEWENSTEIN et al. (1983), S. 167) [26] mit ebenfalls deutlichen Temperatureinflüssen. Interessanterweise ist nach einer Mortalitätsstudie über Frankreich von 1950 - 1985 von HILL et al. (1991) kein deutlicher Zusammenhang zwischen Lungenkrebs explizit auch in der weiblichen Rumpfbevölkerung in Frankreich in bezug zum Faktor Rauchen festgestellt worden, was in anderen westlichen Ländern -und auch in dieser Studie- deutlich der Fall war. Trotz dessen, daß auch nach HILL in Frankreich der Zigarettenkonsum von 1950 von 4,7 g pro Erwachsener auf 6,3 g pro Erwachsener 1976 angestiegen ist. Diese Analyse über das Tabakrauchverhalten konnte aufgrund der fehlenden Datengrundlage für das Untersuchungsgebiet in Frankreich nicht verifiziert werden.

Bei den *Krankheiten des Kreislaufsystems (ICD 390 - 459)* handelt es sich um die Gruppe mit den höchsten Anteilen an der Gesamtmortalität im Untersuchungsgebiet der Bundesrepublik Deutschland (36 % an der Gesamtmortalität Männer und 27 % an der Gesamtmortalität der Rumpfbevölkerung Frauen). Bei der Todesursache Lungenkrebs entfielen zum Vergleich auf die Rumpfbevölkerung 10 % bei den Männern und 3 % bei den Frauen, wobei diese Raten im französischen Untersuchungsgebiet vergleichbar hoch lagen (Männer 10 %; Frauen 3 %). Bei den Krankheiten des Kreislaufsystems liegt die Anzahl der Todesfälle in der Altersklasse 35 - 65 Jahre jedoch deutlich niedriger (Männer 20 %; Frauen 14 %), wodurch die fast dreimal so hohe Mortalitätsrate mit erklärt werden kann. Gerade hohe Todesraten in jüngeren Altersklassen deuten auf exogene Einflußfaktoren hin, die zu möglichen frühzeitigen Todesfällen führen können. Gebiete mit besonders hohen Mortalitätsraten sind bei den Männern in Merzig-Wadern (48 % Medianwertüberschreitung), Dortmund (+46 %), Saarbrücken (+45 %), Kreis Pirmasens (+43 %), Essen (+40 %), Kaiserslautern (+39 %) und Saarlouis (+35 %) sowie bei den Frauen wiederum mit Schwerpunkt im Saarland in Neunkirchen (+154 %), Sankt Wendel (+63 %), Oberhausen (+42 %), Bottrop (+37 %), Mannheim (+36 %), Dortmund (+35 %), Gelsenkirchen (+32 %) und Saarbrücken (+31%) zu verzeichnen. Deutliche Erhöhungen an Herz-Kreislauferkrankungen sind somit in typischen Industriestandortregionen zu verzeichnen. Dies trifft auch für die Mortalitätsstruktur im französischen Untersuchungsgebiet bei den Männern mit deutlichem Schwerpunkt im Departement Seine St Denis, nicht jedoch bei den Frauen mit Schwerpunkt im Departement Seine et Marne zu.
Die Korrelation ergab bei den Männern keine Zusammenhänge zur Luftschadstoffsituation, bei den Frauen hingegen neben der Staubbelastungssituation ($r=0.19$) auch mit der Kraftfahrzeugbelastung ($r=0.16$) und insbesondere dem Urbanisierungsindex ($r=0.21$). Dies deckt sich mit der Situation im französischen Untersuchungsgebiet.

[26] vgl. auch Ausführungen zur selben Smogperiodenauswertung mit analogen Ergebnissen in BOURDEL et al. (1982)

Eine Korrelation (r=0,10) auf niedrigem Niveau wurden bei den Männern - Ansatz A - beim Faktor Beschäftigte mit hoher Arbeitsplatzbelastung festgestellt. Für das französische Untersuchungsgebiet stimmt der Beschäftigtenanteil ebenfalls am deutlichsten von allen berücksichtigten Einflußfaktoren mit den Mortalitätsraten der Erkrankungen des Kreislaufsystems überein. Der Anteil der Arbeiter liegt im Departement Seine St Denis mit 41 % auch weitaus am höchsten (Paris hat einen Arbeiteranteil von 22 % an den Gesamtbeschäftigten (TUPPEN (1983)). Die Korrelationswerte könnten auch die deutliche Erhöhung im Departement Seine St Denis im französischen Untersuchungsgebiet in den jüngeren Altersklassen (Rumpfbevölkerung) mit begründen. Diese festgestellten möglichen Zusammenhänge wurden für das Saarland beispielsweise auch von BECKENKAMP et al. (1980) festgestellt, die interessanterweise auch bereits die Regenerationsfähigkeit des Menschen in Betracht gezogen haben. Sie kommen zu der Aussage, daß es gefährlich sei, wenn neben der Schadstoffbelastung am Arbeitsplatz keine Regenerationsmöglichkeiten am Wohnort bestünden. In einer Studie von MENSINK (1990) über die Herz-Kreislaufmortalität wurde der Kaffeegenuß als weiterer Risikofaktor behandelt. Gerade durch die Erhöhung des "Serumcholesterinspiegels und auch des Serumtriglyceridspiegels" durch erhöhten Kaffeegenuß wurde eine "Verstärkung des Herzinfarktrisikos" (MENSINK et al. (1990), S. 551) belegt. In der gleichen Studie wurde der Faktor Rauchen ebenfalls mit berücksichtigt. Insbesondere bei erhöhtem Kaffeegenuß (über drei Tassen pro Tag) führte das gleichzeitige Rauchen zu einem fast 40 % höheren Serumcholesteringehalt und damit auch eines Herzinfarktrisikos. In einer Heidelberg-Michelstadt-Berlinstudie [27] wurde ebenfalls ein signifikanter Zusammenhang zur Serumcholesterinkonzentration und dem Kaffeekonsum festgestellt (MENSINK et al. (1990), S. 550). Eine Einwirkung von Luftschadstoffen - neben dem Faktor Rauchen sowie auch dem Kaffeekonsum - auf die Herz-Kreislaufmortalität durch die verändernde Wirkung auf das Immunsystem wurde für das Gebiet von Nordrhein-Westfalen von WINKLER et al. (1989) nahegelegt. Gerade durch eine von ihnen nachgewiesene Schwächung des Immunsystems bei gleichzeitiger Blutdruckerhöhung (WINKLER et al. (1989), S. 17) wurde eine Steigerung der Häufigkeiten der Herz-Kreislauferkrankungen festgestellt.

Die in den Untersuchungsgebieten festgestellten geringen Zusammenhänge mit der Luftschadstoffsituation könnten somit tatsächlich indirekt auch einen wenn auch nur kleinen Einfluß auf die Krankheiten des Kreislaufsystems besitzen, wobei der Faktor Staubbelastung (r=0,58) und die Arbeitsplatzbelastung einen signifikanten Einfluß insbesondere in hoch belasteten Gebieten aufzeigen. Interessanterweise sind gerade im Faktor "Frauenberufe mit hohem Raucheranteil" nach einer Untersuchung von

---

[27] 395 Probanden im Alter von 18 - 24 Jahren und 385 Probanden im Alter von 65 - 74 Jahren wurden über ihre Gesundheitsgewohnheiten mit Hilfe eines Fragebogens ausgewertet und analysiert.

BORGERS/ MENZEL (1984) schwerpunktmäßig Berufe wie Kellnerinnen (62 % Raucheranteil in dieser Berufsklasse), Kassiererinnen (59 % Raucheranteil), Sekretärinnen (48 % Raucheranteil) vertreten, die durch aktiven Rauchgenuß sowie häufig in diesen Büroberufen gekoppeltem Kaffeegenuß, hohen Immissionsbelastungen ausgesetzt sind. Bei gleichzeitiger fehlender Regenerationsmöglichkeit am Wohnort durch eine Luftschadstoffbelastung wäre eine Erhöhung der Herz-Kreislaufmortalität durchaus naheliegend, konnte in dieser Studie jedoch nicht belegt werden, da insbesondere die Männer in diesen Berufen mit hohem Raucheranteil keine signifikanten Strukturen erkennen ließen und auch nur über den Ansatz A miteinbezogen werden konnten.

Bei den *Krankheiten der Atmungsorgane (ICD 460 - 519)* ist eine Interpretation der Ergebnisse nur unter Vorbehalt möglich, da der Anteil dieser Todesraten an der Gesamtmortalität nur bei 5 % bei den Männern und 2,4% bei den Frauen liegt. Dieser Anteil beläuft sich bei der Untergruppe *chronische Bronchitis (ICD 490 - 491)* auf 1,5 % bei den Männern und 0,6 % bei den Frauen. Bei der Untergruppe *Emphysem (ICD 492)* beläuft sich der Anteil auf nur 1 % bei den Männern und 0,6 % bei den Frauen sowie bei der Untergruppe *Asthma (ICD 493)* auf 2,1 % bei den Männern und 1,8 % bei den Frauen. Durch diese absolut geringe Zahl von Fällen ist es nicht möglich, definitive Thesen zu einer räumlichen Verteilung dieser Mor talitätsstrukturen sowie deren möglicher Bezug zu Umweltnoxen zu treffen.

Bei den Krankheiten der Atmungsorgane wurden bei den Männern die höchsten Mortalitätsraten, insbesondere in Neunkirchen (243 % Medianwertüberschreitung) sowie in Pirmasens (+96 %), Saarbrücken (+92 %), Mannheim (+80 %), Landau (+79 %), Herne (+78 %) und Sankt Wendel (+76 %) festgestellt. Bei der chronischen Bronchitis sowie beim Asthma waren die räumlichen Schwerpunkte bei den Männern ähnlich gelagert. Die höchsten Mortalitätsraten wurden bei der chronischen Bronchitis - bei den Männern - in Wuppertal, Siegen, Viersen und Herne und beim Asthma in Leverkusen, Remscheid und Herne festgestellt. Auch beim Emphysem wiesen besonders Herne sowie Minden-Lübbecke, Euskirchen und Paderborn hohe Mortalitätsraten auf. Bei den Frauen waren die Gebiete mit hohen Mortalitätsraten zum Teil andere als bei den Männern. Bei der Obergruppe der Krankheiten der Atmungsorgane trat zwar wiederum Herne (+261 % Medianwertüberschreitung) extrem hervor, aber auch Cocsfeld, Bochum, Hagen und Wuppertal. Bei der chronischen Bronchitis waren Herne, Hamm, Hagen, Minden-Lübbecke und Saarbrücken sowie beim Emphysem Herne, Hamm, Bottrop und Aachen Gebiete mit deutlich erhöhten Mortalitätsraten. Beim Asthma war die Verteilung sehr ähnlich.

Für das französische Untersuchungsgebiet standen nur Daten für die Obergruppe der Krankheiten der Atmungsorgane zur Verfügung. Hier wurde nun erstmals - bei den Männern - auch eine hohe Mortalitätsrate im

Departement Paris festgestellt, wobei das Departement Seine St Denis, das bereits bei den bösartigen Neubildungen der Atmungsorgane deutlich in den Vordergrund getreten ist, wiederum hohe Mortalitätsraten aufzeigte. Bei den Frauen wiesen diese Departements nur durchschnittliche Mortalitätsraten, Val d'Oise und Ivelines dagegen hohe Mortalitätsraten auf. Die Analyse der Einzelfaktoren ergab bei der Obergruppe der Krankheiten der Atmungsorgane keinen deutlichen Einfluß der Luftschadstoffe. Nur 30 % aller hoch belasteten Gebiete wies auch entsprechend überhöhte Mortalitätsraten auf, andere zum Teil sogar sehr niedrige Mortalitätsraten. Ein Zusammenhang der Krankheiten der Atmungsorgane mit der Luftschadstoff- Belastungssituation konnte nur beim Parameter Staub bei den Männern (r=0,33) festgestellt werden. Signifikant korrelierten auf niedrigem Niveau allerdings die Berufe mit hoher Arbeitsplatzbelastung (r=0.34) bei den Frauen sowie die Berufe mit hohem Raucheranteil (r=0.31) wobei erstmals die Männer diese deutlichen Korrelationen aufwiesen. Diese im Gesamtgebiet festgestellten Korrelationen konnten sogar auf mittlerem Niveau in den höher mit Luftschadstoffen belasteten Gebieten bestätigt werden (Arbeitsplätze mit höherer Belastung r=0.40; Berufe mit hohem Raucheranteil r=0.48).

In der Unterklasse der Krankheiten der Atmungsorgane konnten im Untersuchungsgebiet der Bundesrepublik Deutschland bei der chronischen Bronchitis in bezug auf die Staubbelastung, der Kraftfahrzeugbelastung und dem Summenparameter Urbanität mit Korrelationswerten von r=0.17 - r=0.34, insbesondere in hoch mit Luftschadstoff belasteten Gebieten mittlere Zusammenhänge festgestellt werden, ebenso wie beim Emphysem, allerdings auf niedrigem Niveau. Beim Astma korrelierte ebenfalls das Reizgas Schwefeldioxid (r=0.17) signifikant auf niedrigem Niveau mit den Mortalitätsraten der Krankheiten der Atmungsorgane. Daß diese Faktoren einen Einfluß auf den Respirationstrakt besitzen, wurde erst kürzlich durch eine Studie von HOEK et al. (1990) belegt, die während Smogperioden (SO_2 im Bereich von 200 - 250 $\mu g/m^3$) die Immissionsbelastung von Grundschulkindern studierten. In die gleiche Richtung gehen die Ergebnisse von KAGAMIMORI et al. (1990), die auch bei Schulkindern in Japan gerade bezüglich NO_2 (KAGAMIMORI et al. (1990), S. 59) einen signifikanten Einfluß feststellten. Der Faktor, der gerade im französischen Untersuchungsgebiet ebenfalls deutlich korrelierte. In zwei unterschiedlich stark mit Luftschadstoff belasteten Regionen von Kanada konnten STERN et al. (1989) andererseits keinen Bezug insbesondere zu den Todesraten an chronischer Bronchitis oder an Asthma feststellen. KARRASCH (1990) zeigte zudem auf, daß die Krankheiten der Atmungsorgane einen deutlichen jahresabhängigen Verlauf mit einem markanten Wintergipfel, aufweisen. Gerade bei jahreszeitlichen Untersuchungen spielen Klimaeinflüsse eine bedeutende Rolle.

Bei den Untergruppen (chronische Bronchitis und Emphysem) war jedoch vergleichbar der Analyseergebnisse der bösartigen Neubildungen der Atmungsorgane der Faktor Rauchen am Arbeitsplatz -nach dem Ansatz A-dominant (Männer r=0.40; Frauen r=0.31). Insbesondere beim Emphysem ergab sich bei den Männern ein hoher signifikanter Zusammenhang (Männer r=0.53) auf mittlerem Niveau. MATANOSKI et al. (1986), WOODWARD et al. (1990) sowie KENTNER et al. (1989), um nur einige aktuelle Veröffentlichungen zu nennen, zeigen gerade diesen Bezug zum Rauchen ebenfalls sehr deutlich auf. Interessant ist dabei, daß vor allem bei körperlich schwer anstregenden Arbeiten in Verbindung mit Vorschädigung der Atmungsorgane gerade auch bei Frauen allein durch eine Passivrauchexposition Lungenfunktionsbeeinträchtigungen (KENTNER et al. (1989), S. 13) bewirkt werden können. In dieser Studie lag gerade bei den Frauen dieser Zusammenhang zur Berufsstruktur nahe. Auch bei Arbeitsplätzen mit hoher Staubbelastung bei den Männern vor allem im Kohlebergbau wurde ein signifikanter Zusammenhang zum Emphysem erst kürzlich wieder von ROM (1990) nachgewiesen. Im Untersuchungsgebiet der Bundesrepublik Deutschland korreliert die Asthmamortalität darüber hinaus -nach dem Ansatz A- auch mit dem Rauchverhalten (r=0.31) bei den Frauen, wobei die Mortalitätsraten der Emphysemerkrankungen (Lungenblähung) denen des Asthmas sehr ähnlich sind. Bei den Frauen ist der Faktor Rauchen wiederum der dominanteste Faktor, was jedoch nicht mit dem Ansatz B untermauert werden konnte. In mehreren Studien, so zum Beispiel von NAWKA et al. (1990) wurde ein Einfluß von Luftschadstoffen - speziell für SO_2 und Schwebstaub während Smogperioden in Berlin - auf den Respirationstrakt nachgewiesen, wobei inbesondere Kinder trotz des Fehlens des Faktors Rauchen einen deutlichen Einfluß aufzeigten. Auch KARRASCH (1981) wies diesen Zusammenhang speziell bei Frauen zu Konzentrationen an photochemischen Oxidantien im Oberrheingebiet nach [28]. In einer Vergleichsstudie französischer und amerikanischer Frauen von KAUFFMANN et al. (1989) wurde ebenfalls gerade auch bei Asthma ein Bezug zum Rauchverhalten belegt, was sich bei Rauchern wie auch bei Ex-Rauchern in einem deutlich reduzierten Atemvolumenstrom äußerte.

In einer weiteren Untersuchung von BERGMANN et al. (1992) wurde eine auseinanderdriftende Entwicklung insbesondere der Herz-Kreislauf-Krankheiten und der Krankheiten der Atmungsorgane zwischen den alten und neuen Bundesländern seit 1976 festgestellt, wodurch heute in den alten Bundesländern eine 20 % niedrigere Gesamtsterblichkeit als in den neuen Bundesländern vorliegt. Eine Ursache ist hier möglicher weise auch in der wesentlich höheren Luftschadstoffbelastung zu sehen (vergleichsweise Stand 1988 im 11 km-Immissionsraster des Umweltbundesamtes: SO_2 alte Bundesländer maximal < 75 $\mu g/m^3$, neue Bundesländer Maximalwert 451 $\mu g/m^3$, Staub alte Bundesländer maximal < 75 $\mu g/m^3$, neue Bundesländer Maximalwert 154 $\mu g/m^3$ (UMWELTBUNDESAMT

---

[28] Vgl. hierzu auch die Ausführungen von KARRASCH (1980/ 1983 und 1986) mit Analysen der Entwicklung beim photochemischen Smog - speziell in deutschen und amerikanischen Ballungsgebieten

(1992)). Dies wurde nachweislich ebenfalls in einer Untersuchung von KRÄMER (1992) vom Düsseldorfer Institut für Umwelthygiene belegt. Anhand von mehr als 9.000 Kindern aus Ost- und West-Deutschland konnte ein Zusammenhang zwischen Luftverschmutzung und Atemwegserkrankung auch kleinräumlich am Beispiel von Leipzig "wo die Luft zehnmal so hoch belastet ist wie in Düsseldorf" (KRÄMER (1992) S 8) nachgewiesen werden. Diese Atemwegserkrankungen traten dabei in den hoch belasteten Gebieten zwei bis dreimal häufiger auf. Interessant an dieser Studie ist auch, daß eine deutliche Korrelation mit dem für den "London-Smog" typischen klassischen Luftschadstoffparametern Schwefeldioxid und Staub für die alten Bundesländer nicht, jedoch für die neuen Bundesländer festgestellt werden konnte. In den alten Bundesländern scheinen hingegen gerade die Verkehrsimmissionen eine bedeutende Rolle zu spielen, die dem "Los-Angeles-Smog-Typ" zuzuordnen sind. Dies deckt sich mit den Ergebnissen dieser Studie, in der ebenfalls keine respektive äußerst niedrige Korrelation mit den für den "London-Smog" typischen Luftschadstoffparametern jedoch hohe signifikante Zusammenhänge mit den Parametern, die auch für den "Los-Angeles-Smog-Typ" typisch sind (der Kfz-Belastung), festgestellt wurden. Diese deutlich andere Belastungssituation wurde auch von KRÄMER (1992) anlaysiert, die Meßgrößen wie das Immoglobin E (Indikator für allergische Sensibilisierung) nicht in den ostdeutschen hoch belasteten Gebieten (schwerpunktmäßig Schwefeldioxid und Staub), sondern in hoch verkehrsbelasteten Gebieten Westdeutschlands erhöht vorfand. In diesem Zusammenhang wird dabei noch ein weiterer Parameter bedeutsam, das Bioklima. KARRASCH (1990) belegte am Beispiel von Berlin-Ost, daß die Mortalität in den klassischen London-Smog-Winterperioden um 60 % über dem Jahresmittel lag. Tage mit hoher Sonneneinstrahlung, Hitze-Streß-Situation bei gleichzeitig verstärkten photochemischen Reaktionen bewirkten ebenfalls Abweichungen vom monatlichen Mortalitätserwartungswert von bis zu 60 % (Monate Juli und August). Eine große Bedeutung kommt nach wie vor auch der Staubkonzentration zu. Die in dieser Studie festgestellten Korrelationen mit den Krankheiten der Atmungsorgane, bei den Männern sogar signifikant auf mittlerem Niveau, werden durch Studien wie der von POPE III et al. (1992) über die Tagesmortalität in Utah Valley gestützt. POPE III et al. stellten fest, daß in dem Untersuchungsgebiet keine signifikanten Korrelationen der Parameter Schwefeldioxid, Stickoxid und Ozon mit der Tagesmortalität bestanden, jedoch mit dem Parameter Schwebstaubpartikel. Bei Konzentrationen ab 100 $\mu g/m^3$ Schwebstaub stellte er ein 11 % höhere Mortalität an Atemwegserkrankungen als an Tagen mit weniger als "50 $\mu g/m^3$" (POPE III (1992) S 213) fest. Die aktuellen Untersuchungen von SCHWARTZ/ DOEKERY (1992) über Steubenville (Ohio) belegt zwar nicht diese hohe Sterblichkeit von 11 % bei Konzentrationen ab 100 $\mu g/m^3$, aber eine Übersterblichkeit von immerhin "4 %" (SCHWARTZ / DOEKERY (1992) S. 17). Das das Rauchverhalten einen bedeutenden Anteil insbesondere in bezug auf den Lungenkrebs hat, wurde in Untersuchungen von MOHNER et al (1989) in der ehemaligen DDR, MATOS et al (1990) in Argentinien und MEISTER (1990) bestätigten. Im Rahmen dieser Studie konnte der Einfluß dieses Parameters in dem Untersuchungsgebiet jedoch nur mit dem Ansatz A, und damit nicht in seiner exakten Höhe nachgewiesen werden. Es ist aber unbestritten, daß dieser Faktor einen bedeutenden Einfluß hat wie in einer Studie von JUNGE (1991) belegt, der selbst bei Nichtrauchern, die in einem Raucherhaushalt leben, eine 30 bis 50 % erhöhte Lungenkrebsrisikorate feststellte. Der Faktor Rauchen zeigte - nach dem Ansatz A - insbesondere gekoppelt mit höherer Arbeitsplatzbelastung mit sehr starker Dominanz bei den Frauen einen niedrigen bis mittleren Zusammenhang mit der Mortalitätsstruktur der bösartigen Neubildungen, bösartigen Neubildungen der Atmungsorgane sowie der Krankheiten der Atmungsorgane aber auch der Herz-Kreislauferkrankungen auf. Es handelte sich bei den Frauen bei allen Korrelationsanalysen um den Faktor mit den höchsten Zusammenhängen zur Mortalität, die insbesondere bei den Krankheiten der Atmungsorgane deutliche Zusammenhänge aufzeigten. Gerade durch die Berücksichtigung von Berufen mit nachweislich hohem Raucheranteil konnten deutliche Übereinstimmungen festgestellt werden, die zudem bei den Frauen wie auch insbesondere bei den Männern mit einer zusätzlich hohen Arbeitsplatzbelastung gekoppelt waren. Diese Berufe werden zudem von Personen aus unteren sozialen Schichten ausgeübt, die häufig unter beengten Verhältnissen und in lufthygienisch ungünstigeren Gebieten leben. Daß gerade diese Mehrfachbelastung durch Aktivrauchen, hohe Arbeitsplatzbelastung, geringen Sozialstatus, der gekoppelt ist mit einer fehlenden Regenerationsmöglichkeit am Wohnort, einen hohen Anteil der überhöhten Mortalitätsraten im Zusammenhang mit Atemwegsinzidenzen verursacht, legt gerade auch die hohe Übereinstimmung der Daten bei den Frauen sehr nahe.

VIII. ERGEBNIS

Die Wirkung kurzfristig hoher Konzentrationen an luftverunreinigenden Stoffen auf die Sterblichkeit des Menschen ist insbesondere durch die bekannten großen zwei Smogkatastrophen im belgischen Maas-Tal 1939, in Donara 1948 und in London im Dezember 1952 (HEINEMANN 1964) mit insgesamt mehr als 4000 Todesfällen unzweifelhaft belegt worden.
Die Frage, inwieweit auch chronische Belastungen des Menschen durch Luftschadstoffe durchaus auch in niedrigeren Konzentrationen Gesundheitsschäden hervorrufen können oder nicht, wird auch heute noch sehr kontrovers diskutiert.
Ausgehend von dieser Fragestellung wurde in dieser Studie geprüft, ob mit Hilfe einer Gebietskontrollstudie Kovariationen bezüglich der Luftschadstoffbelastung und den Mortalitätszahlen bestehen oder nicht.
Diese Analyse wurde auf Kreis-/Departementebene für 125 Kreise der Bundesrepublik Deutschland (Hessen, Nordrhein-Westfalen, Rheinland-Pfalz, Saarland und die nördlichen Kreise von Baden-Württemberg) und acht Departements in Frankreich (Il de France) durchgeführt. Zum einen mußte eine statistische Absicherung durch die berücksichtigte Kreis-/Departementanzahl (in diesem Fall 133) ermittelt werden, und zum anderen sollte die Übertragbarkeit der Analyse auch im internationalen Bereich getestet werden. Die Analyse berücksichtigte dabei den Zeitraum von 1979 bis 1986.
Auf der Grundlage einer Literaturrecherche wurden alle Todesursachengruppen in die Analyse mit einbezogen, die im Zusammenhang mit Luftschadstoffkontamination stehen könnten. Es handelte sich um die bösartigen Neubildungen (ICD 140 - 208), mit den Unterklassen der bösartigen Neubildungen der Atmungsorgane (ICD 160 - 163) und den bösartigen Neubildugen der Lunge (ICD 162), um die Krankheiten des Kreislaufsystems (ICD 390 - 459) sowie um die Krankheiten der Atmungsorgane (ICD 460 - 519) mit den Unterklassen chronische Bronchitis (ICD 490 - 491), Emphysem (ICD 492) und Asthma (ICD 493). Es wurden dadurch über 2,5 Millionen Todesfälle in die Analyse mit einbezogen. Auf der Grundlage der Volkszählungsergebnisse von 1987 wurde im Rahmen dieser Studie dabei erstmals ein neuer Wichtungsstandard "Bundesrepublik Deutschland 1987" berechnet, der der tatsächlichen Bevölkerungsstruktur wesentlich näher kam als die bisher in derartigen Studien verwandten Wichtungsstandards auf der Basis der Volkszählung von 1970. Mit diesem Wichtungsstandard war es möglich, eine Geschlechts- und Gebietsvergleichbarkeit auch mit dem französischen Untersuchungsgebiet herzustellen. Die Mortalitätszahlen wurden dazu im 5-Jahres-Intervall untergliedert nach Geschlecht einheitlich mit diesen nicht geschlechtsspezifischen Standards gewichtet und zu drei Altersklassengruppen zusammengezogen. Die sogenannte "Transhated Population" Rumpfbevölkerung der 35 bis 65jährigen wurde für diese Studie explizit zur Erfassung der erwerbstätigen Bevölkerung, die schon länger Belastungen ausgesetzt waren, wurde als Auswertungsebene herangezogen.

ICD-Position		Mittelwerte der Mortalitätsraten							
		Männer 0-35	Männer 35-65	Männer > 65	Männer Insg.	Frauen 0-35	Frauen 35-65	Frauen > 65	Frauen Insg.
Untersuchungsgebiet Bundesrep. Deutschland	140-208	12.189	102.284	265.893	380.967	3.140	66.992	150.442	220.575
	160-163	4.484	44.803	105.003	154.292	0.207	4.845	14.229	19.281
	162	2.392	31.316	69.493	103.207	0.179	4.366	13.094	17.641
	390-459	3.061	101.841	472.360	577.263	1.834	43.641	494.593	540.068
	460-519	1.482	18.756	105.995	126.233	1.559	6.824	30.608	38.991
	490-491	0.450	5.779	37.379	43.608	0.237	1.457	12.758	14.453
	492	0.403	3.392	29.173	32.968	0.353	0.997	5.448	6.839
	493	0.455	7.052	31.183	38.691	0.793	2.920	8.202	11.916
	999	50.599	326.010	1257.19	1633.79	27.627	157.511	811.955	997.094
Untersuchungsgebiet Frankreich	140-208	3.943	121.271	279.767	404.982	3.205	57.409	122.865	183.480
	162	0.246	30.312	63.889	94.447	0.102	4.148	14.754	19.005
	390-459	2.418	63.296	366.866	432.581	1.440	19.830	279.781	301.052
	460-519	0.881	9.745	84.070	94.998	0.676	3.239	43.487	47.403
	999	53.519	304.130	1018.90	1376.54	28.929	131.186	670.764	830.880

Je geringer die Fallzahlen waren, desto stärker wichen die Mortalitätsraten von diesen Mittelwerten ab. In der Obergruppe der bösartigen Neubildungen zeigten nur zwei Kreise (bei den Frauen) Abweichungen von +- 30 % vom Mittelwert. In der Untergruppe der bösartigen Neubildungen der Atmungsorgane waren es bereits 52 Kreise, und in der Untergruppe der bösartigen Neubildungen der Atmungsorgange speziell der Lunge über 58 Kreise. Es konnten somit klare regional-räumliche Disparitäten mit diesem Untersuchungsansatz auch international vergleichbar herausgearbeitet werden. Diese inhomogene Verteilung der Mortalitätshäufigkeit fordert Hypothesen über Ihr Zustandekommen geradezu heraus. Da als wesentliche Einflußfaktoren neben der Außenluftverunreinigung - die in dieser Studie als Zielvariablen benannt sind -, die Luftschadstoffbelastungen am Arbeitsplatz und speziell das Rauchverhalten darstellen (vgl. WÜRZNER (1991) S. 21), wurden diese beiden letztgenannten Faktoren als Störvariablen in die Analyse mit einbezogen.

Zur Berücksichtigung des Faktors Rauchen stand als Datenbasis nur der Mikrozensus von 1978 zur Verfügung. Ergebnis für das Untersuchungsgebiet war, daß in der Rumpfbevölkerung mengenmäßig am meisten geraucht wird. Der Anteil der regelmäßigen Raucher (unter 21 Zigaretten/ Tag) lag hier bei 53,4 % bei den Männern und bei 41,5 % bei den Frauen. In der Altersklasse der 20 bis 30jährigen haben die Frauen bereits einen 10 % höheren Anteil mit steigender Tendenz. Auch bei diesem Faktor konnte eine deutliche räumliche Disparität herausgearbeitet werden. Die Anteile der regelmäßigen Raucher in der Rumpfbevölkerung reichten dabei von 47,3 % (Trier) bis 58,9 % (Detmold) bei den Männern und von 33 % (Koblenz) bis 50 % (Detmold/Kassel) bei den Frauen. Die Analyse bei Hinzuziehung der Berufsgruppen ergab, daß die Männerberufe mit einem Anteil von über 65% Raucher ausschließlich Berufsgruppen waren,

die sich durch körperlich anstrengende Arbeiten unter ungünstigen klimatischen und lufthygienischen Voraussetzungen mit niedrigem Lohnniveau auszeichneten, wie bei Bergarbeitern, Metallbearbeitern, Maurern, Strassenarbeitern, Straßenreinigern und Gastwirten.
Bei den Frauen zeichneten sich diese typischen Berufsgruppen mit hohem Raucheranteil, wie Verkäuferinnen, Raumreinigerinnen, Kassiererinnen, Sekretärinnen und Telefonistinnen ebenfalls durch ein niedriges Lohnniveau aus. Es ist daher festzuhalten, daß Berufsgruppen mit hoher Arbeitsplatzbelastung (lufthygienisch, klimatisch) sich gleichzeitig durch hohe Raucheranteile auszeichnen. Durch die geringen Lohnkosten in diesen Berufen ist zudem davon auszugehen, daß die Person in diesen Berufsgruppen in lufthygienisch ungünstigeren Gebieten wohnen und damit auch eine geringere Regenerationsmöglichkeit besitzen.

Die Analyse ergab auch für diesen Bereich deutliche Disparitäten, so lag der Anteil dieser "Raucherberufe" bei den Männern in Detmold bei 1,0 % unter und in Arnsberg um 4,9 % über dem Bundesmittel. Auch bei den Frauen waren diese Disparitäten festzustellen. Im Regierungsbezirk Karlsruhe lag dieser Anteil um 12,4 % unter und im Saarland um 8,7 % über dem Bundesdurchschnitt.

Als Zielvariablen konnten die Luftschadstoffe Schwefeldioxid, Stickoxide und Staub, die etwa 42 % der Luftschadstoff-Gesamtkonzentration stellen, über die Immissionsländermeßnetze erfaßt werden.

Die für diese Luftschadstoffe insbesondere in ländlichen Gebieten zum Teil lückenhaften Immissionswerte wurden durch eine Auswertung der Emissionsstruktur (incl. Quellhöhenanalyse) auf der Grundlage des EMUKAT-Katasters des Umweltbundesamtes für das Untersuchungsgebiet im 10 x 10 km Raster (1040 Rasterflächen mußten hierfür digitalisiert und ausgewertet werden) ergänzt. Eine näherungsweise Quantifizierung der Anteile autochthoner und allochthoner Luftschadstoffe konnte dadurch ermöglicht werden. Für die Korrelationsberechnung wurde zusätzlich die ab 1992 bestehende flächendeckende Immissionsdatenbasis im 11 x 11 km Raster mit ausgewertet.
Um die schwerpunktmäßig durch den Verkehr emittierten Luftschadstoffe Kohlenmonoxid, Stickoxid sowie die polyzyklischen aromatischen Kohlenwasserstoffe (PAH) (vgl. MATANOSKI et al (1986)) [29], als auch Schwermetallemissionen des Kraftfahrzeugverkehrs (insbesondere Blei und Cadmium) zusätzlich mit berücksichtigen zu können, wurde als Hilfsparameter die Kfz-Anzahl je Gebiet mit in die Anlayse integriert. Dadurch konnten näherungsweise über 90 % der in der Luft vorhandenen Schadstoffe berücksichtigt werden. Gleiches gilt für den Faktor Schwermetallemissionen aus der Industrie durch die Auswertung der regionalen Verteilung der schwermetallrelevanten Wirtschaftszweige.

[29] vgl. auch die EPA-Studie über Dieselabgabe (ALBERT/ CHAO (1987))

Daneben wurden die flächenbezogenen Daten (Siedlungsfläche, Wald- und Verkehrsfläche) als allgemeine Urbanitätsfaktoren in den Kreisen respektive Departements mit berücksichtigt, wobei der Summenparameter Siedlungsfläche als Urbanisierungsindex ausgewählt wurde.

Gebiete mit über 6 % Wanderungsverlusten, -gewinnen wurden in die Analyse nicht mit im Detail bewertet, da dieser Einfluß zu einer Verfälschung der Mortalitätsstrukturen (BECKER/WAHRENDORF (1991)) führen könnte. Die Gebiete mit hohen Zuwanderungsgewinnen (über 6 % pro Jahr), wie der Kreis Ludwigshafen (+6,6 %), der Rhein-Sieg-Kreis (+9,1 %) konnten dementsprechend nicht in der Analyse mit bewertet werden, da hier ein starker Einfluß durch den Zuzug gesundheitlich vorbelasteter respektive unbelasteter Personen nicht erfaßbar ist (WÜRZNER (1986), S. 46).[30]

Diese Datenbasis ist dabei durch die WHO-Standardisierung länderübergreifend und damit vergleichbar. Die Zuordnung von Einflußparametern auf die durch die Mortalitätsregister vorgegebene kleinste räumliche Arbeitseinheit - die Kreis-/Departementebene - ist schwieriger als erwartet und nur für wenige Variablen machbar gewesen. Durch die Gegenüberstellung zweier Ansätze konnte gezeigt werden, daß Rangfolgensortierungen, die für eine exakte Korrelationsberechnung nach SPEARMAN notwendig sind (Ansatz B), nur bei sehr detaillierten Datengrundlagen möglich sind, wodurch sich die zunächst beabsichtigte Berücksichtigung von 11 Einflußvariablen auf 6 reduzierte. Für die anderen möglichen Einflußparameter, darunter sehr entscheidende wie das Rauchverhalten, war diese exakte Rangfolgensortierung auf Kreis-/Departementebene nicht möglich und konnte damit nur über den Ansatz A, dem eine vom Medianwert ausgehende äquidistante Klassenbelegung zugrundeliegt, näherungsweise mitbewertet werden. Wie jedoch der Vergleich der beiden Ansätze aufzeigte, sind die beiden unterschiedlichen Korrelationswerte bei den Summenparametern Kfz- und Urbanisierungsindex weitgehend identisch, weichen jedoch in den Luftschadstoffkorrelationswerten deutlich voneinander ab, da die Werteverteilung - im Ansatz A - von einer gewissen zufälligen Klassenbelegungsanzahl beeinflußt wurde.
Durch diese Indexwertvergabe wurden mit dem Ansatz A Extrembelastungen geringfügig niveliert, welches bei einer Vorgehensweise wie im "Krebsatlas der Bundesrepublik Deutschland" (FRENTZEL-BEYME et al (1984)) durch die Quintile-Einteilung [31] oder im Ansatz B deutlich erfolgte.

---

[30] Vergleich Ausführungen von FRICKE (1984) zur Strukturentwicklung speziell des Gebietes Rhein-Neckar-Raum mit den Kreisen Heidelberg und Ludwigshafen.

[31] jeweils 5 gleich große Gruppen mit je 25 Kreisen wurden graphisch dargestellt (FRENTZEL-BEYME et al (1984), S. 7). Auch in der Gruppe mit den höchsten Mortalitätsraten waren dadurch immer 65 Kreise vertreten.

Die Korrelationsanalyse ergab im wesentlichen insbesondere bei den Frauen einen signifikanten *mittleren Zusammenhang* zwischen bösartigen Neubildungen und den Parametern Kraftfahrzeugbelastung und Urbanität mit Werten von r=0,44 bis r=0,46. In den Unterklassen wurde diese Korrelation auf noch höherem Niveau bestätigt. Die Korrelationswerte zwischen bösartigen Neubildungen der Atmungsorgane und der Kraftfahrzeugbelastung lag mit r=0,70 auf dem höchsten festgestellten Korrelationsniveau.

Bei den Männern wurde die höchste Korrelation auf mittlerem Niveau ebenfalls bei den bösartigen Neubildungen der Atmungsorgane, aber hier in Bezug zur Staubbelastung (r=0,47) ermittelt. Alle anderen Korrelationen ergaben zwar signifikante aber nur niedrige Zusammenhänge. Allerdings wurden auch hier die höchsten Korrelationen, wenn auch auf niedrigem Niveau, bei den bösartigen Neubildungen, bösartigen Neubildungen der Atmungsorgane sowie bei den Krankheiten der Atmungsorgane im Zusammenhang mit der Staubbelastung (r=0,33 - 0,37) festgestellt. Die Einzelparameter Schwefeldioxid- und Stickoxidbelastung zeigten allerdings, wenn auch nur auf niedrigem Niveau, signifikante Zusammenhänge, insbesondere bei den Frauen in bezug auf die bösartigen Neubildungen der Atmungsorgane, speziell mit der Stickoxidbelastung (r=0,26) und in bezug zu den bösartigen Neubildungen der Lunge mit der Schwefeldioxidbelastung (r=0,29).

Der in dieser Studie angewandte Ansatz vermag natürlich keine Wirkungsuntersuchungen am Menschen zu ersetzen, die bereits zu signifikanten Korrelationen mit der Luftschadstoffbelastung, beispielsweise im Rahmen der nordrhein-westfälischen Luftreinhaltepläne (vgl. MAGS (1982, 1985)) geführt haben.
Eine Beweislast auch mit diesen Untersuchungen anzuvisieren, setzt sicherlich den Erwartungshorizont zu hoch, da, wie ausführlich dargelegt, die Krankheitsentstehung eine multifaktorielle Genese darstellt, die je nach persönlichem Verhalten, persönlicher Veranlagung, der sozialen und persönlichen Umwelt ganz unterschiedlich ausgelöst werden kann.
Ziel kann es dementsprechend nur sein, Störvariablen entweder schwerpunktmäßig wie im experimentellen Bereich zu eliminieren respektive einzeln auszutesten oder, wie in epidemiologischen Analysen versucht, ihren Wirkungszusammenhang zu quantifizieren.

Einzelne grundlegende Schwierigkeiten seien abschließend nochmals angesprochen.

1. Die heute epidemiologisch beobachbare Krebshäufigkeit, respektive Krankheitshäufigkeit ist immer das Resultat einer Jahrzehnte zurückreichenden individuellen Expositionsgenese. Dies macht schon die retrospektive Quantifizierung beispielsweise der Arbeitsplatzexposition

nach Höhe (Schadstoffkonzentration) und Dauer zu einem in der Regel nur näherungsweise lösbaren Problem.

2. Diese detaillierte individuelle Retrospektiv-Expositionsanalyse steht im Gegensatz zu der Forderung einer Quantifizierung und Signifikanzanalyse, die nur eine größere Kollektiveinheit ermöglicht. WICHMANN et al. (1992) stellten hierzu auf der Basis einer kleinen Fallkontrollstudie mit 196 Lungenkrebsfällen fest, daß der Effekt der Luftverschmutzung mit einem von ihnen erwarteten relativen Risiko (RR) von ca. 1,15 erst ab einem Studienumfang von 4.160 Fällen gegenüber den Effekten des Rauchens (RR=8,5) und der Arbeitsplatzbelastung (RR=1,8) statistisch signifikant hervortreten würde. In dieser Studie wurde diesem zweiten Ansatz gefolgt, wobei über 2,5 Millionen Todesfälle, alters- und geschlechtsspezifisch in ihrem möglichen Bezug zur Luftschadstoffbelastung analysiert wurden, natürlich um den Preis einer nicht personenbezogenen, sondern gebietsbezogenen Belastungssituationsanalyse.

3. Eine weitere Schwierigkeit liegt in der Erfassung der luftchemischen Parameter über einen längeren Zeitraum in der Retrospektive selbst begründet. Auch heute noch ist man auf Indikator- Luftverunreinigung angewiesen ist, die, wie in dieser Studie allerding belegt, über 93 % aller Luftschadstoffe abdecken. Es wird davon ausgegangen, daß diese Indikatorverunreinigung mit den anderen Luftverunreinigungen z. B. kanzerogenen Schadstoffen, wie den polyzyklischen aromatischen Kohlenwasserstoffen eng korrelieren. Durch die zum Teil sehr einseitigen nur auf bestimmte Stoffe fixierten Luftreinhaltemaßnahmen wurden jedoch in der Vergangenheit häufig einzelne Stoffe überproportional - wie beispielsweise Schwefeldioxid - zurückgehalten respektive reduziert, ohne automatisch damit auch die polyzyklischen aromatischen Kohlenwasserstoffe zu reduzieren, um bei dem Beispiel zu bleiben. Wie die Analyse zeigte, können heute Indikatoren wie beispielsweise die Urbanitätsbelastung diese Stoffgruppen deutlicher widerspiegeln. Welche Stoffgruppen respektive welche Einflußparameter aber letztlich in diesem Summenparameter, der nachweislich eine Korrelation ergab, hauptsächlich verantwortlich für die hohen Korrelationswerte ist, konnte im Rahmen dieser Studie nicht festgestellt werden. Die einzelnen berücksichtigten luftchemischen Parameter lieferten für das berücksichtigte Untersuchungsgebiet aber auch in Teilbereichen signifikante Korrelationen, die wie begründet, überzufällig und damit aussagekräftig sind.

Aufbauend auf den Ergebnissen dieser Studie wäre es wünschenswert folgende Studienansätze weiter zu verfolgen. Eine auf dieser Studie aufbauende Fallkontrollstudie für einzelne Kreise, in denen sehr hohe Mortalitätsraten, wie beispielsweise in Wuppertal (mit gleichzeitig extrem niedrigen Kreislaufmortalitäten), Herne oder dem Departement Seine St Denise Studie bestehen, könnte die hier festgestellten geringen und mittleren Einflüsse von Luftschadstoffen, insbesondere auf die bösartigen Neubildungen und Krankheiten der Atmungsorgane verifizieren. Dabei sollte aufgrund der Fallzahl ein Schwerpunkt auf die bösartigen Neubildungen (ICD 160 - 163) gelegt werden, um eine statistische Absicherung zu ermöglichen. Schwerpunktmäßig sollten - nach den Ergebnissen dieser Studie - die Mortalitätsraten bei den Frauen betrachtet werden, da sich gezeigt hat, daß bei den Frauen Parameter deutlicher sichtbar werden als bei den Männern. Bei den Männern können andere Faktoren durch ihre starke Dominanz möglichen Zielvariablen nicht mehr erkennen lassen.Der höchste signifikante Korrelationswert wurde gerade bei Frauen bei den bösartigen Neubildungen der Atmungsorgane in Korrelation mit der KFZ-Belastung festgestellt.

Es ist festzuhalten, daß medizin-geographische Vergleichsuntersuchungen von größeren Bevölkerungsgruppen in Gebieten mit unterschiedlichen Belastungssituationen unentbehrlich sind, um im Zusammenhang mit experimentellen Untersuchungen mögliche Wirkungszusammenhänge aufzeigen zu können. Wünschenswert wäre hier, wenn zusätzlich zu den Mortalitätsregistern Morbiditätsregister -wie im Saarland und Hamburg bereits existent- flächendeckend mit Aufschlüsselung von Informationen über das Lebens- und Arbeitsmilieu der erfaßten Personen errichtet werden könnten. Hieraus ließen sich wesentlich detailliertere Ergebnisse ableiten, aus denen eine zielgerichtetere zukunftsweisende Luftreinhaltepolitik ableitbar wäre, ohne den notwendigen Datenschutz in seinen wesentlichen Bereichen auf zu heben. Dies umso mehr, da gerade für die sich daraus ableitenden rechtlichen Forderungen, wie beispielsweise der Umsetzung und Entscheidung über Verwaltungsvorschriften nach § 48 Nr. 1 BUNDES-IMMISSIONSSCHUTZGESETZ, tragfähige Zahlenwerke benötigt werden. Eine Bestätigung eines jeweiligen "significant-risk", wie mit dieser Studie dargelegt, kann jedoch bereits die Grundlage für eine politische Hinwendung zu einer gesundheitsbezogeneren Luftreinhaltepolitik, liefern.

IX. LITERATURVERZEICHNIS

ABEL U. (1985): Epidemiologie des Krebses - Aspekte der Aussagekraft und Anwendbarkeit von Krebsinzidenzen und Mortalitätsraten. Reihe Wissenschaft

ALBERT R. E., Chao Chen (1987): U.S. EPA Diesel studies on inhalation hazards. Carcinogenic and mutagenic effects of diesel engine exhaust

ANDERSON H. A. et al. (1976): Haushold contacts asbestos neoplastic risk. Ann. NY Acad Sci; 241: 311 ff

ANDERSON H. A. et al. (1978): Plural reactions to environmental agents. Fed Proc; 37: 2496 - 2500

ARONOW W. S, M. W. ISBELL (1973): Carbon monoxid effect on exercise-induced angina pectoris. Am Intern Med; 79: 392 - 395

ARONOW W. S. (1981): Aggravation of angina pectoris by two percent carboxy-hemoglobin. Amer Heart J; 101 (2): 154 - 157

BASTIÉ J (1980): Paris und seine Umgebung. Geocolleg

BECKENKAMP H. W. et al. (1980): Distributionsmuster der Lungen-, Bronchial- und Knochengeschwülste. Eine Welt - darin zu leben. Minister für Umwelt, Raumordnung und Bauwesen, Saarbrücken (Hrsg.)

BECKER N. (1983): Methoden zur epidemiologischen Auswertung von Mortalitätsdaten und ihre Anwendung in der Praxis. Med Diss, Uni Heidelberg

BECKER N., U. ABEL (1983): Über einige Streitfragen um die Interpretation von Krebsmortalitätsdaten. Öff Gesundh Wes; 45: 556 - 560

BECKER N, J. WAHRENDORF (1991): Regionale Häufungen von Krebsfällen - Eine Bewertung aus epidemiologischer Sicht -. Dt Ärztebl; 88 (43): 2039 - 2043

BEEKLAKE M. R. et al. (1978): Respiratory health status of children in three Quebec urban communities: an epidemiologie study. Bull Eur Physiopath Resp; 14: 208 - 211

BEIL M., W.T. ULMER (1976): Wirkung von NO_2 im MAK-Bereich auf Atemmechanik und bronchiale Acetylcholinempfindlichkeit bei Normalpersonen. Int Arch Occup Environ Health; 38: 31 - 44

BENDER W, M. GÖTHERT, G. MATORNY, P. SEBESSE (1981): Wirkungsbild niedriger Kohlenmonoxid-Konzentrationen beim Menschen. Arch Toxicol; 27: 142 - 158

BERGMANN E, W. CASPER, R. MENZEL, G. WIESNER (1992): Daten zur Entwicklung der Mortalität in Deutschland von 1955 bis 1989.Bundesgesundhbl; 1 : 29 - 35

BERNDT H (1982): Epidemiologie des Bronchialkarzinoms. Gibl W (Hrsg), Gesundheitsschäden durch Rauchen - Möglichkeiten einer Prophylaxe, Berlin

BLÜMLEIN H (1955): Zur kausalen Pathogenese des Larynx-karzinoms unter Berücksichtigung des Tabakrauchen. Arch Hyg Bakt: 139 - 404

BORGERS D, R. MENZEL (1984): Wer raucht am meisten. Münch med Wschr; 126 (38): 1092 - 1096

BORGERS D, K. E. PRESCHER (1978): Umwelthygiene - Epidemiologische Aspekte erhöhter Mortalität durch Luftverunreinigungen insbesondere durch Schwefeldioxid. Bundesgesundhbl; 21: 433 - 439
BOTZENHART K (1986): Luftverschmutzung und Gesundheit Schadstoffe, ihre Herkunft und Auswirkungen auf die menschliche Gesundheit. Bürger im Staat: 97 - 112, Kohlhammer
BOURDEL M C, J. C. LOEWENSTEIN, M. BERTIN (1982): Recherche de l'influence de la pollution atmospherique et des conditions metereologiques sur la mortalite a Paris entre 1969 et 1976. Proceedings of the 5th International clean air congress Buenos Aires Oct 1980, Buenos Aires 1982; I: 720 - 728
BRUCKMANN P, H. BORCHERT, S. KÜLSKE et al. (1986): Die Smog-Periode im Januar 1985. Staub-Reinhaltung Luft; 46: 334 - 342
BUFFLER P A, S. P. COOPER, S. STINNETT, C. CONTANT et al. (1988): Air pollution and lung cancer mortality in Harris County, Texas. Am J Epidemiol; 128 (4): 683 - 699
BUNDESIMMISSIONSSCHUTZGESETZ (BImSchG) vom 15. März 1974 i. d. F. vom 04. März 1987
BUNDESMINISTER FÜR JUGEND, FAMILIE UND GESUNDHEIT (1980): Daten des Gesundheitswesens; Band 151: 84 ff
BUNDESVERSICHERUNGSANSTALT FÜR ANGESTELLTE (1987): Versicherungspflicht und Beitragspflicht. BfA-Informationen Nr. 1
BUSER R., Wolf E., Picolo P., Robra B. P. (1983): Krebsatlas Niedersachsen. Medizinische Hochschule Niedersachsen
CANCER Research Campain (1979): Trends in cancer survival in Great Britain, London
CARONOW B. W. (1973): Air pollution and pulmonary cancer. Arch Environ Health; 27: 207 - 218
CURWEN M. P. et al. (1954): The incidence of cancer of the lung and larynx in urban and rural districts. Br J Cancer; 8: 181 ff
CERKEZ F, S. SEGETLIJA, A. OMANIC (1977): Effects of air pollution on incidence of symptoms and asthmatic attacks in cardiovascular and asthmatic patients. Folia Medica; 12: 131 - 143
CHEN C. J., H. Y. WU, Y. C. CHUANG, A. S.CHANC et al. (1990): Epidemiologic characteristics and multiple risk faktors of lung cancer in Taiwan. Anticancer Res; 10 (4): 971 - 976
CITEPA. (1986): Sonderauswertung aus der französischen Luftschadstoff-Emissionsdatenbank
COMSTOCK G. W. et al .(1973) Respiratory findings and urban living. Arch Environ Health; 27: 143 ff
DAY N. E. (1976): A new measure of age standardized incidence of the cumulative rate. Waterhouse, Correa, Powell (Hrsg) IARC Cancer Incidence in Five Continents: 443 - 445
DEAN G. (1966): Lung cancer and bronchitis in Northern Ireland 1960 - 1962. Br Med J; 1: 1506 ff

DEAN G., Lee P. N., Todd G. F. und Wicken H. J. (1977): Report on a second retrospektive mortality study in North-West England. London, Tobacco Research Council. Research Paper; 14

DEUTSCHE FORSCHUNGSGEMEINSCHAFT (DFG) (1984): MAK, BAT-Werte Liste 1984. Chemie

DFG-Forschungsbericht (1975): Chronische Bronchitis und Staubbelastung am Arbeitsplatz, Teil 1

DFG-Forschungsbericht (1981): Chronische Bronchitis und Staubbelastung am Arbeitsplatz, Teil 2

DOLGER R., T. EIKMANN et al. (1980): Erhebungen über die Wirkung der Luftverunreinigungen auf den Menschen, Epidemiologische Untersuchung an Erwachsenen und Kindern. Staub-Reinhaltung Luft; 40: 418 - 425

DOLL R. (1978): Atmospheric pollution and lung cancer. Environ Health Perspect; 22: 23 - 31

DOLL R., P. COOK (1967): Samorizing incidence for comparison of cancer incidence data. Int J Cancer; 2: 269-275

DOLL R., P. DAYNE, J. WATERHOUSE (1966): Cancer Incidence in Five Continents. World Health Organisation (WHO)

DOLL R., R. PETRO (1976): Lung cancer. Brit Med J: 1526 - 1536

DORNIER-SYSTEM GmbH (1984): Modellvorhaben zur Regionalanalyse von Gesundheits- und Umweltdaten im Saarland, 3 Bände. Schäfer T,Schmidt R (1984): Umweltforschungsplan des Bundesministers des Inneren (Hrsg.) Forschungsbericht 82-10902003

ESCHNER E, CH. TREIBER-KLÖTZER (1975): Wirkung der Luftverunreinigung auf den Menschen. Öff Gesundh Wesen; 37: 764 - 777

EWERS U. (1983): Krebserkrankungen bei Arbeitern und Angestellten im Spiegel der Daten der deutschen Rentenversicherungsträger. Öff Gesundh Wes; 45: 561 - 571

FABIAN P. (1984): Atmosphäre und Umwelt. Berlin ,Heidelberg ,New York ,Tokyo

FAUR B., Y. COURT (1985): La situation demographique en 1985 - Mouvement de la population -. Les collections de l'Institut National de la Statistique et des Etudes Economiques Nr. 120, Paris

FERRIS B. G., I. T. HIGGINS et al. (1971): Chronic non-specific respiratory disease. Berlin, New Hampshire 1961 - 1967 .A cross-section study. Am Rev Respir Dis; 104: 232 - 244

FIEBIG K H, A. HINZEN, KRAUSE (1984): Umweltverbesserung in den Städten. DIFU (1984) (Hrsg): Luftreinhaltung und Stadtklima; 1, Berlin

FISHELDON G, P. GRAVES (1978): Air pollution and morbidity: SO_2 damages. J Air Pollut Contr Assoc; 28: 785 - 789

FORD A. B. et al. (1980): Air pollution and urban factors in relation to cancer mortality. Arch Environ Health; 35: 350 - 359

FRÄNTZEL O. (1988): Umweltbelastung und Umweltschutz in der Bundesrepublik Deutschland. Geogr Rundschau; 40: 4 - 11

FREEMAN D. J., F. C. CATTEU (1988): The risk of lung cancer from polycyclic aromatic hydrocarbons. Med J Aust; 149 (11 - 12): 612 - 615

FRENTZEL-BEYME R, N. BECKER, G. WAGNER (1984): Atlas of Cancer Mortality in the Federal Republic of Germany Second, Completely Devised Edition Berlin, Heidelberg, New York, Tokyo

FRICKE W. (1984): Zur Entwicklung der Flächennutzung im Rhein-Neckar-Raum und im mittleren Neckar-Raum. Akademie für Raumforschung und Landesplanung (Hrsg). Beiträge Bd 78, Hannover

FRUHMANN G. (1985): Inhalative Belastung und Entstehung der chronischen Bronchitis bis zur Respiratorischen Insuffizienz, Projekt Europäisches Forschungszentrum für Maßnahmen zur Luftreinhaltung (PEF). Kolloquium Luftverunreinigungen und Atemwegserkrankungen beim Menschen 4. Feb. 1985, Karlsruhe

GARFINKEL L. (1981): Time trends in lung cancer mortality among nonsmokers and on passive smoking. INCL; 66: 1061 - 1066

GESUNDHEITSAMT MANNHEIM (1984): Prospektive epidemiologische Untersuchung 7 - 10jähriger Schulkinder zur Ermittlung der Wirkung der Luftverunreinigung auf die Gesundheit des Menschen Erste Auswertungsergebnisse. Unveröffentl Arbeitsvorlage

GLANTZ S. A. (1984) What to do because evidence links involuntary passive smoking with lung Cancer. West J Med; 140: 636 - 637

GRIMMINGER G. (1982): Bilanzierung der krebserzeugenden Wirkung von Emissionen aus Kraftfahrzeugen und Kohleöfen mit carcinogenspezifischen Testen. Funkt Biol Med; 1: 29 - 38

GUGGENBERG J., Krammer G., Brandl A. (1982): Ein Beitrag zur Emissionsmessung von Stickoxiden. Staub-Reinhaltung Luft; 42 (11): 418 - 428

HACKNEY J. D. et al. (1978): Experimental studies on human health effects of air pollution, IV-Short-term physiological and clinical effects. Arch Environ Health; 33: 171 - 181

HAENZEL W. et al. (1964): Lung cancer mortality as related to residence and smoking histories. I White males (1962): 947. II White females (1964): 803. J Natl Cancer Inst; 28

HALDENWANG B. B. (1991): The distribution of lung cancer mortality in Cape Town and related factors. S Afr Med J; 79 (8): 461 - 465

HAMMOND E. C. (1964): Smoking in relation to mortality and morbidity Findings in first thirty-four months of follow-up in propective study started in 1959. J Natl Cancer Inst; 32: 1161 - 1188

HARDT H. von der (1985): Luftverschmutzung und bronchopulmonale Erkrankungen im Kindesalter. Monatsschr Kinderheilkd; 133: 2 - 5

HAUSSMANN R., Schmidt F. (1986): Über die Beeinträchtigung der Lungenfunktion bei Jugendlichen durch Rauchen. Der Internist; 2

HAYES R. B., P. F. A. GUCHTENIERE de, G. A. KNAPP van der (1980): Geographic distribution of cancer mortality in the Northern Netherlands. Studiocentrum Soc Oncology, Rotterdam

HECHTER H. H. et al. (1961): Air pollution and daily mortality. Am J Med Sci; 241: 575 - 581
HEINEMANN H. (1964): Auswirkungen der Luftverunreinigung auf die Gesundheit des Menschen. WHO (Hrsg): Die Verunreinigung der Luft Ursachen - Wirkungen - Gegenmaßnahmen: 152 - 217
HEINS F., G. STIENS (1984): Reginale Unterschiede der Sterblichkeit, Untersuchungen am Beispiel der Länder Nordrhein-Westfalen und Rheinland-Pfalz. BFLR (Bundesforschungsanstalt für Landeskunde und Raumordnung); 16
HERMANN H. (1979): Die Epidemiologie chronisch bronchopulmonaler Erkrankungen. Z Erkrank Atmungsorgane; 152
HESSISCHE LANDESANSTALT FÜR UMWELT (1979 - 1986): Sonderauswertung aus der Umweltdatenbank-Immissionskomponenten der Jahre 1979 - 1986
HIGENBOTTOM T., T. J. H. CLARK, M. S. SHIPLEY & G. ROSE (1980): Lungfunction and symptoms of cigarette smokers related to taryield and number of cigarettes smoked, Lancet; 1: 409 - 412
HIGGINS I. T. (1977): Epidemiology of lung cancer in the United States. IARC Sci Publ; 16: 192 - 203
HILL C., E. BENHAMOU, F. DOYON (1991): Trends in cancer mortality. France 1950 - 1985. Br J Cancer; 63 (4): 587 - 590
HOEK G.,B. BRUNEKREEF, P. HOFSCHREUDER, M. LUMENS (1990): Effects of air pollution episodes on pulmonary function and respiratory symptoms. Toxical Ind Health; 6 (5): 189 - 197
HOFFMANN D., J. D. HALEY,K. D. ADAMS,D. BRUNNEMANN (1984): Tobacco sidestream smoke: uptake by nonsmokers. Prev Med; 13: 608 ff
HOWE M. (1970): National atlas of disease mortality in the United Kingdom, London
HUßLEIN P. (1984): Kurzzeiteinwirkungen von Stickoxiden, Kohlenmonoxid, Schwefeldioxiden und partikelförmigen Luftverunreinigungen auf das menschliche Atemorgan. Med Diss, Uni München
HÜTTEMANN U. (1987): Umweltbedingte Atemwegserkrankungen bei Erwachsenen. Nieders Ärztebl; 21: 13 - 21
IMAI M., K. YOSHIDA et al (1980): A chance in airpollution and its influence on the human body in Yorkkachi city: on the prevalence rate of respiratory symptom. Mic Med J; 80: 129 - 138
INSTITUT NATIONAL DE LA SANTÉ ET DE LA RECHERCHE MEDICALE (INSEE): Mortalitätsdatenbank Frankreich, Sonderauswertung
ISLAM M. S., W. T. ULMER (1979): Untersuchungen zur Schwellenkonzentration von Schwefeldioxid bei besonders Gefährdeten
JAHN A., H. PALAMIDIS (1983): Kurzfristige Auswirkungen der Luftverschmutzung auf die Mortalität in Berlin (West) 1976 - 1982. Berliner Statistik; 37: 112 - 115
JEDRYCHOWSKI W., H. BECHER, J. WAHRENDORF, Z. BASACIERPIALEK (1990): A case-control study of lung cancer with

special reference to the effect of air pollution in Poland. J Epidemiol Community Health; 44 (2): 114 - 120

JOST D., W. RUDOLF (1975): NO,NO_2-Konzentrationen in der Bundesrepublik Deutschland. Staub-Reinhaltung Luft; 35 (4): 150 - 153

JUNGE B. (1991): Rauchen und Passivrauchen in der Bundesrepublik Deutschland. Natur und Ganzheitsmedizin; 4: 639 -644

KAGAMIMORI S,, T. KATOH, Y. NARUSE, H. KAKINCHI et. al. (1990): An Ecological study on air pollution: Changes in annual ring growth of the Japanese Cedar and prevalence of respiratory symptoms in schoolchildren in Japanese rural districts. Environmental Research; 52: 47 - 61

KALPAZANOV J., M. STAMENORY et al. (1978): Akute respiratorische Erkrankungen (ARE) und Luftverunreinigungen in Sofia. Z Gesamte Hyg; 23: 458 - 461

KARRASCH H. (1980): Neue Probleme des photochemischen Smogs, eine Herausforderung an die derzeitige Luftreinhaltestrategie. Veröffentlichung der Geographischen Kommission der Schweizerischen Naturforschenden Gesellschaft; 6: 96 - 104, Bern

KARRASCH H. (1981): Ausgewählte Studien zur Luftqualität im Rhein-Neckar-Gebiet. Festschrift zum 43. Deutschen Geographentag in Mannheim. Mannheimer Geograph Arbeiten; 10: 179 - 191

KARRASCH H. (1983a): Die Luftqualität im nördlichen Oberrheingebiet in vergleichender Sicht. Mannheimer Geographische Arbeiten; 14: 63 - 101

KARRASCH H. (1983b): Transboundary air pollution in Europe. American - German international seminar. Geography and regional policy: Ressource management by complex political systems. Heidelberger Geographische Arbeiten; 73: 321 - 345

KARRASCH H. (1984): Air Quality Trends in the Federal Republic of Germany. Proceedings of the Sixth international conference on air pollution, Oktober 1984. Vol II Air quality: 1 - 22, Pretoria

KARRASCH H. (1985): Luftqualität und Mortalität in Berlin (West). Festschrift zum 45. Deutschen Geographentag in Berlin. HOFMEISTER B et al. (Hrsg) Berlin - Beiträge zur Geographie eines Großraumes: 169 - 197

KARRASCH H. (1986): Neueste Ozonkonzentrationen in vergleichender Sicht von Toronto und Mannheim

KARRASCH H. (1990): Wetter und Klima- Ihr Einfluß auf Krankheit und Tod. Geogr. Cas; 42: 23 - 37

KAUFFMANN F., D. W. DOCKERY, F. SPEIZER, B. FERRIS (1989): Respiratory symptoms and lung function in relation to passiv smoking: A comparative study of American and French women. Int J Epidemiol; 2: 334 - 344

KENTNER M., D. WELTLE, H. VALENTIN (1989): Passivrauchen mit Lungenfunktion bei Erwachsenen. Arbeitsmed Sozialmed Präventivmed; 24: 8 - 13

KINNEY P L, H. OZKAYNAK (1991) Associations of daily mortality and air pollution in Los Angeles. Environ Res; 54 (2): 99 - 120
KLEINMANN M. T, W. LINN S., et al. (1980): Effects of ammonium nitrate aerosol on human respiratory function and symptoms. Environ Res; 21: 317 - 326
KLINGER L. (1986): Epidemiologische Prospektive Untersuchung von Schulkindern zur Ermittlung der Wirkung der Luftverunreinigung auf die Gesundheit. Abschlußbericht Projekt Europäisches Forschungszentrum für Maßnahmen zur Luftreinhaltung
KLOIBER G. (1983): Die Auswirkungen von Luftverunreinigungen auf die Gesundheit des Menschen. Med Diss, Uni München
KNELSON J. H. (1975): Medizinische Grundlagen des Grenzwertes für NO_2-Immissionen in den USA. Staub-Reinhaltung Luft; 35 (5): 178 - 185
KNOTH A., H. BOHN, F. SCHMIDT (1983): Filterzigaretten als Lungenkrebsursache. Med Klinik; 78: 25 - 28
KNOX E. G. (1981): Metereological associations of cerebrovascular disease mortality in England and Wales. J Epidemiol Community Health; 35: 220 - 223
KOENIG J. Q., W. E. PIERSON et al. (1982): Effects of inhalted sulfur dioxide (SO_2) on pulmonary function in healthy adolescents exposure to SO_2 plus sodium chloride (NaCL) droplet aerosol during rest and exercise. Arch Environ Health; 37: 5 - 9
KRAMER C. (1986): Regionale Differenzierung der Mortalität und Morbidität in den Bundesländern Saarland und Rheinland - Pfalz unter besonderer Berücksichtigung atmosphärischer Umweltfaktoren. Zul Arb. Geogr Inst Uni Heidelberg
KRÄMER U. (1992): Luftverschmutzung schädigt die Gesundheit der Kinder. Ökologische Briefe; 34 (8): 7 - 11
KREIGER N., L. A. SPIELBERG, L. DODDS, L. ELISON (1990): Cancer incidence in an urban community: an historical cohort study. Can J Public-Health; 81 (2): 161 - 165
KREISMAN H, CH. A. MITCHELL, H. R. HOSEIN, A. BAUHUGS (1976): Effects of low concentrations of sulfur dioxide on respiratory function in man lung. Arch Environ Health; 37: 25 - 34
KURT T. L. et al. (1978): Association of the frequency of acute cardiorespiratory complaints with ambient levels of carbon monoxide. Chest; 74: 10 - 14
LAHMANN E. (1984): Luftqualität in Ballungsgebieten. Staub-Reinhaltung Luft; 44: 134 - 137
LAHMANN E. (1987): Immissionsmessungen in der Bundesrepublik Deutschland. Staub-Reinhaltung Luft; 47 (3-4): 82- 87
LAMBERT P. M., D. D. REID (1970): Smoking, air pollution and bronchitis in Britain. Lancet; 4: 853 - 857
LÄNDERAUSSCHUß FÜR IMMISSIONSSCHUTZ (1984): Krebsrisiko durch Luftverunreinigungen. Bericht des Länderausschusses für Immissionsschutz des Bundesgesundheitsamtes und des Umwelt-

bundesamtes gemäß Beschluß der 21. Umweltministerkonferenz vom 3.,4. November 1983. Arbeitspapier (unveröffentlicht)
LANDESAMT FÜR UMWELTSCHUTZ UND GEWERBEAUFSICHT (1983 - 1986): Zentrales Immissionsmeßnetz - ZIMEN -. Monatsbericht 12,1983 - 12,1986
LANDESANSTALT FÜR IMMISSIONSSCHUTZ NORDRHEIN-WESTFALEN (LIS) (1980): Immissionsüberwachung im Lande Nordrhein-Westfalen. Schriftenreihe LIS; 54
LANDESANSTALT FÜR IMMISSIONSSCHUTZ NORDRHEIN-WESTFALEN (1982): Die Entwicklung der Immissionsbelastung in den letzten 15 Jahren in der Rhein-Ruhr-Region. LIS-Bericht; 18
LANDESANSTALT FÜR IMMISSIONSSCHUTZ NORDRHEIN-WESTFALEN (1984): Fortschreibung des LIS-Berichtes Nr 18 (1982). Schriftenreihe LIS; 58
LANDESANSTALT FÜR IMMISSIONSSCHUTZ NORDRHEIN-WESTFALEN (1980 - 1985): Themes-Jahresberichte Ergebnisse aus dem Telemetrischen Immissionsmeßnetz TEMES in Nordrhein-Westfalen
LANDESANSTALT FÜR IMMISSIONSSCHUTZ NORDRHEIN-WESTFALEN (1986): Immissionsmessungen in Verdichtungsräumen. Schriftenreihe LIS; 64
LANDESANSTALT FÜR UMWELTSCHUTZ BADEN-WÜRTTEMBERG (LfU)(1979 - 1986): Monatsbericht der VIKOLUM-Meßstationen 1979 - 1986
LANDESGEWERBEAUFSICHTSAMT (ZIMEN) (Meßinstitut für Immissions,- Arbeits- und Strahlenschutz) (1979 - 1982): Zentrales Immissionsmeßnetz - ZIMEN -- Monatsbericht 12,1979 - 12,1982
LANGE G., G. KLEIN, M. ZIMMER (1973): Gefährdung der Gesundheit durch Abgase. Internist; 14: 191 - 195
LANGMANN R. (1975): Luftverschmutzung und Atemwegserkrankungen. Öff Gesundh Wesen; 37: 392 - 395
LAVE L. B., E. P. SESKIN (1973): An analysis of the association between U. S. mortality and air pollution. JAMA; 68: 284 - 290
LAWTHER P. J., A. J. MAC FARLANE, K. E. WALLER,A. G. F. BROCKS (1975): Pulmonary function and sulphur dioxide, some preliminary findings. Environ Res; 10: 355 - 367
LAWTHER P. J., R. E. WALLER R. E. (1978): Trends in urban air pollution in the United Kingdom in relation to lung cancer mortality. Environ Health Perspect; 22: 71 - 73
LAWTHER P J, R. E. WALLER, M. HENDERSON (1970) Air pollution and exacerbationes of bronchitis. Thorax; 25: 525 - 539
LENDE R. von der, G. HUYGEN, E. J. JANSEN-KOSTER, S. KNIJPSTRA et al. (1975): Lunge und Umweltverschmutzung, Ergebnisse einer epidemiologischen Untersuchung in den Niederlanden. Prax Pneumol; 29: 505 - 512
LEVIN M. L. et al. (1960): Cancer incidence in urban and rural areas of New York State. J Natl Cancer Inst; 24: 1243

LEVY D., M. GRENT et al. (1977): Relationship between acute respiratory illness and airpollution levels in an industrial city. Am Rev Respir Dis; 116: 167 - 173

LEYGONIE R., J. R. DELANDRE (1987): Die Meßnetze zur Erfassung der Außenluftverunreinigungen in Frankreich. Staub-Reinhaltung Luft; 47 (3): 88 - 93

LIPFERT F. W. (1980): Statistical studies of mortality and air pollution: Multiple regression analyses by causes of death. Sci Total Environment; 16: 165 - 183

LOEWENSTEIN J. C., M. C. BOURDEL, M. BERTIN (1983): Analyse descriptive d'episodes de pollution atmospherique survenus à Paris entre 1969 et 1976 et de leurs répercussions sur la mortalité quotidienne. Rev Epidém et Santé Publiqu; 31: 163 - 177

LOVE G. J., S. P.LAN et al. (1981): The incidence and severity of acute respiratory illness in families exposed to different levels of air pollution, New York metropolitan area 1971 - 1972. Arch Environ Health; 36: 66 - 74

LUNN J. E., J. KNOWELDEN et al. (1970): Patterns of illness in Sheffield Junior School children. Br J Prev Soc Med; 24: 223 ff

MAC DONALD E. J. (1976): Demographic variation in cancer in relation to industrial and environemental influence. Environ Health Perspect; 17: 153 - 166

MASON T. J., F. MCKAY, W. HOOVER et al. (1975): Atlas of Cancer mortality for U.S. Counties 1951 - 1969. DHEW Publ No 750 - 780, Washington

MATANOSKI G., L. FISHBEIN, C. REDMOND, H. ROSENKRANZ et. al. (1986): Contribution of organic particulates to respiratory cancer. Environ Health Perspect; 70 (11): 37 - 49

MATOS E. L., D. M. PARKIN, D. I. LORIA, M. VILENSKY (1990): Geographical patterns of cancer mortality in Argentina. Int J Epidemiol; 19 (4): 860 - 870

MEISTER R. (1990): General environmental pollutants and passiv smoking. Pneumologie; 44 (1): 378 - 386

MELIA R. J., C. V. FLOREY et al. (1981): Respiratory illness in Britisch schoolchildren and atmospheric smoke and sulphur dioxide 1973 - 1977. I Cross-sectional findings. J Epidemiol Community Health; 35: 161 - 167

MENSINK G. B. M., J. Rehm, L. Kohlmeier, H. Hoffmeister (1990): Die Kaffeepause, ein Risikofaktor für Herz-Kreislauf-Mortalität? Bundesgesundhbl; 12: 547 - 551

MILLER G. H. (1984): Cancer, passive smoking and non employed wives. West J Med; 140: 632 - 635

MINISTER FÜR ARBEIT, GESUNDHEIT UND SOZIALES DES LANDES NORDRHEIN-WESTFALEN (MAGS) (1982): Luft-Reinhalteplan Rheinschiene Mitte 1982 - 1986, Essen

MINISTER FÜR ARBEIT, GESUNDHEIT UND SOZIALES DES LANDES NORDRHEIN-WESTFALEN (MAGS) (1985): Luft-Reinhalteplan Ruhrgebiet West. 1. Fortschreibung 1984 - 1988, Essen

MINISTER FÜR ARBEIT, GESUNDHEIT UND SOZIALORDNUNG BADEN-WÜRTTEMBERG (1980): Emissionskataster Mannheim-Karlsruhe, Stuttgart

MINISTER FÜR ARBEIT, GESUNDHEIT UND SOZIALORDNUNG DES SAARLANDES (1980 - 1985): Schriftenreihe; 13 - 16

MINISTER FÜR UMWELT (1984 - 1986): Luftgüte im Saarland IMMESSA (Immissions-Meßnetz Saar) Bericht 1 - 6, Zeitraum 01.01.1984 - 31.12.1986

MINISTÉRE DE L'ENVIRONNEMENT (1982): Pollution atmosphérique et affections respiratoires chroniques a répétition. I Méthods et sujects: 87 - 99. II Resultants et discussion. Bull Env Physiopath Resp; 18: 101 - 116

MINISTÉRE DE L'ENVIRONNEMENT (1987): État de l'Environnement, Paris

MINISTÉRE DE L'EQUIPMENT DU LOGMENT DE L'AMENAGEMENT DU TERRITOIRE ET DES TRANSPORTS (1987): Direktrive Europeenes sur la Qualite de l'Air - Bilan d'application en France 1987 -, Paris

MINISTERKONFERENZ FÜR RAUMORDNUNG (1968): Zur Frage der Verdichtungsräume, Bonn

MINOWA M., Stone B. J., Blot W. J. (1988): Geographic pattern of lung cancer in Japan and its environmental correlations. Jpn J Cancer Res; 79 (9): 1017 - 1023

MOHNER M., H. WERNER, R. STABENOW (1989): Der Einfluß von Luftverunreinigungen auf die Lungenkrebsinzidenze in der DDR. Arch-Geschwulstforsch; 59 (1): 37 - 43

MOOR L. (1965): Smoking and cancer of the Mouth. Parynx and Larnynx. JAMA; 191 (4): 24 -32

MOSTARDI R. A., N. R. WOLCKENBURG et al. (1981): The University of Ahron study on air pollution and human health effects. II Effects on acute respiratory illness. Arch Environ Health; 36: 250 - 255

MURATA M., K. TAKAYAMA, S. FUKAMA, N. OKOMOTO et al. (1988): A comparative epidemiologie study on geographic distributions of cancer of the lung and the large intestine in Japan. Jpn J Cancer Res; 79 (9): 1005 - 1016

NAWKA A., K. HORN, T. NAWKA, G. MÜLLER (1990): Akute respiratorische Erkrankungen bei Kindern. Bundesgesundhbl; 10: 441 - 445

NEUMANN G. (1972): Zur Krebshäufigkeit. Med Klin; 67: 1485 - 1487

NIEDING G. von (1984): Probleme der Richtlinienarbeit - Wirkungen auf den Menschen. Staub-Reinhaltung Luft; 44 (3): 114 - 116

NIEDING G. von et al. (1971): Pharmakologische Beeinflussung der akuten NO_2-Wirkung auf die Lungenfunktion von Gesunden und Kranken mit einer chronischen Bronchitis. Int Arch Arbeitsmed; 29: 55 - 63

NIEDING G. von, M. WAGNER, H. KREKELER, U. SMIDT U et. al. (1971): Grenzwertbestimmung der akuten NO_2-Wirkung auf den respiratorischen Gasaustausch und die Atemwegwiderstände der chronisch lungenkranken Menschen. Int Arch Arbeitsmed; 27: 338 - 348

NIEDING G. von, H. M. WAGNER et al. (1977): Zur akuten Wirkung von Ozon auf die Lungenfunktion des Menschen. VDI-Bericht; 270: 41 - 47

OESER H. (1979): Krebs: Schicksal oder Verschulden. Stuttgart, Thieme Verlag

OESER H., Kaeppe P. (1980): Lungenkrebs in statistischer Sicht. Öff Gesundh Wes; 42: 590 - 598

OREKEK J., J. P. MASSORI et al. (1976): Effects of short-term, low level nitrogen dioxide exposure on bronchial ensitivity of asthmatic patients. J Clin Invest; 57: 301 - 307

POPEIII C., J. SCHWARTZ, M. RANSOM (1992): Daily mortality and PM10 pollution in Utah Valley. Archives of Environmental Health; 47 (3): 211 - 217

POTT F., R. TOMINGAS, A. BROCKHAUS,F. HUTH (1980): Untersuchungen zur tumorerzeugenden Wirkung von Extrakten und Extraktfraktionen aus atmosphärischen Schadstoffen im Subcutantest bei der Maus. Zbl I Abt Orig B; 170: 17 - 34

PÖNKÄ J. (1989): Absenteeism and respiratory disease among children and adults in Helsinki in relation to low-level air pollution and temperature. Environmental Research; 52: 47 - 61

PRESCHER K. E. (1982): Auftreten von Kohlenmonoxid, Kohlendioxid und Stickstoffen beim Betrieb von Gasherden. Aurand F, Seifert B, Wegner J (Hrsg) Luftqualität in Innenräumen. Stuttgart, New York

REMMER H. (1987): Tabakrauch: Der für den Menschen gefährlichste Schadstoff in der Luft unserer Umwelt. Dtsch Med Wschr; 112: 1054 - 1059

ROBERTSON L. S. (1980): Environmental correlates of intercity variation in age adjusted cancer mortality rates. Environ Health Perspect; 36: 197 - 203

ROM W. (1990): Basic mechanismus leading to focal emphysema in coal workers pneumoconiosis. Environ Research; 53: 16 - 28

SCHETTLER G., E. NÜSSEL (1974): Neuere Resultate aus der epidemiologischen Herzinfarktforschung in Heidelberg. Deutsche Med Wschr; 99: 2003 - 2008

SCHIMMEL H., T. J. MURAWSKI (1976): The relation of air pollution to mortality. J Occup Med; 18: 316 - 333

SCHLIPKÖTER H. W., H. ANTWEILER (1974): Pathogenität von Luftverunreinigungen. Internist; 15: 405 - 411

SCHLIPKÖTER H. W. (1981): Luftverunreinigung als Gesundheitsproblem. Öff Gesundh Wesen; 43: 9 - 13

SCHLIPKÖTER H. W., K. BEYEN (1986): Gesundheitsbeeinträchtigungen durch Luftverunreinigungen. Soz. Präventivmed; 31 (1): 3- 8

SCHMIDT F. (1974): Die negativen Auswirkungen des Rauchens auf Mortalität und Morbidität und Volkswirtschaft in der BRD. Öffentl Gesundh Wesen; 36: 373 - 385

SCHMIDT F. (1986): Aktuelle Probleme des Rauchens und des Passivrauchens. Z Allg Med 62; 7: 193 - 200

SCHMIDT F. (1987): Rauchen und Atemwegserkrankungen. Umwelt und Gesundheit 1986,87; 1

SCHMIDT M. (1987): Gesundheitsschäden durch Luftverunreinigung. IFEU- Bericht; 47, Heidelberg: Wunderhorn

SCHULTE J. H. (1963): Effects of mild carbon monoxide intoxication. Arch Environ Health; 7: 524 - 530

SCHÜTZ A., K. WALLRABENSTEIN (1980): Einfluß von niedrigem CO-Gehalt in der Außenluft auf psychische und zentral-nervöse Parameter bei Mensch und Tier - ein Aspekt zum MIK CO-Wert. Arbeits Sozial Präventiv ; 3: 53 - 56

SCHWARTZ J., D. DOEKERY (1992): Particulate air pollution and daily mortality in Steubenville,Ohio. Am J Epid; 135 (1): 12 - 19

SEGI M. (1973): Atlas of cancer mortality for Japan by cities and counties 1968 - 1971, DAIWA Health Foundation

SHEPPARD D., W. S. WONG, CH. F. KEHARA, J. A. NADEL et. al. (1980): Lower threshold and greater bronchomotoric responsiveness of asthmatic subjects to sulfur dioxide. Am Rev Respir Dis; 122: 873 - 878

SMEJOCOVA I., F. HAUSER, F. MACHOLDA, C. VUTUC (1992): Entwicklung der Lungenkrebssterblichkeit: Vergleich Tschechoslowakei, Österreich. Arbeitsmed Sozialmed Präventivmed; 27: 233 - 241

SPEITZER F. E., B. FERRIS et al (1980): Respiratory disease rates and pulmonary function in children associated with NO_2 exposure. Am Rev Respir Dis; 121: 3 - 10

STACY R W., M. FRIEDMANN (1981): Effects of 0.75 ppm sulfur dioxide on pulmonary function parameters of normal human subjects. Arch Environ Health; 36: 172 - 178

STAATSMINISTERIUM BADEN- WÜRTTEMBERG (1986): Pressemitteilung vom 2.12.1986: 336

STADT HEIDELBERG (1982): Flächennutzung nach Flächenutzungsarten in Heidelberg und ausgewählten Verdichtungsräumen 1981 - Ergebnis der Flächennutzungserhebung 1981. Heidelberger Statistik

STATISTISCHES BUNDESAMT Wiesbaden (1975): Klassifizierung der Berufe. Systematisches und alphabetisches Verzeichnis der Berufsbenennungen - Ausgabe 1975

STATISTISCHES BUNDESAMT (1978): Sonderauswertung aus dem Mikrozensus von 1978

STEIGER H., A. BROCKHAUS (1969): Untersuchungen über den Zusammenhang zwischen Luftverunreinigungen und Mortalität im Ruhrgebiet. Naturwissenschaften; 19: 485 - 498

STERN B., L. JONES, M. RAIZENNE, R. BURNETT et. al. (1989): Respiratory health effects associated with ambient sulfates and ozon in two rural Canadin communities. Environmental Research; 49: 20 - 39

STÜCK B., R. WARTNER R. (1985): Pseudokrupp. Öff Gesundh Wesen; 47: 599 - 602

TECHNISCHE ANLEITUNG ZUR REINHALTUNG DER LUFT (TA-Luft) (1985): Erste allgemeine Verwaltungsvorschrift zum Bundesimmissionsschutzgesetz. Bundesratsdrucksache 349, 85 vom 26.7.1985

TECHNISCHER ÜBERWACHUNGSVEREIN -RHEINLAND (TÜV) (1983): Die Krebssterblichkeit in der Bundesrepublik Deutschland 1970 - 1978. Band I, II, III und IV. Bundesminister des Inneren (Hrsg), Köln

TECHNISCHER ÜBERWACHUNGSVEREIN SAARLAND e. V. (TÜV) (1980): Bericht über Berechnungen zur Ermittlung der Anteile der Emittentengruppen an den Immissionen in den Belastungsgebieten des Saarlandes

TEPPO L., M. HAKAMA, T. HAKULIEN, M. LEKTONEN et. al. (1975): Cancer in Finland 1953 - 1970: Incidence, Mortality, prevalence. Acta Path Microbiol Scand Sektion A suppl 252

TUPPEN J. N. (1983): The economic geography of France. Croom Helm, London

US Department of Health, Education and Welfare (1979): Smoking and health: A report of the Surgeon General. DHEW Publication; 79

US Department of Health, Education and Welfare (1981): The health consequences of smoking. The changing cigarette. A report of the Surgeon General. DHEW Publication; 81

US Department of Health and Human Services (1984): The health consequences of smoking. Chronic obstruktive lung disease. A report of the Surgeon General. DHEW Publikation; 84

ULMER W T (1985): Gesundheitsschäden durch Luftschadstoffe. PEF Kolloquium Luftverunreinigungen und Atemwegserkrankungen beim Menschen 4. Feb. 1985, Karlsruhe

UMWELTBUNDESAMT (1979 - 1986): Sonderauswertung aus der LIMBA-Datenbank, Immissionskomponenten der Jahre 1979 - 1986

UMWELTBUNDESAMT (1981): Luftreinhaltung 81 ,Entwicklung ,Stand ,Tendenzen. Erich Schmidt Verlag, Berlin

UMWELTBUNDESAMT (1986): Daten zur Umwelt 1986,87. Erich Schmidt Verlag, Berlin

UMWELTBUNDESAMT (1992): Sonderauswertung aus der Limba-Datenbank des Umweltbundesamtes von Bräuniger.

VALENTIN G., G. TRIEBIG (1985): Bösartige Erkrankungen - verursacht durch Arbeit und Beruf. Valentin G et al (1985) Arbeitsmedizin - Band 2 Berufskrankheiten

VALENTIN H., G. LEHNERT, H. PETRY, G. WEBER et. al. (1985): Arbeitsmedizin - Band 2 Berufskrankheiten. 3. neu bearbeitete und erweiterte Auflage

VEREIN DEUTSCHER INGENIEURE (VDI) (1984): Ermittlung, Bewertung und Beurteilung der Emissionen und Immissionen umweltgefährdender Schwermetalle und weiterer persistenter Stoffe. FE-Vorhaben 10403186

Verordnung über gefährliche Arbeitsstoffe (1982): Arbeitsstoffverordnung - Arb Stoff V i. d. F. vom 11.02.1982

VICTOR E., MD ARCHER (1990): Air pollution and fatal lung diseases in three Utah Counties. Arch Environmental Health; 45 (6): 325 - 333

VIEFHUES von H. (1981): Lehrbuch der Sozialmedizin. Stuttgart; Berlin; Köln; Mainz: Kohlhammer

WAGNER H. M. (1984): Probleme bei der hygienischen Bewertung von Luftschadstoffen - Wirkung einiger Primär- (CO, NO) und Sekundärprodukte (NO_2, O_3) aus Kfz-Emissionen. Staub-Reinhaltung Luft; 44 (9): 390 - 395

WALD N., L. RITCHIE (1984): Validation of studies on lung cancer in nonsmokers married to smokers. Lancet; 1; 1067 - 1075

WEISS W. (1978). Lung cancer mortality and urban air pollution. Am J Publ Health; 68: 773 - 775

WEIßHER J. (1983). Krebs in Hamburg, Hamburg in Zahlen; 6: 171 - 183

WEMMER U. (1984): Krupp-Syndrom und Schadstoffe in der Atemluft. Fortschr Med; 102 (34): 835 - 837

WERNER J. (1984): Medizinische Statistik: Eine praktische Anleitung für Studierende, Doktoranden, Ärzte und Biologen; München, Wien, Baltimore

WINKLER R. S., U. KRÄMER, E. FIEDLER, U. EWERS et. al. (1989): C3c concentrations in sera of persons living in areas with different levels of air pollution in Northrhine-Westphalia (Federal Republic of Germany). Environmental Research; 49: 7 - 19

WICHMANN H., K. JÖCKEL, B. MOLIK (1992): Luftverunreinigungen und Lungenkrebsrisiko. Umweltbundesamt Berichte 7,91, Berlin. Erich Schmidt Verlag

WOITOWITZ H. J., K. RÖDELSPERGER (1980): Asbeststaub als Ursache bösartiger Tumore. Staub-Reinhaltung Luft; 40 (5): 178 - 180

WOODWARD A.., R. M. DOUGLAS, N. M. GRAHAM, H. MILES (1990): Acute respiratory illness in Adelaide children: breast feeding modifies the effect of passiv smoking. J Epidemiol Community Health; 44: 224 - 270

WORLD HEALTH ORGANISATION (WHO) (1987): Air quality guidelines for Europa. WHO Regional Publications, European Series; 23, Kopenhagen

WÜRZNER E. (1986): Bodenschutz - Landschaftsverbrauch und Bodenkontaminierung im Rhein-Neckar-Raum. Dipl.Arb. Geog. Inst Uni Heidelberg

WÜRZNER E. (1991): Lungenkrebs und Luftverunreinigungen: Ein methodisches Problem. HINZ E (Hrsg) Geomedizinische und biogeographische Aspekte der Krankheitsverbreitung und Gesundheitsversorgung in Industrie- und Entwicklungsländern. Frankfurt am Main; Bern; New York; Paris: Peter Langverlag: 13 - 31

ZEIDBERG L. D. (1967): The Nashville air pollution study. Mortality from diseases of the respiratory system in relation to air pollution. Arch Environ Health; 15: 214 - 224

ZEMLA B. (1981): Ambient air pollution and lung cancer incidence in 1965 - 1975 among native population of an industrial city. Neoplasma; 28: 355 - 361

ZORN H. (1974): Luftverunreinigung durch Kohlenmonoxid. Deutsches Ärzteblatt; 71 (4): 232 - 238

X. SUMMARY

These inhomogenity in the distribution on the frequency of deaths provokes hypothesis about these conditions. With the help from regional studies, this case study tried to show, to what content covariations between atmospheric pollution level and the mortality rate exists. This analyse was realised on 133 countries/ departements in the Federal Republic of Germany (Hesse, North-Rhine - Westphalia, Rhineland - Palatinate, the Saar, the northern counties of Baden - Württemberg) and in France (counties of the Il de France) from 1979 up to the year 1986.

On their spatial and chronological, age-specific and sex-specific structure, totally more than 2.5 millions death`s were analysed. For this purpose their was a new Method established, the German „Wichtungsstandard 1987". Malignant regenerations with the subclasses malignant regenerations of the respiracy organs and the lunge, the cardio-vascular diseases as well as diseases of the respiracy organs with the subclasses chronical bronchitis, emphysema and asthma were took into account. Evaluation level was the „ transhated body population at the age from 53-65 years".

The mortality analysis showed strong spatial disparities, especially at the subclasses, witch where set as far as the target variables (sulphur dioxide, nitrogen oxide, dust and motor vehicle strain) and the interference variables (working exposition, smoking and urbanity).

Result of the interference variable analysis was a strong overlapping of the main interference variables smoking and working exposition. The jobs with high atmospheric pollution level, with climatic unfavourable working conditions and low labour costs (metalworkers, miners, bricklayers etc.) are showing at the same time the highest part of smokers. Referring to the labour costs, this was identical at the women.

The correlation analysis showed in connection with the atmospheric pollution parameters a significant but not low level. The dust pollution correlated at the malignant regenerations of the respiracy organs still at the middle level (r = 0.47). Clearly higher correlated the sums of the parameters the motor vehicle strain and urbanity especially at women. The correlation values were at a middle significant level (r = 0.44 - 0.46) concerning the malignant regenerations of the respiracy organs, where the malignant regenerations of the respiray organs clearly highest correlate with the motor vehicle strain (r = 0.70). Based on the still existing datasets, it would be desirable in future, under consideration of the data protection, to initiate an morbidity index to get to more exact and certain results.

HEIDELBERGER GEOGRAPHISCHE ARBEITEN*

Heft 1 Felix Monheim: Beiträge zur Klimatologie und Hydrologie des Titicacabeckens. 1956. 152 Seiten, 38 Tabellen, 13 Figuren, 3 Karten im Text, 1 Karte im Anhang. *DM 12,--*

Heft 4 Don E. Totten: Erdöl in Saudi-Arabien. 1959. 174 Seiten, 1 Tabelle, 11 Abbildungen, 16 Figuren. *DM 15,--*

Heft 5 Felix Monheim: Die Agrargeographie des Neckarschwemmkegels. 1961. 118 Seiten, 50 Tabellen, 11 Abbildungen, 7 Figuren, 3 Karten. *DM 22,80*

Heft 8 Franz Tichy: Die Wälder der Basilicata und die Entwaldung im 19. Jahrhundert. 1962. 175 Seiten, 15 Tabellen, 19 Figuren, 16 Abbildungen, 3 Karten. *DM 29,80*

Heft 9 Hans Graul: Geomorphologische Studien zum Jungquartär des nördlichen Alpenvorlandes. Teil I: Das Schweizer Mittelland. 1962. 104 Seiten, 6 Figuren, 6 Falttafeln. *DM 24,80*

Heft 10 Wendelin Klaer: Eine Landnutzungskarte von Libanon. 1962. 56 Seiten, 7 Figuren, 23 Abbildungen, 1 farbige Karte. *DM 20,20*

Heft 11 Wendelin Klaer: Untersuchungen zur klimagenetischen Geomorphologie in den Hochgebirgen Vorderasiens. 1963. 135 Seiten, 11 Figuren, 51 Abbildungen, 4 Karten. *DM 30,70*

Heft 12 Erdmann Gormsen: Barquisimeto, eine Handelsstadt in Venezuela. 1963. 143 Seiten, 26 Tabellen, 16 Abbildungen, 11 Karten. *DM 32,--*

Heft 17 Hanna Bremer: Zur Morphologie von Zentralaustralien. 1967. 224 Seiten, 6 Karten, 21 Figuren, 48 Abbildungen. *DM 28,--*

Heft 18 Gisbert Glaser: Der Sonderkulturanbau zu beiden Seiten des nördlichen Oberrheins zwischen Karlsruhe und Worms. Eine agrargeographische Untersuchung unter besonderer Berücksichtigung des Standortproblems. 1967. 302 Seiten, 116 Tabellen, 12 Karten. *DM 20,80*

Heft 23 Gerd R. Zimmermann: Die bäuerliche Kulturlandschaft in Südgalicien. Beitrag zur Geographie eines Übergangsgebietes auf der Iberischen Halbinsel. 1969. 224 Seiten, 20 Karten, 19 Tabellen, 8 Abbildungen. *DM 21,--*

Heft 24 Fritz Fezer: Tiefenverwitterung circumalpiner Pleistozänschotter. 1969. 144 Seiten, 90 Figuren, 4 Abbildungen, 1 Tabelle. *DM 16,--*

Heft 25 Naji Abbas Ahmad: Die ländlichen Lebensformen und die Agrarentwicklung in Tripolitanien. 1969. 304 Seiten, 10 Karten, 5 Abbildungen. *DM 20,--*

Heft 26 Ute Braun: Der Felsberg im Odenwald. Eine geomorphologische Monographie. 1969. 176 Seiten, 3 Karten, 14 Figuren, 4 Tabellen, 9 Abbildungen. *DM 15,--*

Heft 27 Ernst Löffler: Untersuchungen zum eiszeitlichen und rezenten klimagenetischen Formenschatz in den Gebirgen Nordostanatoliens. 1970. 162 Seiten, 10 Figuren, 57 Abbildungen. *DM 19,80*

Heft 29 Wilfried Heller: Der Fremdenverkehr im Salzkammergut - eine Studie aus geographischer Sicht. 1970. 224 Seiten, 15 Karten, 34 Tabellen. *DM 32,--*

Heft 30 Horst Eichler: Das präwürmzeitliche Pleistozän zwischen Riss und oberer Rottum. Ein Beitrag zur Stratigraphie des nordöstlichen Rheingletschergebietes. 1970. 144 Seiten, 5 Karten, 2 Profile, 10 Figuren, 4 Tabellen, 4 Abbildungen. *DM 14,--*

---

*Nicht aufgeführte Hefte sind vergriffen.

Heft 31 Dietrich M. Zimmer: Die Industrialisierung der Bluegrass Region von Kentucky. 1970. 196 Seiten, 16 Karten, 5 Figuren, 45 Tabellen, 11 Abbildungen. *DM 21,50*

Heft 33 Jürgen Blenck: Die Insel Reichenau. Eine agrargeographische Untersuchung. 1971. 248 Seiten, 32 Diagramme, 22 Karten, 13 Abbildungen, 90 Tabellen. *DM 52,--*

Heft 35 Brigitte Grohmann-Kerouach: Der Siedlungsraum der Ait Ouriaghel im östlichen Rif. 1971. 226 Seiten, 32 Karten, 16 Figuren, 17 Abbildungen. *DM 20,40*

Heft 37 Peter Sinn: Zur Stratigraphie und Paläogeographie des Präwürm im mittleren und südlichen Illergletscher-Vorland. 1972. 159 Seiten, 5 Karten, 21 Figuren, 13 Abbildungen, 12 Längsprofile, 11 Tabellen. *DM 22,--*

Heft 38 Sammlung quartärmorphologischer Studien I. Mit Beiträgen von K. Metzger, U. Herrmann, U. Kuhne, P. Imschweiler, H.-G. Prowald, M. Jauß †, P. Sinn, H.-J. Spitzner, D. Hiersemann, A. Zienert, R. Weinhardt, M. Geiger, H. Graul und H. Völk. 1973. 286 Seiten, 13 Karten, 39 Figuren, 3 Skizzen, 31 Tabellen, 16 Abbildungen. *DM 31,--*

Heft 39 Udo Kuhne: Zur Stratifizierung und Gliederung quartärer Akkumulationen aus dem Bièvre-Valloire, einschließlich der Schotterkörper zwischen St.-Rambert-d'Albon und der Enge von Vienne. 1974. 94 Seiten, 11 Karten, 2 Profile, 6 Abbildungen, 15 Figuren, 5 Tabellen. *DM 24,--*

Heft 42 Werner Fricke, Anneliese Illner und Marianne Fricke: Schrifttum zur Regionalplanung und Raumstruktur des Oberrheingebietes. 1974. 93 Seiten. *DM 10,--*

Heft 43 Horst Georg Reinhold: Citruswirtschaft in Israel. 1975. 307 Seiten, 7 Karten, 7 Figuren, 8 Abbildungen, 25 Tabellen. *DM 30,--*

Heft 44 Jürgen Strassel: Semiotische Aspekte der geographischen Erklärung. Gedanken zur Fixierung eines metatheoretischen Problems in der Geographie. 1975. 244 Seiten. *DM 30,*

Heft 45 Manfred Löscher: Die präwürmzeitlichen Schotterablagerungen in der nördlichen Iller-Lech-Platte. 1976. 157 Seiten, 4 Karten, 11 Längs- und Querprofile, 26 Figuren, 8 Abbildungen, 3 Tabellen. *DM 30,--*

Heft 49 Sammlung quartärmorphologischer Studien II. Mit Beiträgen von W. Essig, H. Graul, W. König, M. Löscher, K. Rögner, L. Scheuenpflug, A. Zienert u.a. 1979. 226 Seiten. *DM 35,--*

Heft 51 Frank Ammann: Analyse der Nachfrageseite der motorisierten Naherholung im Rhein-Neckar-Raum. 1978. 163 Seiten, 22 Karten, 6 Abbildungen, 5 Figuren, 46 Tabellen. *DM 31,--*

Heft 52 Werner Fricke: Cattle Husbandry in Nigeria. A study of its ecological conditions and social-geographical differentiations. 1993. Second Edition (Reprint with Subject Index). 344 S., 33 Maps, 20 Figures, 52 Tables, 47 Plates. *DM 42,--*

Heft 55 Hans-Jürgen Speichert: Gras-Ellenbach, Hammelbach, Litzelbach, Scharbach, Wahlen. Die Entwicklung ausgewählter Fremdenverkehrsorte im Odenwald. 1979. 184 Seiten, 8 Karten, 97 Tabellen. *DM 31,--*

Heft 58 Hellmut R. Völk: Quartäre Reliefentwicklung in Südostspanien. Eine stratigraphische, sedimentologische und bodenkundliche Studie zur klimamorphologischen Entwicklung des mediterranen Quartärs im Becken von Vera. 1979. 143 Seiten, 1 Karte, 11 Figuren, 11 Tabellen, 28 Abbildungen. *DM 28,--*

Heft 59 Christa Mahn: Periodische Märkte und zentrale Orte - Raumstrukturen und Verflechtungsbereiche in Nord-Ghana. 1980. 197 Seiten, 20 Karten, 22 Figuren, 50 Tabellen. *DM 28,--*

Heft 60 Wolfgang Herden: Die rezente Bevölkerungs- und Bausubstanzentwicklung des westlichen Rhein-Neckar-Raumes. Eine quantitative und qualitative Analyse. 1983. 229 Seiten, 27 Karten, 43 Figuren, 34 Tabellen. *DM 39,--*

Heft 62 Grudrun Schultz: Die nördliche Ortenau. Bevölkerung, Wirtschaft und Siedlung unter dem Einfluß der Industrialisierung in Baden. 1982. 350 Seiten, 96 Tabellen, 12 Figuren, 43 Karten. *DM 35,--*

Heft 64 Jochen Schröder: Veränderungen in der Agrar- und Sozialstruktur im mittleren Nordengland seit dem Landwirtschaftsgesetz von 1947. Ein Beitrag zur regionalen Agrargeographie Großbritanniens, dargestellt anhand eines W-E-Profils von der Irischen See zur Nordsee. 1983. 206 Seiten, 14 Karten, 9 Figuren, 21 Abbildungen, 39 Tabellen. *DM 36,--*

Heft 65 Otto Fränzle et al.: Legendenentwurf für die geomorphologische Karte 1:100.000 (GMK 100). 1979. 18 Seiten. *DM 3,--*

Heft 66 Dietrich Barsch und Wolfgang-Albert Flügel (Hrsg.): Niederschlag, Grundwasser, Abfluß. Ergebnisse aus dem hydrologisch-geomorphologischen Versuchsgebiet "Hollmuth". Mit Beiträgen von D. Barsch, R. Dikau, W.-A. Flügel, M. Friedrich, J. Schaar, A. Schorb, O. Schwarz und H. Wimmer. 1988. 275 Seiten, 42 Tabellen, 106 Abbildungen. *DM 47,--*

Heft 68 Robert König: Die Wohnflächenbestände der Gemeinden der Vorderpfalz. Bestandsaufnahme, Typisierung und zeitliche Begrenzung der Flächenverfügbarkeit raumfordernder Wohnfunktionsprozesse. 1980. 226 Seiten, 46 Karten, 16 Figuren, 17 Tabellen, 7 Tafeln. *DM 32,--*

Heft 69 Dietrich Barsch und Lorenz King (Hrsg.): Ergebnisse der Heidelberg-Ellesmere Island-Expedition. Mit Beiträgen von D. Barsch, H. Eichler, W.-A. Flügel, G. Hell, L. King, R. Mäusbacher und H.R. Völk. 1981. 573 Seiten, 203 Abbildungen, 92 Tabellen, 2 Karten als Beilage. *DM 70,--*

Heft 71 Stand der grenzüberschreitenden Raumordnung am Oberrhein. Kolloquium zwischen Politikern, Wissenschaftlern und Praktikern über Sach- und Organisationsprobleme bei der Einrichtung einer grenzüberschreitenden Raumordnung im Oberrheingebiet und Fallstudie: Straßburg und Kehl. 1981. 116 Seiten, 13 Abbildungen. *DM 15,--*

Heft 72 Adolf Zienert: Die witterungsklimatische Gliederung der Kontinente und Ozeane. 1981. 20 Seiten, 3 Abbildungen; mit farbiger Karte 1:50 Mill. *DM 12,--*

Heft 73 American-German International Seminar. Geography and Regional Policy: Resource Management by Complex Political Systems. Editors: John S. Adams, Werner Fricke and Wolfgang Herden. 1983. 387 Pages, 23 Maps, 47 Figures, 45 Tables. *DM 50,--*

Heft 74 Ulrich Wagner: Tauberbischofsheim und Bad Mergentheim. Eine Analyse der Raumbeziehungen zweier Städte in der frühen Neuzeit. 1985. 326 Seiten, 43 Karten, 11 Abbildungen, 19 Tabellen. *DM 58,--*

Heft 75 Kurt Hiehle-Festschrift. Mit Beiträgen von U. Gerdes, K. Goppold, E. Gormsen, U. Henrich, W. Lehmann, K. Lüll, R. Möhn, C. Niemeitz, D. Schmidt-Vogt, M. Schumacher und H.-J. Weiland. 1982. 256 Seiten, 37 Karten, 51 Figuren, 32 Tabellen, 4 Abbildungen. *DM 25,--*

Heft 76 Lorenz King: Permafrost in Skandinavien - Untersuchungsergebnisse aus Lappland, Jotunheimen und Dovre/Rondane. 1984. 174 Seiten, 72 Abbildungen, 24 Tabellen. *DM 38,--*

Heft 77 Ulrike Sailer: Untersuchungen zur Bedeutung der Flurbereinigung für agrarstrukturelle Veränderungen - dargestellt am Beispiel des Kraichgaus. 1984. 308 Seiten, 36 Karten, 58 Figuren, 116 Tabellen. *DM 44,--*

Heft 78 Klaus-Dieter Roos: Die Zusammenhänge zwischen Bausubstanz und Bevölkerungsstruktur - dargestellt am Beispiel der südwestdeutschen Städte Eppingen und Mosbach. 1985. 154 Seiten, 27 Figuren, 48 Tabellen, 6 Abbildungen, 11 Karten. *DM 29,--*

Heft 79 Klaus Peter Wiesner: Programme zur Erfassung von Landschaftsdaten, eine Bodenerosionsgleichung und ein Modell der Kaltluftentstehung. 1986. 83 Seiten, 23 Abbildungen, 20 Tabellen, 1 Karte. *DM 26,--*

Heft 80 Achim Schorb: Untersuchungen zum Einfluß von Straßen auf Boden, Grund- und Oberflächenwässer am Beispiel eines Testgebietes im Kleinen Odenwald. 1988. 193 Seiten, 1 Karte, 176 Abbildungen, 60 Tabellen. *DM 37,--*

Heft 81 Richard Dikau: Experimentelle Untersuchungen zu Oberflächenabfluß und Bodenabtrag von Meßparzellen und landwirtschaftlichen Nutzflächen. 1986. 195 Seiten, 70 Abbildungen, 50 Tabellen. *DM 38,--*

Heft 82 Cornelia Niemeitz: Die Rolle des PKW im beruflichen Pendelverkehr in der Randzone des Verdichtungsraumes Rhein-Neckar. 1986. 203 Seiten, 13 Karten, 65 Figuren, 43 Tabellen. *DM 34,--*

Heft 83 Werner Fricke und Erhard Hinz (Hrsg.): Räumliche Persistenz und Diffusion von Krankheiten. Vorträge des 5. geomedizinischen Symposiums in Reisenburg, 1984, und der Sitzung des Arbeitskreises Medizinische Geographie/Geomedizin in Berlin, 1985. 1987. 279 Seiten, 42 Abbildungen, 9 Figuren, 19 Tabellen, 13 Karten. *DM 58,--*

Heft 84 Martin Karsten: Eine Analyse der phänologischen Methode in der Stadtklimatologie am Beispiel der Kartierung Mannheims. 1986. 136 Seiten, 19 Tabellen, 27 Figuren, 5 Abbildungen, 19 Karten. *DM 30,--*

Heft 85 Reinhard Henkel und Wolfgang Herden (Hrsg.): Stadtforschung und Regionalplanung in Industrie- und Entwicklungsländern. Vorträge des Festkolloquiums zum 60. Geburtstag von Werner Fricke. 1989. 89 Seiten, 34 Abbildungen, 5 Tabellen. *DM 18,--*

Heft 86 Jürgen Schaar: Untersuchungen zum Wasserhaushalt kleiner Einzugsgebiete im Elsenztal/Kraichgau. 1989. 169 Seiten, 48 Abbildungen, 29 Tabellen. *DM 32,--*

Heft 87 Jürgen Schmude: Die Feminisierung des Lehrberufs an öffentlichen, allgemeinbildenden Schulen in Baden-Württemberg, eine raum-zeitliche Analyse. 1988. 159 Seiten, 10 Abbildungen, 13 Karten, 46 Tabellen. *DM 30,--*

Heft 88 Peter Meusburger und Jürgen Schmude (Hrsg.): Bildungsgeographische Studien über Baden-Württemberg. Mit Beiträgen von M. Becht, J. Grabitz, A. Hüttermann, S. Köstlin, C. Kramer, P. Meusburger, S. Quick, J. Schmude und M. Votteler. 1990. 291 Seiten, 61 Abbildungen, 54 Tabellen. *DM 38,--*

Heft 89 Roland Mäusbacher: Die jungquartäre Relief- und Klimageschichte im Bereich der Fildeshalbinsel Süd-Shetland-Inseln, Antarktis. 1991. 207 Seiten, 87 Abbildungen, 9 Tabellen. *DM 48,--*

Heft 90 Dario Trombotto: Untersuchungen zum periglazialen Formenschatz und zu periglazialen Sedimenten in der "Lagunita del Plata", Mendoza, Argentinien. 1991. 171 Seiten, 42 Abbildungen, 24 Photos, 18 Tabellen und 76 Photos im Anhang. *DM 34,--*

Heft 106 Martin Litterst: Hochauflösende Emissionskataster und winterliche SO_2-Immissionen: Fallstudien zur Luftverunreinigung in Heidelberg. 1996. 171 Seiten, 29 Karten, 56 Abbildungen und 57 Tabellen. *DM 32,--*

Heft 107 Eckart Würzner: Vergleichende Fallstudie über potentielle Einflüsse atmosphärischer Umweltnoxen auf die Mortalität in Agglomerationen. 1997. 256 Seiten, 32 Karten, 17 Abbildungen und 52 Tabellen. *DM 30,--*

Heft 108 Stefan Jäger: Fallstudien von Massenbewegungen als geomorphologische Naturgefahr. Rheinhessen, Tully Valley (New York State), Yosemite Valley (Kalifornien). 1997. 176 Seiten, 53 Abbildungen und 26 Tabellen. *DM 29,--*

HEIDELBERGER GEOGRAPHISCHE BAUSTEINE*

Heft 1 D. Barsch, R. Dikau, W. Schuster: Heidelberger Geomorphologisches Programmsystem. 1986. 60 Seiten. *DM 9,--*

Heft 7 J. Schweikart, J. Schmude, G. Olbrich, U. Berger: Graphische Datenverarbeitung mit SAS/GRAPH - Eine Einführung. 1989. 76 Seiten. *DM 8,--*

Heft 8 P. Hupfer: Rasterkarten mit SAS. Möglichkeiten zur Rasterdarstellung mit SAS/GRAPH unter Verwendung der SAS-Macro-Facility. 1990. 72 Seiten. *DM 8,--*

Heft 9 M. Fasbender: Computergestützte Erstellung von komplexen Choroplethenkarten, Isolinienkarten und Gradnetzentwürfen mit dem Programmsystem SAS/GRAPH. 1991. 135 Seiten. *DM 15,--*

Heft 10 J. Schmude, I. Keck, F. Schindelbeck, C. Weick: Computergestützte Datenverarbeitung - Eine Einführung in die Programme KEDIT, WORD, SAS und LARS. 1992. 96 Seiten. *DM 15,--*

Heft 11 J. Schmude und M. Hoyler: Computerkartographie am PC: Digitalisierung graphischer Vorlagen und interaktive Kartenerstellung mit DIGI90 und MERCATOR. 1992. 80 Seiten. *DM 14,--*

Heft 12 W. Mikus (Hrsg.): Umwelt und Tourismus. Analysen und Maßnahmen zu einer nachhaltigen Entwicklung am Beispiel von Tegernsee. 1994. 122 Seiten. *DM 20,--*

Heft 13 A. Zipf: Einführung in GIS und ARC/INFO. 1996. 116 Seiten. *Vergriffen*
Nachauflage in Vorbereitung

Heft 14 W. Mikus (Hrsg.): Gewerbe und Umwelt. Determinanten, Probleme und Maßnahmen in den neuen Bundesländern am Beispiel von Döbeln / Sachesn. 1997. 86 Seiten. *DM 15,--*

Heft 15 Michael Hoyler, T. Freytag und R. Baumhoff: Literaturdatenbank Regionale Bildungsforschung: Konzeption, Datenbankstrukturen in ACCESS und Einführung in die Recherche. Mit einem Verzeichnis ausgewählter Institutionen der Bildungsforschung und weiterer Recherchehinweisen. 1997. 70 Seiten. *DM 12,--*

Bestellungen an:

Selbstverlag des Geographischen Instituts
Universität Heidelberg
Im Neuenheimer Feld 348
D-69120 Heidelberg
Fax: 06221/544996

*Nicht aufgeführte Hefte sind vergriffen.